职业教育物联网应用技术专业改革创新教材

走进智能安防

主　编　朱　阳　王　刚　徐卫卫

副主编　金　波　黄均峰　赵　磊　章有国

参　编　王先华　傅毅峰　宋　涛　包　炜　许　力

机　械　工　业　出　版　社

随着数字化、信息化、智能化技术的高速发展，智能安防已成为智慧城市中不可或缺的一部分，其涉及内容多、关键技术深、受众群体广、人才需求大。

本书共5篇，内容包括基础知识篇、硬件设备篇、系统实现篇、技术前沿篇、岗位能力篇，在学习过程中层层递进，贴近生活，富含乐趣，使学生快速入门，为学好专业课程铺平道路。

本书可作为各类职业院校物联网、智能楼宇等相关专业的教材，也可作为自学者的参考书。

本书配有电子课件，适用本书的教师可登录机械工业出版社教育服务网（www.cmpedu.com）注册后免费下载。

图书在版编目（CIP）数据

走进智能安防 / 朱阳，王刚，徐卫卫主编．—北京：机械工业出版社，2020.11（2024.1重印）

职业教育物联网应用技术专业改革创新教材

ISBN 978-7-111-66847-3

Ⅰ．①走…　Ⅱ．①朱…　②王…　③徐…　Ⅲ．①智能技术—应用—安全监控系统—中等专业学校—教材　Ⅳ．①X924.3-39

中国版本图书馆CIP数据核字（2020）第212969号

机械工业出版社（北京市百万庄大街22号　邮政编码100037）

策划编辑：李绍坤　　责任编辑：李绍坤

责任校对：陈　越　肖　琳　　封面设计：鞠　杨

责任印制：郜　敏

中煤（北京）印务有限公司印刷

2024年1月第1版第5次印刷

184mm×260mm・13.75印张・356千字

标准书号：ISBN 978-7-111-66847-3

定价：45.00元

电话服务

客服电话：010-88361066

010-88379833

010-68326294

网络服务

机　工　官　网：www.cmpbook.com

机　工　官　博：weibo.com/cmp1952

金　书　网：www.golden-book.com

机工教育服务网：www.cmpedu.com

前言

智能安防技术是物联网与智能楼宇等相关从业者必备的技能之一，本书编者都是讲授相关课程多年的资深教师和专业权威人士，从产教融合视角出发，结合当下最流行的智能安防产业，让学生能够快速入门，助力学生顺利就业、上岗。

本书共5篇。①基础知识篇：介绍了智能安防基本概念、体系结构和关键技术。②硬件设备篇：以工具准备、门禁控制设备、视频监控设备、防盗报警设备、消防报警设备、人员定位设备为代表，介绍了智能安防应用领域的主要硬件设备以及相关注意事项。③系统实现篇：以社会关注热点较高的环境为切入点，围绕环境监测系统开发初体验、联动控制系统以及深入防盗报警系统展开，通过一些趣味横生的小项目进行真实体验，如空气质量监测系统，烟雾、火焰检测系统，简易的视频监控系统，烟火联动报警灯系统，可燃气体泄漏联动控制系统。④技术前沿篇：带领学生了解智能安防的一些前沿技术和应用领域，例如，现代门禁机、智能摄像机、智能盒子等，并且以走进海康威视"萤石"案例探析介绍了智能安防与智能家居的关系，拓宽学生的知识面，在理论课上实现产教深度融合。⑤岗位能力篇：介绍行业岗位相关内容，帮助学生走上成为智能安防（楼宇）大师的成才道路。

本书结合职业教育课程改革精神，贯彻落实"核心课程+教学项目"的思想，在编写过程中进行了如下创新和尝试，有益于学生构建自己的知识体系。

1）以"情境故事"为主线，以职业学校学生"小安"和专业教师"朱老师"这条主线贯穿全书知识内容体系，配合情境故事漫画，激发学生兴趣。

2）以"知识储备"为主体。作为专业课程体系中的入门教材，从职业人的角度出发，使本书的设计与学生的职业发展线路相一致。既对安防知识点的阐述通俗化、简要化，又从职业的角度去塑造学生就业、创业的思维，符合职业学校"大众创业、万众创新"理念的引领。

3）以"心得体会"为辅助，汇集近五年全国职业院校技能大赛训练学生的训练心得进行"落地有声"式的操作，让学生学会反思总结，补长取短，提高自己，不断地走向成熟。

4）以"生活案例"为引领，教学任务与学生生活、学习实际紧密联系，讲述实实在在的身边的人和事，使学生易于接受。

本书由朱阳、王刚、徐卫卫任主编，金波、黄均峰、赵磊、章有国任副主编，王先华、傅毅峰、宋涛、包炜、许力参与编写，其中第1篇和第2篇的2.1～2.3由朱阳和包炜编写，第2篇的2.4～2.6由金波和王刚编写，第3篇由徐卫卫和王先华编写，第4篇由黄均峰和许力编写，第5篇由赵磊和章有国编写。插图由宋涛、傅毅峰完成。

本书的编写得到了浙江省三名工程名专业建设基金的支持，并得到了浙江工业大学邱飞岳、宁波市教育局职成教教研室钱文君、吕冲定的指导，书中的心得体会得到了宋杨、徐详、杨声龙等同学的帮助，在此一并表示衷心感谢。

由于编者水平有限，书中难免出现疏漏和不妥之处，敬请广大读者批评指正。

编　者

目录

前言

第1篇　基础知识篇

第2篇　硬件设备篇

目录

Part 1

第1篇

基础知识篇

1.1 走近“智能安防”

情景故事

小安是一名初三毕业生，今年他以600分的好成绩考上了我市最热门的智能安防“2+4”专业（六年一贯制应用型本科专业），如图1-1所示。他是个懂事的孩子，在暑假除了完成高一布置的作业以外，还参加了市科学探索中心组织的夏令营活动。清晨他来到中心门口，手捧热牛奶，正愁无法腾出手刷卡，门禁系统已自动识别面孔并显示温馨问候语；更衣间一排排的储物柜，不用来回寻觅，定位手表马上自动告知柜号位置；餐厅支付时，也不再需要带着现金、减少了忘记带卡的烦恼，对着屏幕做几个表情照片就能安全付款；父母通过互联网设备实时定位孩子的位置。

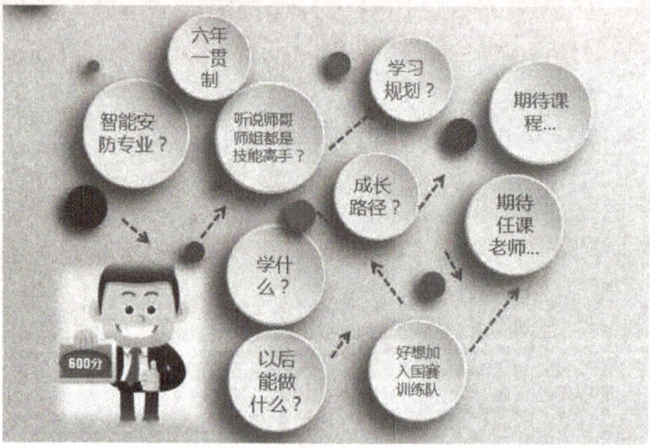

图1-1　小安的学习之路

随着科学技术的进步，人们的生活变得越来越便捷、越来越智能化。运用一些安防机器和设备可以解决人们生活中的麻烦，如图1-2所示。

图1-2　智能安防情境

学习目标

1）能够辨别生活中的智能安防系统。

2）明确智能安防的概念，提高学生对本专业的认可度。

1.1.1 传统安防的终结——生活中的智能安防

知识储备

关键词：安防系统定义与功能；智能安防对比传统安防

1. 安防系统定义

汉语所说的安全在英语中有Safety和Security两种解释。现代高级英汉双解词典对Safety一词的主要解释是：安全、平安、稳妥，保险（锁）、保险（箱）等；而对Security一词的主要解释是：安全、无危险、无忧虑，提供安全之物，使免除危险或忧虑之物，抵押品、担保品，安全（警察）、安全（部队）等。

汉语所讲的安全是一种广义的安全，它包括两层含义：其一是指自然属性或准自然属性的安全，它对应英语中的Safety；其二是指社会人文性的安全，即有明显人为属性的安全，它与Security相对应。自然属性或准自然属性的安全被破坏，主要不是由人的有目的的参与而造成的；社会人文性的安全被破坏，主要是由人的有目的的参与而造成的。因此，广义上，安全应该包括Safety和Security两层含义，而人们常常说的安全防范主要是指狭义的安全即Security，国外通常叫“保安”。智能安防功能，如图1-3所示。

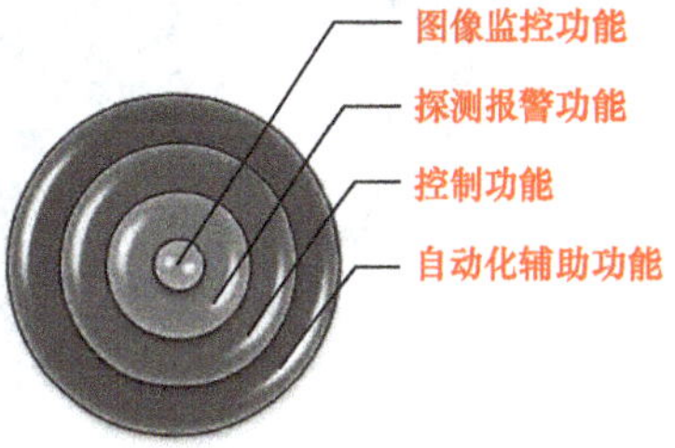

图1-3　智能安防功能

2. 传统安防

传统安防系统通常是在小区内安装摄像头，如图1-4所示，方向是固定的，照射区域需要手动调整，即使发现异常紧急情况（如陌生人进入），也不能马上照射到该区域进行排查，导致安装了摄像头也没能真正发挥其作用。

图1-4　安装在小区周界的摄像机和探测器

3. 智能安防

人们的生活水平越来越高，住宅安全一直是人们关注的重点，也是住户的首要要求。智能安防系统能对人们住宅的出入口、玄关、门厅、阳台、车库等重要位置进行全天候监控，通过PC或手机APP便可远程查看，帮助主人锁定目标，实时监测，及时解除隐患，提高居家的安全等级。生活中的智能安防如图1-5所示。

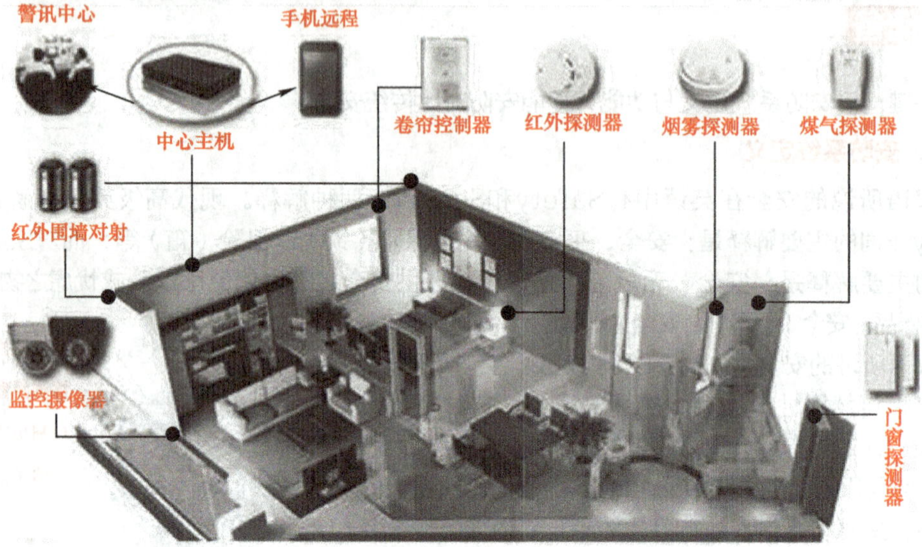

图1-5 生活中的智能安防

心得体会

典型案例

宋同学，2010级学生。在训练中能够在老师的指导之外自己琢磨新技术，是训练队中思想更新速度最快的选手，队友们戏称他为“及时雨小宋江”。2011年6月宋同学与同学组队代表市参加全国职业院校技能大赛，获得智能楼宇（安防布线与调试）赛项一等奖第一名。

宋同学：“这是我今年假期参观宁波智博会后的感受，分享给大家!”智能安防未来三大发展产业，如图1-6所示。

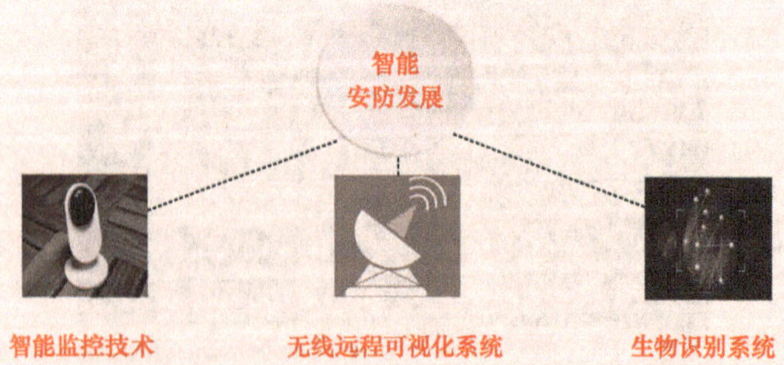

图1-6 智能安防未来三大发展产业

智能监控技术和无线远程可视化系统在这里就不再叙述了，请查阅有关智能监控技术及无线远程可视化系统的相关资料，并完成表1-1。

表1-1　智能监控技术及无线远程可视化系统情况概览

技术/系统名称	智能监控技术	无线远程可视化系统
主体特征		
使用的关键技术		
发展的昨天、今天、明天		
知名产品代表		

生物识别系统中的人脸识别和虹膜识别技术，如图1-7所示。

人脸识别

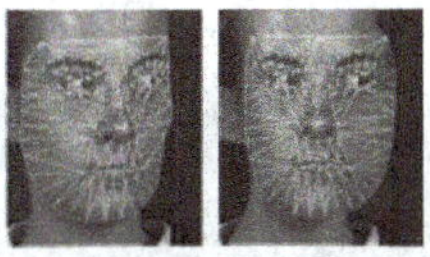

基于人的面部特征信息进行身份识别

支付宝也在人脸支付上频放“大招”

肯德基推出“Original+”概念店

虹膜识别

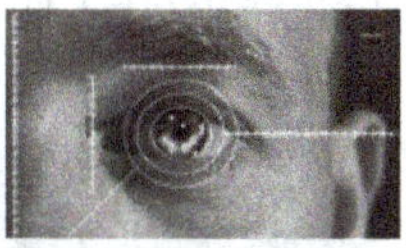

位于黑色瞳孔和白色巩膜之间的圆环状部分

膜识别研究机构主要有美国的Iridian、Iriteck、韩国的Jiris公司、北京中科虹霸、北京虹安翔宇、日本松下等

图1-7　人脸识别和虹膜识别技术

生活案例

“感知中国”是每个人都耳熟能详的4个字，是在2009年由总理提出的。它描绘了一幅全息影像，如图1-8所示。在物体上植入各种微型感应芯片使其智能化，借助无线网络实现人和物体“对话”、物体和物体之间“交流”，生活中的任何物品都可以变得“有感觉、有思想”。智能监控、智能交通、智能家居、智能停车场等作为“感知中国”重要组成部分的安防也在不断向智能化方向发展。智能化特点，如图1-9所示。

图1-8　智能化场景

图1-9　智能化特点

在很多学校，智能监控的介入使校园安全工作井然有序，如图1-10所示。

图1-10　监控画面

小区智能出入口是智能住宅中所有组成部分中的重中之重，智能识别小区进出人员的身份，是提升住宅品质的关键，如图1-11所示。

陌生人入侵时手机会向用户报警提示，监控系统自动录制警情；忘了关空调或要洗热水澡，可以使用手机APP控制居家设备，自动关闭空调或提前打开热水器；朋友来访，只需要按一下，迎接客人的场景灯会全部打开、音响也会自动播放《迎宾曲》等。使用APP控制居家设备如图1-12所示。

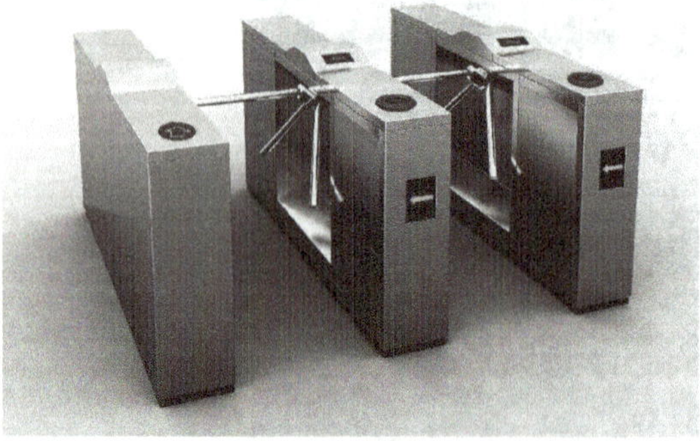

图1-11　小区智能出入口

图1-12　使用APP控制居家设备

思考拓展

列举生活中你所知道的智能安防的运用?

1.1.2 智能安防“热”概念“冷”思考——智能安防概述

在深入学习智能安防概念之前，先思考目前的冷热智能感应原理，如图1-13所示。

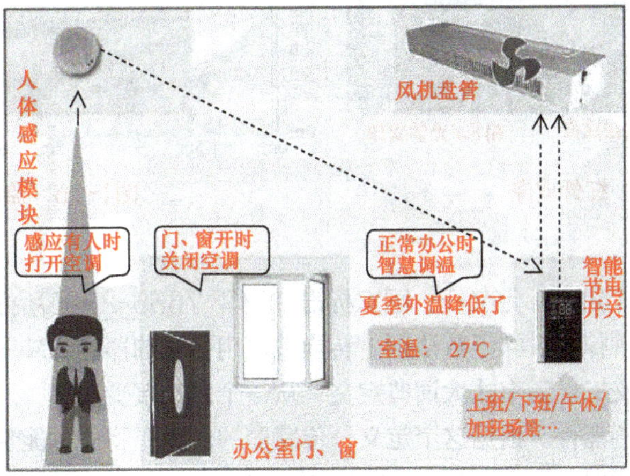

图1-13 冷热智能感应原理

知识储备

关键词：智能安防；传感技术；国家智能安防产业

1. 智能安防的组成

目前智能安防一般由报警系统、监控系统、防盗卷帘系统、自动识别系统等组成，生活中多见于住宅与商场，如图1-14所示。

图1-14 智能安防系统组成

隐藏式探测器：它是一种室内外入侵报警系统，该系统可埋在室外周界围墙及围栏旁的草坪、室内开关盒内或灯具柜体处，可不受地形限制隐蔽式安装，不影响美观，入侵者在毫不知情的情况下就会被探测到并使探测器发出报警信号，如图1-15和图1-16所示。

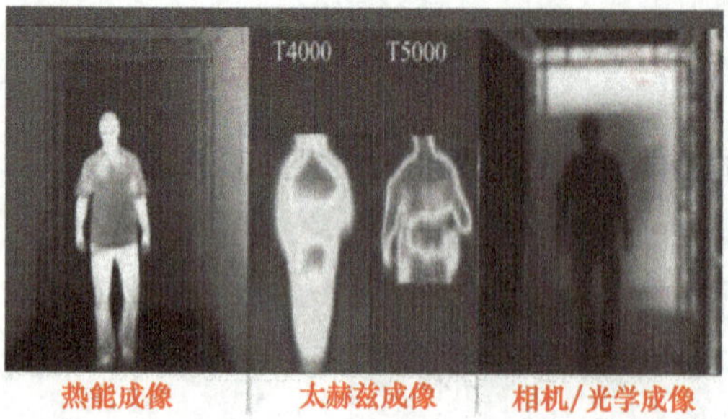

图1-15 红外成像

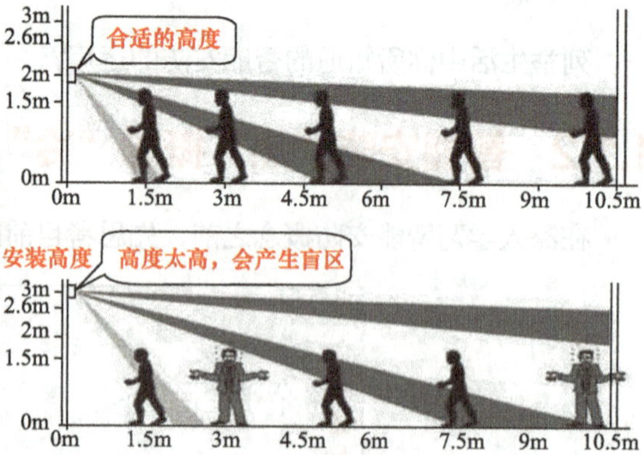

图1-16 监测区域

2. 传感技术

传感器目前有两个定义。定义一：国家标准GB/T 7665-2005所描述“能感受规定的被测量件并按照一定的规律（数学函数法则）转换成可用信号的器件或装置，通常由敏感元件和转换元件组成”。定义二：新韦式大词典定义，从一个系统接受功率，通常以另一种形式将功率送到第二个系统中的器件。根据这个定义，传感器的作用是将一种能量转换成另一种能量，所以不少学者也用换能器（Transducer）来称传感器。

在这里，可用一句言简意赅的话对传感器定义，即：一种能感受外界信息（力、热、声、光、磁、气体、湿度等），并按一定的规律将其转换成易处理的电信号的装置。

传感器技术目前在工业、农业、国防、航空、航天、医疗卫生和生物工程等各个领域和人们日常生活的各个方面已经有非常多的应用了，例如，家电中温度、湿度的测控，音响系统、电视机和电风扇的遥控，煤气和液化气的泄漏报警，路灯的声控等，并且它朝着高精度、数字化的方向发展，这也使智能安防技术不断更新。

心得体会

典型案例

曾同学，2012级学生，喜欢接触创新事物，了解专业发展，在校期间参加多次全国职业院校技能大赛，获2014年全国创新产品设计一等奖、2015年全国职业院校技能大赛智能楼宇安装与调试赛项二等奖、2016年全国职业院校技能大赛物联网应用技术赛项二等奖，多次代表学校参加省市高新技术作品展。

曾同学：“这次结合国家智能安防产业的发展和大家聊一聊目前火热的人工智能时代下的安防行业。”

安防行业作为人工智能最早具有市场空间的行业，对人工智能的发展有更迫切的需求。人工智能正在推动安防行业继高清化和网络化之后的第三次技术变革。

在人工智能如火如荼的发展背景下，安防行业开始全新的智能之旅。有实力、有规模的大型安防企业早就已经通过资源整合、产业升级、产品转型以及研发的大投入、引进人才、提升底层技术/算法等方式成功开始了自己的人工智能布局，赢得了新一轮的业务增长。

海康威视、大华股份、科达、天地伟业等大型安防厂商凭借近些年的不断研发投入，已经实现了在视频结构化算法、车牌识别算法、人脸识别算法、视频检索以及多传感器融合等技术方面的积累。这些安防厂商通过与芯片厂商紧密合作，结合自身在行业应用方面的优势，已经着手在人工智能产品方面布局，实现在公共安全、交通、司法、零售、智慧城市等多个领域深度应用。

人工智能虽好，但是也不是“万金油”，安防行业需要更多细分技术来补齐行业目前的“短板”。纵观行业现状，人工智能时代安防行业有“三宝”：智能硬件、算法、大数据。

首先是智能硬件：2017年，安防硬件领域产品结构发生了较为明显的变化，高清摄像头的占比超越标准摄像头，这意味着前端硬件产品的升级周期已经过半。尽管中国安防市场饱和度仍远远未达到欧美平均水平，但高清摄像头升级换代需求所驱动的安防行业景气度高点将进入下半场。海思预测，到2021年全球新增IPC（网络摄像头）达3.5亿个，将全部为深度学习摄像头，安防前端市场有望迎来升级换代机遇。

其次是算法：对于人工智能来说，重中之重无疑是算法，对于企业来说，尤其是人工智能和机器学习领域的企业，究竟掌握多少算法以及数据是影响未来企业业务向前推进的重要因素。

深度学习是关键，平台、算法和数据缺一不可，其中，平台和算法是基础，而数据是AI的“教材”。从技术层面讲，推动安防智能化大发展的原因是人工智能在算法与芯片领域的成熟及成本的下降，这使得智能化的商业落地更加快速。在市场层面，各种智能化产品百花齐放的形势是市场寻求差异化竞争的结果。

大数据时代的来临，带来了很多难题，为了解决这些难题需要新的技术变革。IDC这样定义大数据技术：大数据技术将被设计用于在成本可承受的条件下，通过非常快速地采集、发现和分析，从大量化、多类别的数据中提取价值。

视频监控数据量规模庞大，并且随着高清化、超高清化的趋势加强，视频监控数据规模将以指数级别增长。与通常讲的结构化数据不同，视频监控业务产生的数据绝大多数以非结构化的数据为主，这给传统的数据管理和使用机制带来了极大的挑战。对于安防行业来说，大数据产生的一个最重要的途径就是视频监控，监控摄像机成为最重要的大数据采集工具。

生活案例

目前安防企业都在研究车牌识别算法，这是很多人都非常感兴趣的一个生活话题。牌照自动识别，如图1-17所示。汽车牌照自动识别技术是一项利用车辆的动态视频或静态图像进行牌照号码、牌照颜色自动识别的模式识别技术。其硬件基础一般包括触发设备（如监测车辆是否进入视野）、摄像设备、照明设备、图像采集设备、识别车牌号码的处理机（如计算机）等，其软件核心包括车牌定位算法、车牌字符分割算法和光学字符识别算法等。某些牌照识别系统还具有通过视频图像判断是否有车的功能称为视频车辆检测。一个完整的牌照识别系统应包括车辆检测、图像采集、牌照识别等几部分。当车辆检测部分检测到车辆到达时，触发图像采集单元采集当前的视频图像。牌照识别单元对图像进行处理，定位出牌照位置，再将牌照中的字符分割出来进行识别，然后组成牌照号码输出。

图1-17　牌照自动识别

车辆检测可以采用埋地线圈检测、红外检测、雷达检测、视频检测等多种技术。采用视频检测技术可以避免破坏路面、不必附加外部检测设备、不需矫正触发位置、节省开支，而且更适合移动式、便携式应用。

系统进行视频车辆检测，需要具备很高的处理速度并采用优秀的算法，在基本不丢帧的情况下实现图像采集、处理。若处理速度慢，则导致丢帧，使系统无法检测到行驶速度较快的车辆，同时也难以保证在有利于识别的位置开始识别处理，影响系统识别率。因此，将视频车辆检测与牌照自动识别相结合有一定的技术难度。

牌照识别系统原理图，如图1-18所示，包括以下几个基本步骤：

1）牌照定位，定位图片中的牌照位置。

2）牌照字符分割，把牌照中的字符分割出来。

3）牌照字符识别，把分割好的字符进行识别，最终组成牌照号码。

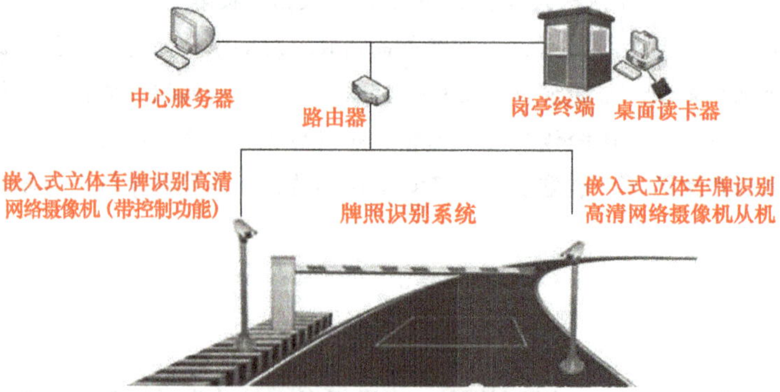

图1-18　牌照识别系统原理图

在识别过程中，依据算法的不同对牌照颜色的识别可能在不同的步骤中实现。

1. 高速公路收费管理

在高速路的各个出入口安装牌照识别设备，车辆驶入时识别车辆牌照并将入口资料存入收费系统，车辆到达出口时再次识别其牌照并根据牌照信息调用入口资料，结合出入口资料实现收费管理。这种应用可以实现自动计费并可防止作弊，避免应收款的流失。

高速公路已开始实施联网收费，随着联网范围的扩大，不同车型的收费差额也越来越高，司机利用现有收费系统的漏洞通过中途换卡进行逃费的问题将越来越突出，利用车牌识别技术是解决此类问题的根本方法。

2. 计算车辆行驶时间

在交通管理系统中可以将车辆在某条道路的平均旅行时间作为判断该道路拥堵状况的一个参数。于道路的起止点安装牌照识别设备，识读所有通过车辆并将牌照号码传回交通指挥中心，交通指挥中心的管理系统根据这些牌照号码就可计算出车辆平均行驶时间。

3. 牌照号码自动登记

交通监管部门每天都要处理大量的违章车辆图片，一般由人工辨识牌照号码再输入管理系统，这种方式工作量大、容易误判。采用自动识别技术可以减少工作强度，大幅度提高处理效率，可用于电子警察系统、道路监控系统等。

车牌识别停车场管理系统将摄像机在入口拍摄的车辆牌照号码图像自动识别并转换成数字信号，做到一卡一车。牌照识别的优势在于可以把卡和车对应起来，提高管理水平；长租卡须和车配合使用，杜绝一卡多车使用；自动比对进出车辆，防止发生偷盗事件。升级后的摄像系统可以采集更清晰的图片作为档案保存，为一些纠纷提供有力的证据。

4. 车牌识别应用前景广阔

随着停车场管理系统的不断发展，牌照识别技术也开始应用于停车场。据调查，国内只有几家企业专门开发针对停车场的牌照识别技术，因此目前很多停车场使用的牌照识别技术大多是从早期的技术升级而来，而两者在识别环境、识别角度、灯光环境、车辆行驶速度等方面有较大差异，导致这些牌照识别系统出现“水土不服”的现象。对此不少停车场呼吁“私人订制”的牌照识别系统。

牌照识别云台摄像机通过光抑制屏蔽、电子快门调节、宽动态功能等来实现抓拍车牌。

强光屏蔽是在低照度彩色摄像机的基础上，通过软件的功能把图像中最亮的部分遮蔽。在交通监控中，一般可将大灯的强光屏蔽，从而将牌照较清晰地抓拍下来。但是这种摄像机最大的缺点就是软件对于图像最亮部分界定不清，有可能将车牌号码也屏蔽，同时无法处理高速运动物体的抓拍。目前国产摄像机在强光屏蔽方面做得比较多，效果各方反映不一。

可调电子快门可对高速运动的物体抓拍（高速公路上的汽车车速一般都在70km/h以上）。一般可以通过手动降低电子快门速度来实现清晰抓拍。但是这种方式最大的问题就是白天和晚上的照度不一样，必须设置两个快门速度来分别适应白天和晚上的监控。

宽动态功能是解决车灯对于抓拍影响最好的办法。宽动态最早是松下公司提出来的。因为当背景光过亮时，普通摄像机无法很好地解决明暗图像的显示问题。

作为智能交通领域确定车辆身份的最重要的手段，牌照识别技术为实现交通的智能管理发挥了很大作用，在各项工作中都有牌照识别技术的应用。

还有一些方法是针对黑名单车辆和超速车辆的。

1）对于纳入“黑名单”的车辆，例如，被通缉或挂失的车辆、欠交费车辆、未年检车辆、肇事逃逸及违章车辆等，只需将其车牌号码输入应用系统中，牌照识别设备安装于指定的路口、卡口或由执法人员随时携带按需要放置，系统将识读所有通过车辆的牌照号码并与系统中的“黑名单”比对，一旦发现指定车辆立刻发出报警信息。

2）牌照识别技术结合测速设备可以用于车辆超速违章处罚，一般用于高速公路。具体应用是：在路上设置测速监测点，抓拍超速的车辆并识别牌照号码，将违章车辆的牌照号码及图片发往各出口；在各出口设置处罚点，用牌照识别设备识别通过车辆并将号码与已经收到的超速车辆的号码比对，一旦号码相同即启动警示设备通知执法人员处理。

思考拓展

列举生活中你所知道的智能安防技术的应用？

1.2 解读智能安防系统体系结构

情景故事

朱老师既是市里的专业技术能手，又是指导学生参加技能竞赛的金牌教练，这节课他带领智能安防“2+4”专业的30名学生参观了学校的物联网安防实训室，如图1-19所示。同学们顿时被专业的实训设备所折服，小安同学也惊呼。朱老师笑呵呵地对大家说：“今天就站在港湾起航区一起聊聊智能安防系统的‘五脏六腑’吧！”

图1-19　实训室场景

学习目标

1）全面了解智能安防系统的体系结构。

2）理解智能安防系统各组成部分的联系。

知识储备

关键词：体系结构

1. 初看体系结构

首先，智能安防的体系非常庞大，主要包括与其相关内容和服务的信息化、图像的传输和存储、数据的存储和处理等。一个完整的智能安防系统主要包括门禁、报警和监控三大部分。

从产品的角度讲：它应具备防盗报警系统、视频监控报警系统、出入口控制报警系统、保安人员巡更报警系统、GPS车辆报警管理系统和110报警联网传输系统等。这些子系统可以是单独设置、独立运行的，也可以由中央控制室集中进行监控，还可以与其他综合系统进行集成和集中监控。

为了更加清晰地理解这么多复杂体系结构，基础知识和硬件设备部分内容都将围绕实验室THBCAS-2型建筑智能安防布线实训系统进行讲解，如图1-20所示。这套系统将两个空间模拟成智能小区（智能大楼）和管理中心，可以通过安装器件、布线、连接、配置调试等操作来实现智能建筑安防系统的各项功能，可以说是“麻雀虽小，五脏俱全”，比较全面地体现了智能建筑安防系统的结构。

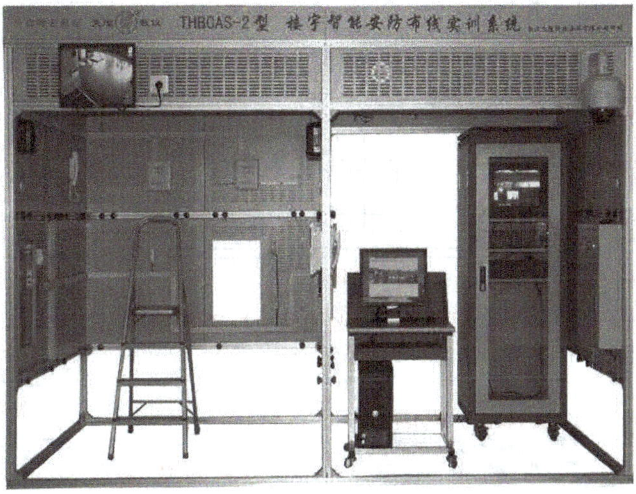

图1-20　实训系统

为了简化如此庞大的体系，为深入学习和理解智能安防的体系结构做好铺垫，用一句话概括，如图1-21所示。

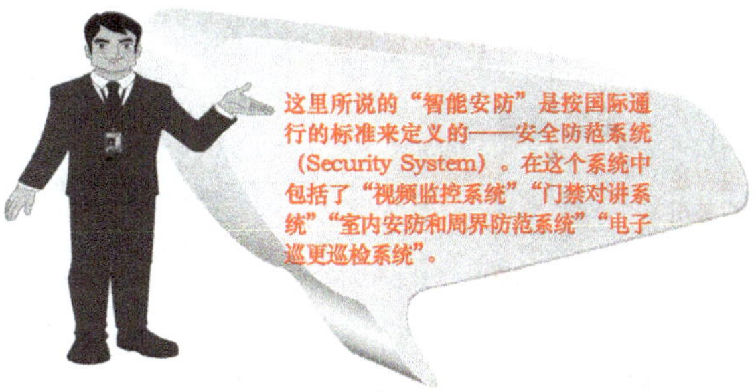

图1-21　“智能安防”概括

2. 深度学习体系结构

刚踏进智能安防行业门槛，需要先熟悉相关系统图，如图1-22～图1-29所示。

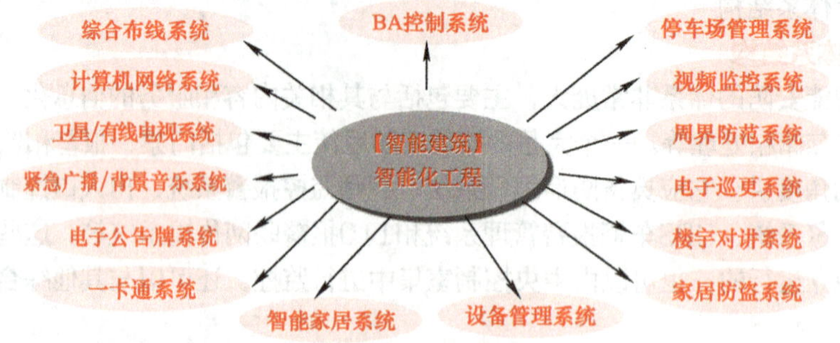

图1-22 计算机网络系统

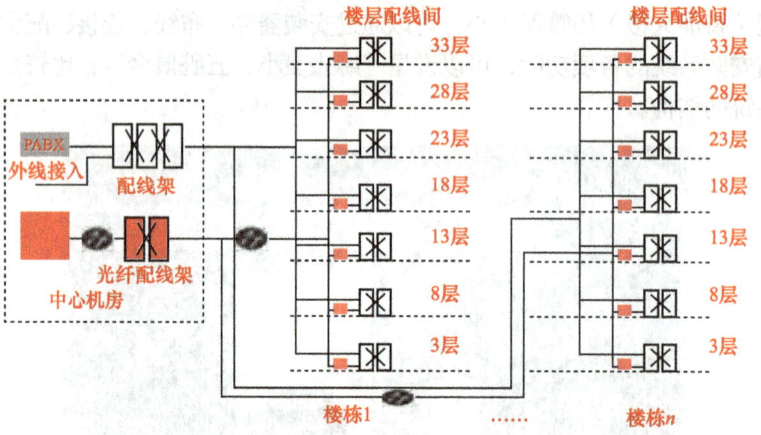

图1-23 卫星有线电视系统图

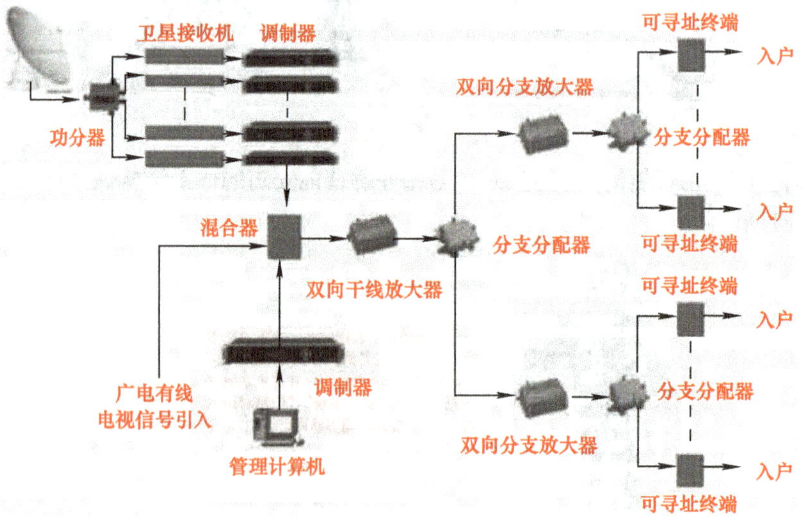

图1-24 卫星有线电视系统图总线制

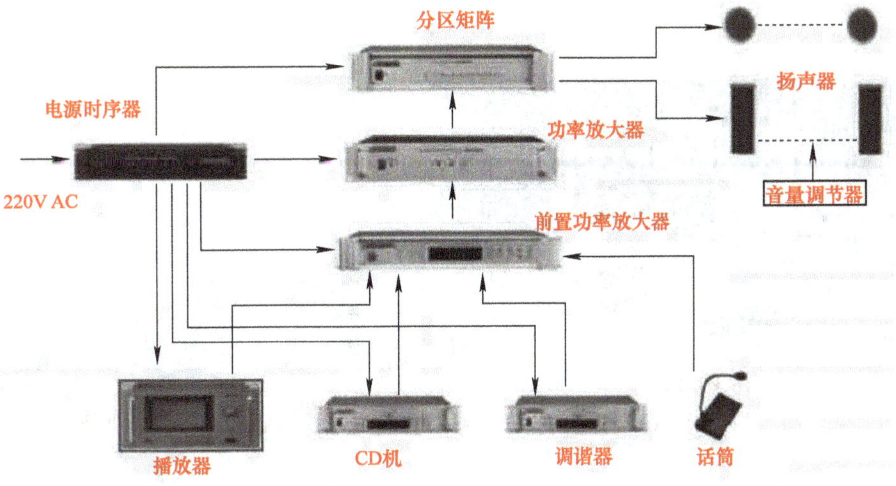

图1-25　背景音乐图

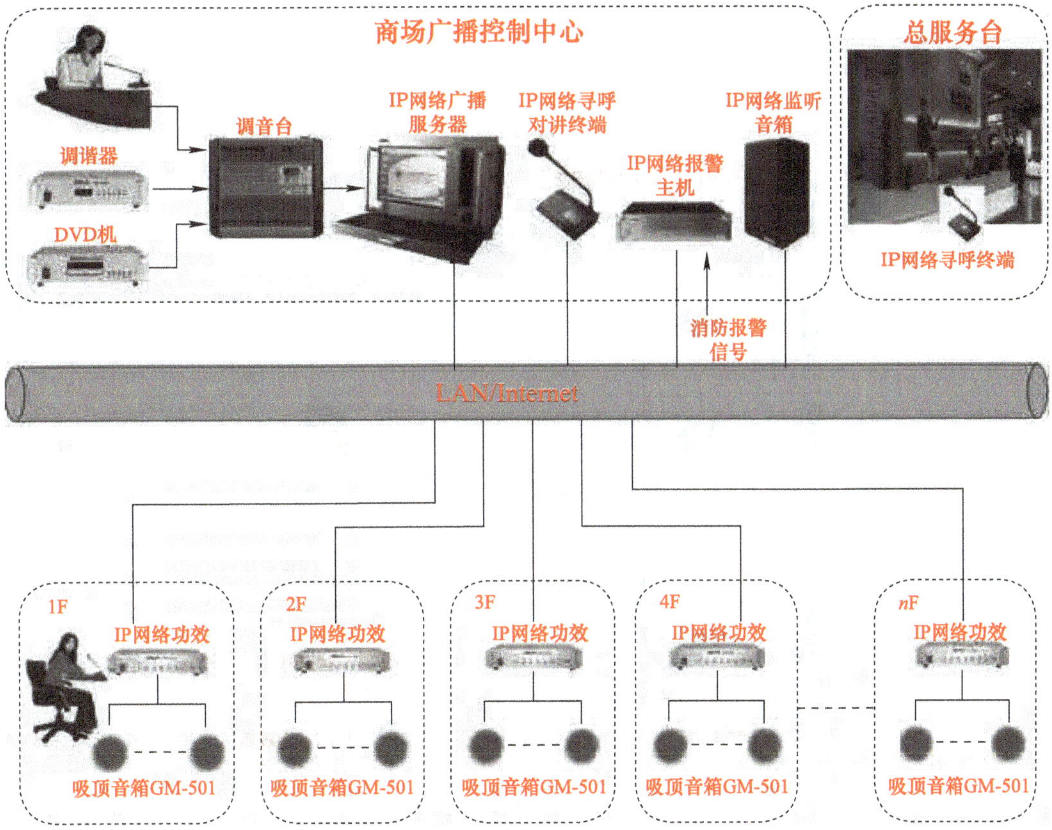

图1-26　网络型背景音乐

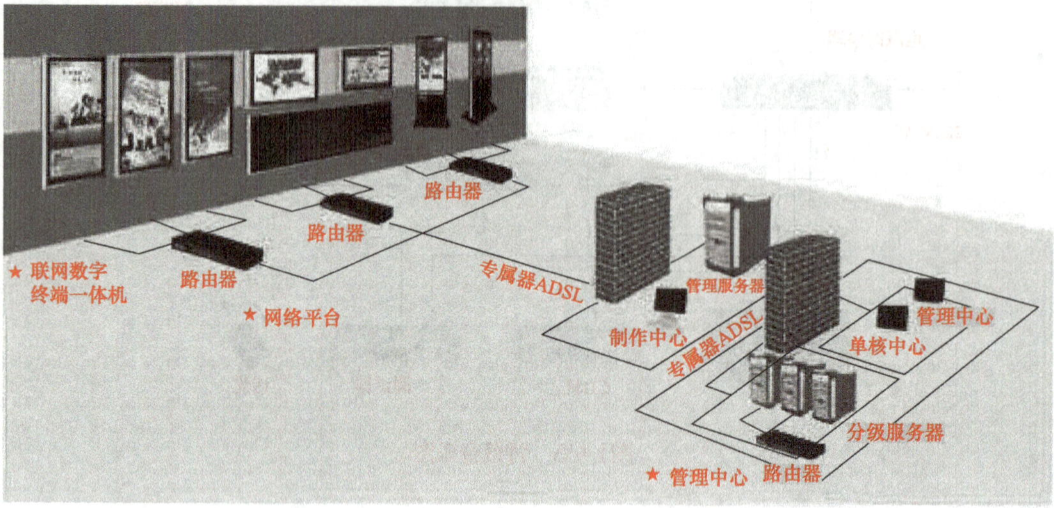

图1-27 多媒体信息发布系统

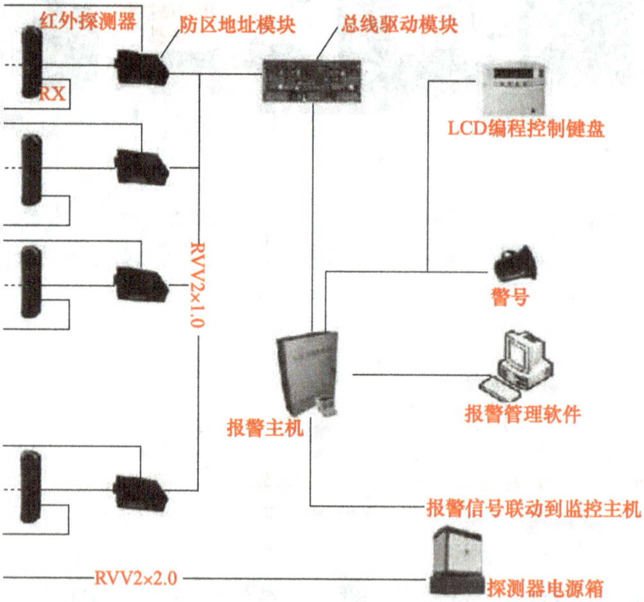

图1-28 周界报警系统

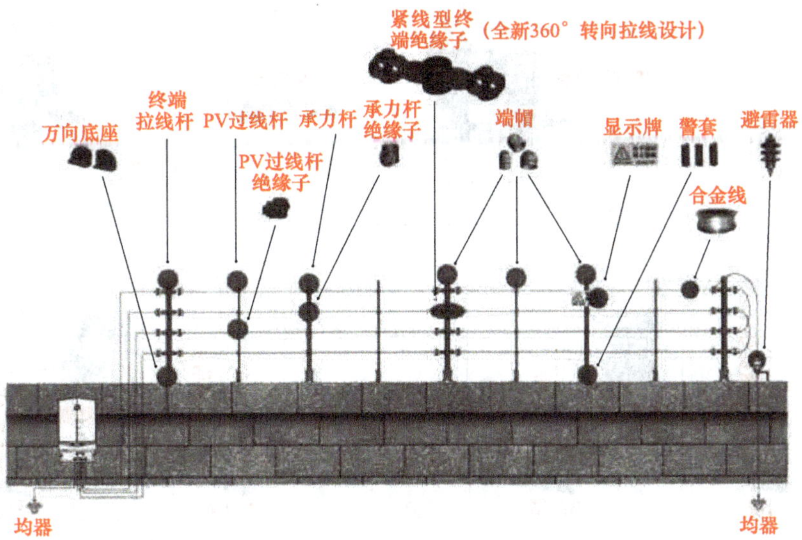

图1-29　电子围栏系统

目前网络型视频监控系统应用较为广泛。只要掌握一个品牌的系统组成，如图1-30～图1-33所示，基本上，操作其他各个厂家的设备都能较快入门。

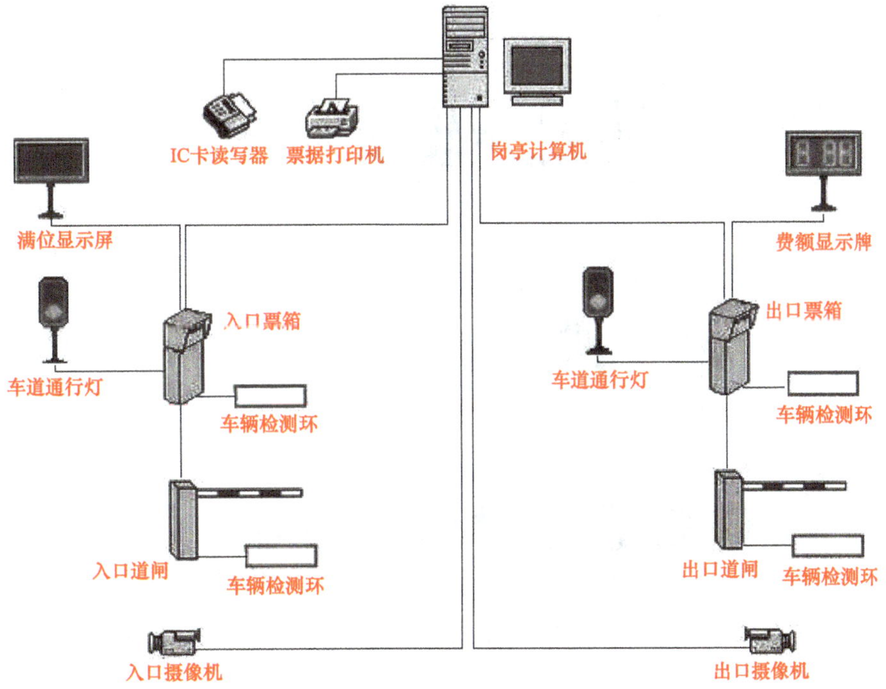

图1-30　停车场管理系统

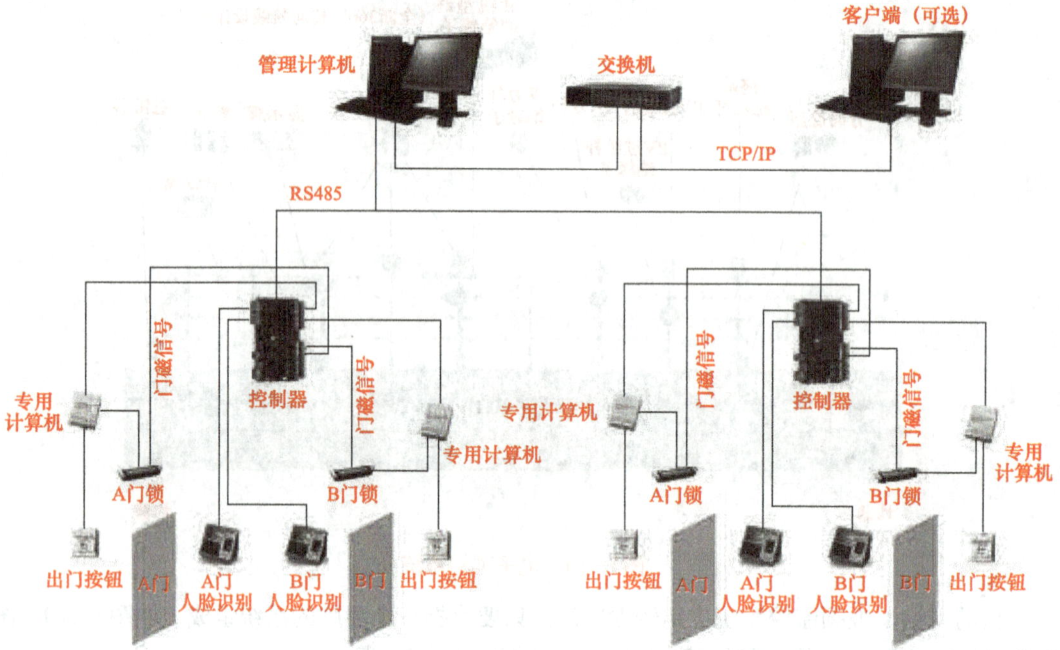

图1-31 门禁系统

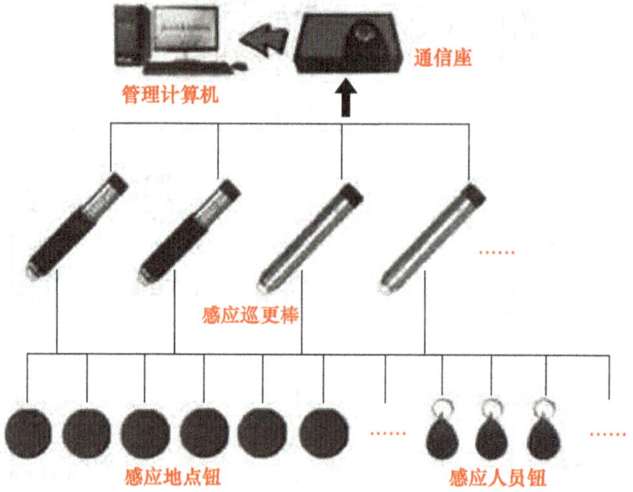

图1-32 电子巡更系统

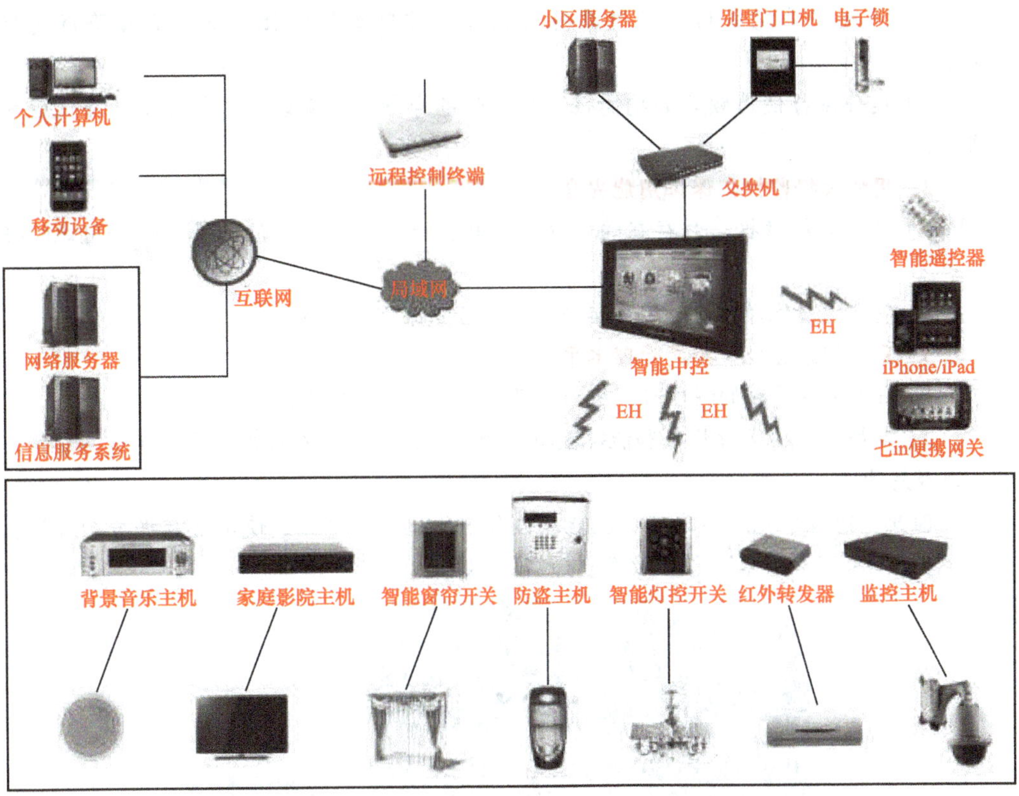

图1-33　智能家居系统

能源计量系统的设计与施工已经划分到安防系统中了，目前已成为商业、学校、工厂、医疗等非常重视的一项工程。接下来就让杨同学来介绍一下他所负责的一个4S医院能源设备一体化解决方案。

心得体会

典型案例

杨同学，2009级学生。现任宁波铜墙楼宇科技公司经理，在校期间他能够把数百个指令、参数烂熟于心，能熟练运用于各种需求场景，还能蒙上眼睛双手录入各种指令、参数。2011年6月他与宋同学组队代表市参加全国职业院校技能大赛，获得智能楼宇（安防布线与调试）赛项一等奖第一名。

杨同学：“这里和大家聊一聊我在年底做的一个项目：4S医院能源设备一体化解决方案，这是目前智能安防行业发展阶段面临的一项重要的技术挑战——设备能源能耗的实时监控。”

毕业后给超市安装监控系统，给酒店布置安防系统，这些小项目使我积累了很多解决实际问题的经验。去年开始接触了宁波两家医院，需要我做能源的监控管理，深刻体会到智慧控制系统是创新。

通过多方调研，总结企业的需求如下：

1. 实现医院总体节能增效20%～35%，降低医院成本

1）系统安装完成后，通过系统智慧节能控制降低能耗，从而直接降低运行成本。

2）提升设备使用频率的均衡性，延长设备寿命，节省设备维护开支，降低运营成本。

2. 用能数据监控，保证用能安全

1）监控能耗数据，对存在的漏电、过载、谐波等安全隐患预警，提升用能的安全性。

2）医院的节能考核能够落到实处，提升后勤保障的有效性。

3. 系统智慧管控，提高管理水平

1）提升能源管理的科学性，进一步开展有效的节能挖潜。

2）监控设备的运行状态和能耗数据，为专业设备管理人员提供系统性解决方案，实现智慧管理。

因此，通过研究与实践4S医院能源设备一体化解决方案，使用大数据与人工智能技术全方位提升医院能源管理效率，如图1-34所示。

图1-34　4S医院能源设备一体化概况图

○　1S智慧

1）可以深度挖掘医院（水、电、气）的能耗数据，建立三级计量，统计各办公室或每间病房每小时的能耗，在使用空调期间分析是否开门开窗、空调温度是否超标、不随手关能源设备等，实时正确地分析数据支持管理部门推进节能与成本管理工作落地。

2）建立医院用能设备运行全景数据模型，将数据加以分析与提炼，为医院整体用能安全与用能设备能耗提供有效的数据支撑，结合人工智能且优化用能设备运行策略，延长设备使用寿命的同时提升效率。

3）在后勤管理上对每人的每个目标可视化，对设备报修报备、设备保养维护、能耗指标完成情况生成各类报表，体现后勤数字化管理的成效，管理质量和员工奖金挂钩，提升后勤队伍的战斗力。

○　2S节能

运用大数据与人工智能技术对医院能耗占比最大的空调及采暖设备进行系统性的运行优化，降低能耗30%左右，提升设备寿命。节能结构全局，如图1-35所示，囊括了整个节能技术环节的原理。

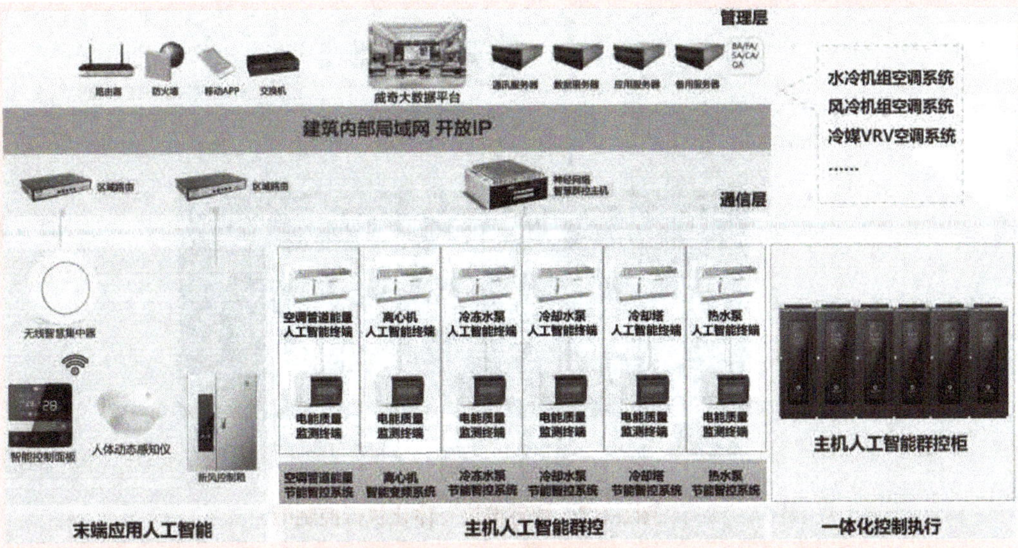

图1-35　节能结构全局

下面是主机人工智能群控的介绍：

1）主机群控系统采用神经网络算法技术进行采集和控制管理，联动11个子系统不断优化控制运行策略，在提升运行可靠性的同时提高运行效率。

2）结合大数据分析末端实际运行需求，例如，因天气变化（温湿度）和时段的不同对环境要求变化而调整运行策略。中午和下班负荷变化较大时神经算法结合大数据模型提前调整主机运行，降低运行成本，保证主机防喘振现象的发生。

3）其中更重要的人工智能控制模块在选取上花费了大量的精力。

末端应用人工智能控制为能源使用部门减少人为浪费约15%～23%，如图1-36所示。

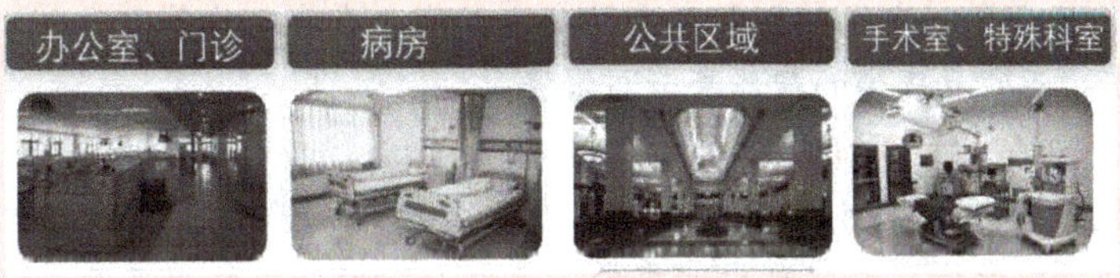

图1-36　节能区域

① 人工智能系统帮助办公室实现人来打开设备，人走关闭设备，起到节能和提升用电安全意识的作用。

② 晚上病房空调启动睡眠模式。

③ 收集医院公共区域人流量及医院作息时间等数据，根据大数据分析，调整空调及照片的运行模式。

④ 根据医院不同科室对温度、湿度及使用作息时间的不同要求进行挖掘优化控制。

○　3S安全

结合科大讯飞等智控设备设计采用智慧群控一体化执行控制柜，如图1-37所示。

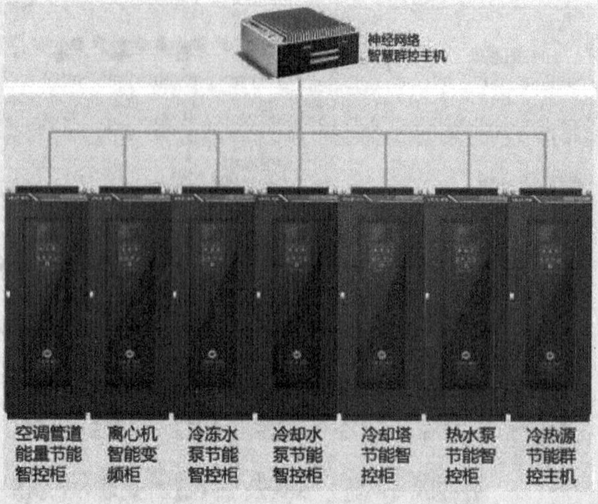

图1-37　智慧群控一体化执行控制柜

1）在符合设备3C安全的基础上，注重设计、安装、制作工艺的标准化。

2）专业设计，实现谐波自理，有效避免因变频器谐波对电气设备及仪表设备的干扰而造成的影响设备寿命的问题。

3）对柜内温度可进行智能调控，对设备各种过载、过压、缺相、不平衡等现象进行实时监测，提供设备运行与安全的保障。

4）实现一个医院从高低压配电房到末端配电箱/柜、各类水泵、风机控制箱的集成智能管理，对安全数据、能耗数据进行集中监测。

1. 大数据深度监测

用电安全：对楼宇用电负荷自动监控（过热、过载、漏电、三相不平衡、谐波）。

数据安全：采用数字滤波技术保证数据准确，采用光电隔离保护技术保证通信安全，采用掉电检测技术保证数据存储安全。

配电房安全：实现对配电房内温度、湿度、有毒气体等重要环境要素的智能监测分析，实现远程和现场的智能警示与报警。

2. 人工智能远程值班

系统代替值班人员周期巡查，值班人员巡检工作都通过计算机人工智能技术代替，如果用电异常，则实现远程报警，系统自动将用电情况及异常通过手机短信向值班人员提醒，避免因人为因素导致事故。

3. 智能集成，品质升级

将建筑楼宇中的水泵控制箱、风机控制箱、照明控制箱等进行集成，升级为智能控制箱，让智能控制变得简单易懂；将建筑楼宇中的配电箱、配电柜与智能配电仪表等智能配电终端产品集成，升级为智能配电箱，符合配电管理的需求，又集成了智能控制、测量、漏电监测、远程通信的功能，让配电有了质的飞跃。外观设计新颖，加工工艺标准化，且通过3C认证。

○　4S服务

1. 能源设备设计服务

会同医院梳理和明确能源设备管理目标，参与（强电、弱电、暖通）设计，并对水、电、气设备统一标准设计。解决以往多个设计、多家施工单位造成控制工艺、通信规约、系统管理无目标、技术标准不统一的现象，并利用大数据与人工智能技术从设计源头上为医院制定4S一体化解决方案。

2. 目标机制培训服务

1）围绕后勤管理目标，利用大数据，对各用能部门和对应负责服务班组的工作效率进行挖掘并实时反映科学依据，为后勤部门提供科学管理与节能空间。

2）会同医院导入技术员工一套管理成绩和奖金挂钩的激励机制。

3. 专业技能操作服务

提高后勤能源管理人员的实操技能水平，建立设备操作、保养、维修的标准，培养和造就一支技术过硬、操作规范、执行力强的后勤管理团队。确保他们能更加快捷、安全、准确地完成后勤管理工作。

生活案例

了解居民住宅小区安防系统

通常，住宅小区安防监控系统根据由社会治安办公室、公安局、市房管局等多部门共同制定的《居民住宅小区安全防范系统技术规范》（以下简称《规范》）实施，对视频监控系统、周界报警系统、视频门禁系统、住户报警系统等提出要求，从而提高小区安全防范水平。

《规范》适用于住宅小区、单幢（多幢）独立住宅楼的安全防范系统的建设。它不仅对新建住宅小区、住宅楼的安全防范系统建设提出了新的要求和指导，也对现有小区、住宅楼的安全防范系统新建或升级提供了可行性参考。

（1）新建小区应有哪些安防系统

《规范》对摄像机的安装位置提出具体要求，即小区出入口、出入口外广场及机动车和非机动车停放区域、停车库出入口、一楼（地下层）电梯厅、住宅楼出入口、地下机动车停车库主要通道、地面机动车集中停放区、小区（广场、公园、康乐中心、超市、商铺、会所）等人员活动场所、小区制高点、顶楼到平台的出入口、电梯轿厢（两户住宅以下或电梯直接进户的除外）、小区周界、公共租赁房各层楼梯（出入口、电梯厅或公共楼道）、监控中心、水泵房、配电机房共16个重要区域，且监控区域不能有盲区。

建筑面积达$5\times10^4m^2$、户数达3000户的小区，应在小区制高点安装高空系统，覆盖小区及周边道路，要求采用星光级高空球机。

（2）视频至少保存30天

摄像机像素至少200万、分辨率达到1080p，并对黑白和彩色提出要求，要求内置红外或白光的辅助光源。

视频监控图像要清晰地显示进出人员面部特征和机动车牌号，图像及相关数据要进行24h全天候记录并实时传输至小区监控中心存储，视频保存时间至少30天，图像及相关数据保存时间至少90天。

为确保图像不丢失，要求配备网络数字录像设备，设置视频丢失、网络掉线、硬盘错误等提示功能。

（3）出入口机动车捕获率不小于90%

小区出入口、机动车停车场出入口摄像机要求内置嵌入式操作系统，可以进行智能抓拍、号码识别、视频检测、连续视频流的压缩与传输、视频与图片分流设计等。机动车辆捕获率不小于90%，非机动车和行人的捕获率不小于85%。

（4）视频门禁系统记录事件发生前10s或后10s

《规范》提出，视频门禁系统由单元门禁、可视对讲、后端管理系统、公安联网等部分共同组成。对讲系统语音要清晰，图像要清晰显示人员的面部特征，开锁功能要正常，提示信息要可靠、及时、准确。

当一些意外事件发生时，系统要能联动进行拍照和录像，可记录事件发生的前10s及后10s视频，照片需要为事件发生时的实时照片。

系统支持消防火警信号接入，当火警发生时记录事件并联动门禁进入常开状态。

（5）周界报警系统确保无盲区和死角

《规范》要求安装周界报警系统，确保无盲区和死角，安装范围包括：围墙、栅栏、与外界相通的河道；不设门卫岗的或夜间无人值班的出入口；与住宅相连，高度在6m以下的用于商铺、会所等功能的建筑物顶层平台。当系统报警时，小区监控中心应有声光报警信号，并在模拟显示屏或电子地图上准确标识报警的周界区域。

（6）客厅、主卧可安装紧急求助报警系统

住户报警系统应用在别墅住宅每一层楼面（含与住宅相通的私家停车库）以及与住宅相连高度在6m以下的商铺、会所等顶层平台上一层建筑，住户一层、二层和顶层都应安装防盗报警系统。住户在三层及三层以上的视情况安装。

客厅、主卧隐蔽、可靠的地方可安装紧急求助报警系统，卫生间、次卧及未明确用途的房间视情况安装。

报警控制器与小区监控中心应有联网功能。对于非法入侵的行为能及时发出报警响应，探测范围应有效覆盖住宅与外界相通的门、窗等区域，尽量避免误报。

（7）小区监控中心面积不得少于$20m^2$

《规范》要求，小区监控中心不得设置在地下室，面积不得少于$20m^2$，户型宜为长方形，大型住宅小区还应根据设备数量、安装要求，预留值班操作间、维修间、间歇休息区、卫生区等。

每人监看不超过15个监控摄像机，配足值守人员，配备与巡逻人员、公安机关联系互动的通信工具。

（8）安防工程免费维保期不少于两年

小区安防系统工程免费维保期不少于两年，售后服务内容应在合同和竣工资料中体现。

免保期过后，应由开发商或物业公司与专业维护公司签订维护合同，建立有效的管理措施，定期进行维护保养。当系统出现故障后，维保人员应在4h内到达现场并及时排除故障，淘汰、更换过期和损坏的设备器材，保持系统处于良好的运行状态。

思考拓展

对比人的五脏六腑的功能划分，参照智能安防几大系统的分类，发挥想象一起探寻智能安防系统的“五脏六腑”。

1.3 智能安防关键技术分析

情景故事

一段时间以来“吃鸡”游戏风靡全球（见图1-38），班级同学都在玩，小安也迷上了这款游戏。他十分好奇，为什么“吃鸡”游戏版本越来越多了呢？针对这样的现象，朱老师出招了：其实大家玩的“吃鸡”游戏都保留了PC版本《和平精英》的关键技术，从而催生了手机版的“吃鸡”游戏接连上线。其实，不同版本的安防技术的核心思想也是类似的。下面就一起来分析智能安防的关键技术有哪些。

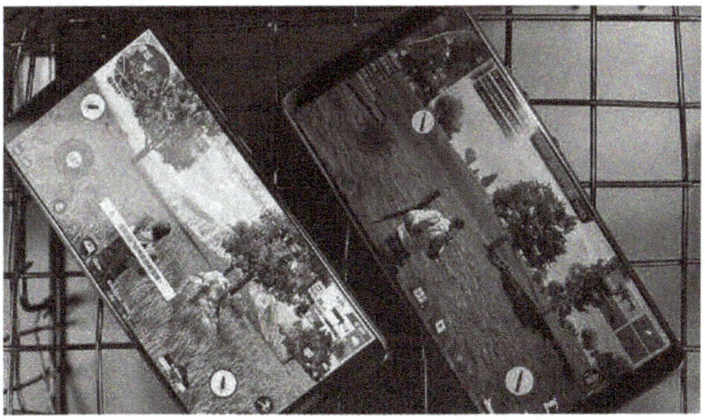

图1-38 “吃鸡”游戏

学习目标

1）掌握传统安防与现代安防的核心技术。

2）明确核心技术的演变过程，对其有初步的发展预估。

知识储备

关键词：传统安防关键技术；现代安防关键技术

1. 传统安防关键技术

传统安防数据不共享使安防产业的发展受到了限制，但离线避免了黑客入侵造成的麻烦，在物联网技术发展前稳定服务了很多年，其设备的核心仍是现代安防技术拓展发展的关键。因此，了解传统安防关键技术应从现代安防技术角度着手。前些年出台的《关于加强公共安全视频监控建设联网应用工作的若干意见》指出，到2020年要基本实现“全域覆盖、全网共享、全时可用、全程可控”的公共安全视频监控建设联网应用。下面主要介绍视频监控、传统门禁和报警主机的关键技术。

1）视频监控系统的发展历经了第一代模拟监控（CCTV）、第二代传统监控向IP网络监控的演变，主要由摄像机、视频矩阵、监视器、硬盘录像机等组成，利用视频传输线将来自摄像机的视频连接到监视器上，在视频矩阵主机上采用键盘进行切换和控制，录像采用硬盘录像机。远距离图像传输采用模拟光纤，利用光端机进行视频的传输，其优点是信号稳定，曾测试布线后5年视频信号输出依然清晰稳定。其缺点是有线模拟视频信号的传输对距离十分敏感；有线模拟视频监控无法联网，只能以点对点的方式监视现场，并且布线工程量大；有线模拟视频信号数据的存储会耗费大量的存储介质，查询取证时十分烦琐。

传统监控向IP网络监控的演变，如图1-39所示。

2）传统门禁的优点是发展历程久，易于被人们接受。首先，从一定程度而言，方便开门。一个门禁卡可以直接开大门和单元门。其次，接受程度高。传统门禁已经被人们熟知，易于被人们接受。物业只要给小区业主一张门禁卡，业主刷卡就可以了。不管是对小孩还是老人都是极为方便的。目前社区依然广泛使用，其核心技术为联网器配合层间分配器使用，控制现场室外机及管理中心机信号的进出并监测，如图1-40所示。

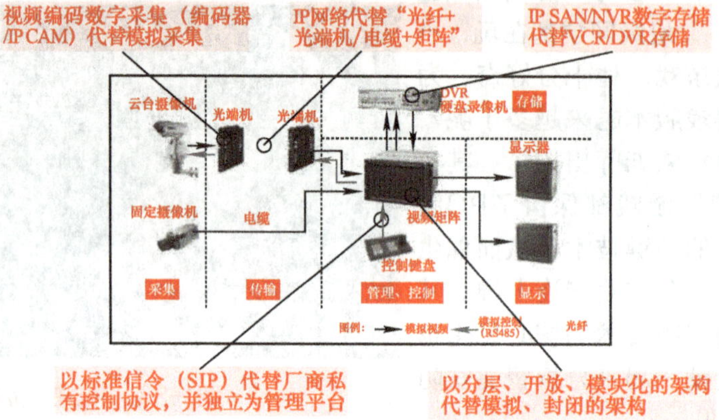

图1-39 传统监控向IP网络监控的演变

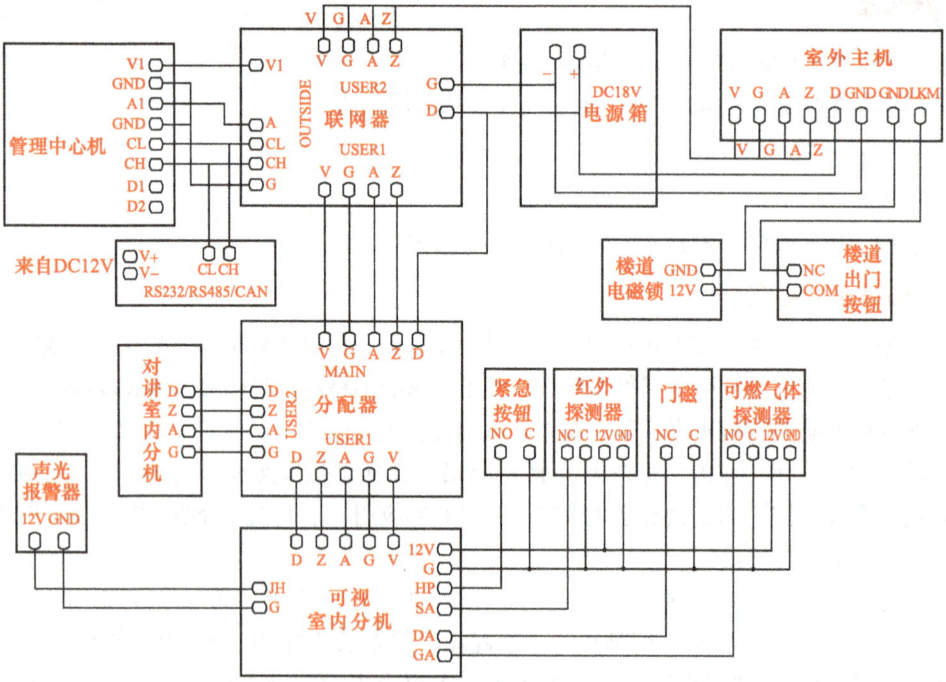

图1-40 门禁系统布线图

3）报警主机是在一个受保护的设施、范围探测入侵者或防止抢劫等威胁，并在本地或远处发出警示信号。主要由以下核心部件组成，如图1-41所示。

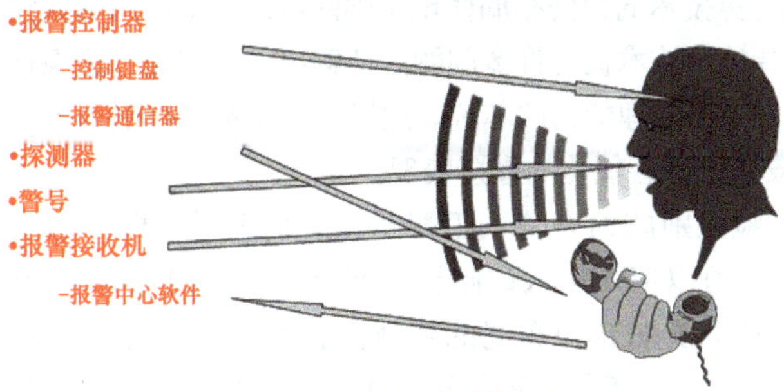

图1-41　核心部件组成

防区（ZONE）、防区线末电阻（EOLR）、一般探测器连接方式、布防（ARM）、撤防（DISARM）、布防和撤防时间、如何布防和撤防、外出延时、进入延时，这些都是报警主机关键技术，后续将继续学习。

2. 现代安防关键技术

1）视频云计算技术成为关键，推动视频监控。视频云计算是基于云计算技术的理念，采用视频作为“云端”向“终端”呈现处理结果的一种云计算方案。视频云计算技术可以在中央服务器端全部集中所有的计算能力，将前端应用和声音输出编码后经过网络实时传输给终端，然后终端进行实时解码后显示输出。如今被普遍应用在在线教育、安防监控、云游戏、视频会议、电视转播等。

简单来说，视频云计算就是一个对超大型视频数据的存储、调用、处理的计算能力，通过该技术可以在超大型数据平台中快速查找并使用所需的视频数据，具有实时可控、高速处理、资源共享等特性。

安防行业特别是监控领域常常伴随着超大规模的数据信息，必须建立视频云计算平台。例如，公安部门的监控设备，一天24h运行，监控成千上万辆车、行人。在以前没有云计算技术的年代，要从这些视频数据里寻找到某一辆车、某一个行人，公安人员需要用人眼没日没夜地观看监控视频，犹如大海捞针。而如今，在云计算平台上，可匹配每个路过行人的身份信息，以图像进行匹配，快速圈定范围，提高案件处理效率。

当然，云视频计算数据不仅运用在安防监控领域，在门禁、消防领域也有可借鉴的地方。

2）边缘计算大幅提升视频分析速度。

如果说视频云计算技术是查找、调用数据的关键技术，那么边缘计算对视频图像进行预处理的计算便对视频分析的速度提出进一步要求。

边缘计算是指在数据源的边缘地带完成的运算程序。该技术包含了边缘节点和边缘域功能，是指通过统一调度IPC、NVR等分散式的智能设备资源，在数据源头就近提供以视频为核心的感知数据、实时预处理、存与传等服务，在提升业务敏捷性、实时性和系统可靠性的同时，分摊海量数据给中心节点带来的并发压力。

边缘计算是未来智能场景中的重要部分，作为边缘计算中的典型应用，安防行业的智能门禁在其中的分量不可轻视。海康威视与英特尔一起发布智能门禁产品——“明眸”近景人脸识别家族产品，便是边缘计算的最新应用。

“明眸”采用基于多级卷积神经网络的深度学习算法、专业的视频图像采集处理技术、先进的前端数据分析比对逻辑以及英特尔高性能的智能芯片，让人脸识别时间小于1s，并能保证很高的精准度。

海康威视对边缘计算技术的抢先布局体现了国内对该技术应用的关注和前景市场的看好。但不得不提的是，边缘计算技术仍有许多问题尚待解决。一方面，边缘计算难以兼容异构，另一方面，欠缺具备强大数据处理能力的芯片。边缘计算技术还有很长的路要走。

3）人脸识别是安防人工智能化的直接表现。

在安防行业，人脸识别成为安防人工智能化的最重要表现，如图1-42所示。除了将它植入视频监控外，还可以植入出入口闸机、智能锁、可视对讲、门禁、报警等产品中，形式丰富多样，逐渐成为安防企业布局的新商机。例如，搭配人脸识别功能的iPhone不仅可以使用人脸识别技术解锁手机，还能进行Apple Pay支付，给消费者提供了便捷与科技感。

但是对于人脸识别技术的安全性，大家仍然热议不断。最普遍的看法是，人体生物密码——指纹、声纹、虹膜、人脸都具有唯一性和不可变更性，传统的字母数字组合密码可以随意更换，但人体生物密码一旦泄露就是终身问题。

因此，对于安防企业来说，提升人脸识别技术的安全性才是其技术应用的重中之重。

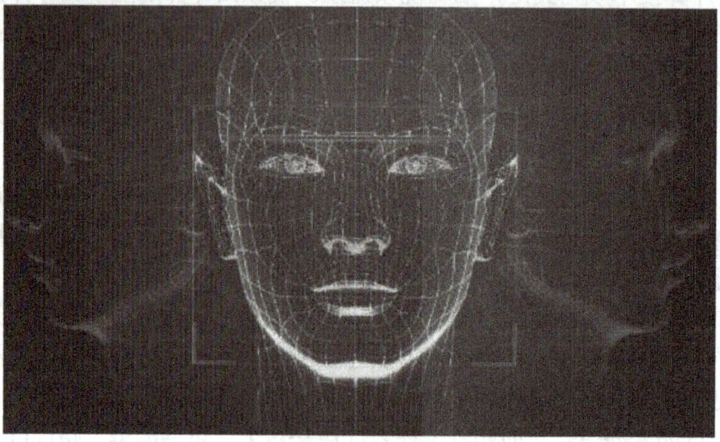

图1-42　人脸识别

4）使用新技术，积极迎接安防新需求。

安防行业涉及各行各业、千家万户，它的发展所必需的新技术更显得关键。但无论如何，安全是目的，防范是手段，安防行业最终要让用户感到安全、舒适、便捷。

首先，安防新技术需要交集使用。以上提到的视频云计算、边缘计算、人脸识别甚至更多技术，都不应该只存在于某一个产品或领域之中，交集使用才能发挥其最大的功能。

其次，安防技术要做到数据安全、保护隐私。所谓安防，实际要求是安全与防范，做好准备和保护，积极应对攻击并避免伤害，守好数据共享与隐私保护间的红线。

最后，人工智能涉及的道德与伦理都会成为安防新技术的挑战。对人类文明而言，人工智能是一个好消息还是坏消息最终取决于人们的伦理智慧。在推出新一代人工智能发展规划的今天，安防产业融入人工智能化概念是便利自己还是依赖机器，是一体两面。因此，智能安防的道路终究要达到人机和谐共处。

心得体会

典型案例

江同学，2012级学生。高一加入智能楼宇训练队，专业技能扎实，对比赛设备的研究特别深入，愿意去研究一些问题，安防调试方面获国家实用新型专利两项，后加入物联网训练队，获2015年全国职业院校技能大赛物联网应用技术赛项二等奖。

江同学："以前参加竞赛训练的时候，我经常会去国家专利网看别人写的产品设计技术，今天就站在关键技术的角度和大家分享我高中期间在训练中悟出的一项专业发明吧！"

本实用新型专利是：一种基于物联网建筑环境监测实训平台。

技术领域：本实用新型专利属于教学实验台技术领域，具体涉及一种物联网实训平台。

背景技术：

随着市场上流通商品的日渐丰富，条码扫描技术在物流集散、超市商品销售等领域得到了广泛运用。现有技术中，绝大部分条码识别采用一维码，而一维码最大一般不超过15个字节，其仅能够对商品进行标识，其他信息需要使用计算机存储。而二维码具有多达1408个字节的信息容量，在未预先设置商品资料库和不便于网络连接的地方，二维码能够记录达一维码信息量几十倍的信息，因此，二维码开始得到越来越多的运用。

目前大部分学生物联网实训平台都为独立的柜体，安装电路或者传感器时，电线都是裸露在柜体外或者贯穿柜体设置在柜体内，裸露在柜体外影响实验台的外观，但安装电路方便，贯穿安装在柜体内，虽然保证了柜体的外观，但不利于电路更换和维修。

现有物联网实训平台集成处理数据的效果差，学生在实训平台上实训时仅能够单人实验操作，不便于进行小组实验操作，导致难以提升学生的团队协作能力或个人实战能力。教师不能够在计算机上查看每个实训台的实验信息，实训的结果不能直观显示。

本实用新型专利提供一种物联网实训平台，以解决现有实训平台集成处理数据能力差、实训结果显示不直观的问题。

所述物联网实训平台包括基础控制模块、传感器采集模块、物联网模拟应用控制模块、物联网模拟实验箱、电源配件和信号模拟配件，其中基础控制模块与传感器采集模块通过数据线连接，基础控制模块、物联网模拟应用控制模块、电源配件和信号模拟配件分别与物联网模拟实验箱通过数据线连接。

优选方案为，基础控制模块包括LFC核心处理模块、LDX采集模块、LDM控制模块、LVX采集模块、LCC串口规约处理模块和LTC低功耗采集模块。其中LFC核心处理模块、LDX采集模块、LDM控制模块、LVX采集模块、LCC串口规约处理模块和LTC低功耗采集模块之间相互串接。

优选方案为，基础控制模块包括7个扩展模块和32个定时器，隔离方式为光电隔离。

优选方案为，基础控制模块数字量输入特性的输入类型空节点包括输入、漏源和源型。

优选方案为，传感器采集模块包括温湿度传感器、氧气传感器、二氧化碳传感器、粉尘传感器、光照传感器和大气压力传感器，其中温湿度传感器的输入电压为24V DC，温度测量范围是0～100℃，湿度测量范围是0～100%RH，输出范围为4～20mA；光照传感器的输入电压为24V DC，光照测量范围为1～100klx，光照测量精度为±5%；氧气传感器的输入电压为24V DC，氧气的测量范围为0～30%，氧气的测量精度为<±3%；二氧化碳传感器的输入电压为24V DC，二氧化碳的测量范围为0～2000ppm，二氧化碳的测量精度为<±3%；粉尘传感器的输入电压为24V DC，粉尘的测量范围为0～8.8千粒/L，粉尘的测量精度为<±3%。

优选方案为，物联网模拟应用控制模块包括LED灯模块、直流风机、继电器输出灯和电动窗帘。

优选方案为，电源配件包括5V、12V、24V的电源接口和电源适配线。

在采用上述技术方案后，本实用新型物联网实训平台系统成为学生与老师自行开发出的集教学、竞赛、工控、环境监控开发于一体的物联网实训教学平台，综合使用物联网在智能感知、网络传输和智能处理等方面的技术，搭建全新的集趣味演示、科学实验、应用开发于一体的，基于物联网的综合性智能实验室。通过教学和实践的结合、感知体验与动手开发的结合、方案设想与实际验证的结合，提高学生的动手能力，积累实践经验，从而在整体上提高教学质量。

为了更清楚地说明本实用新型专利实施例或现有技术中的技术方案，下面将对实施例或现有技术描述中所需要使用的图作简单介绍。对于本领域一般技术人员，还可以根据这些图获得其他图，如图1-43所示。

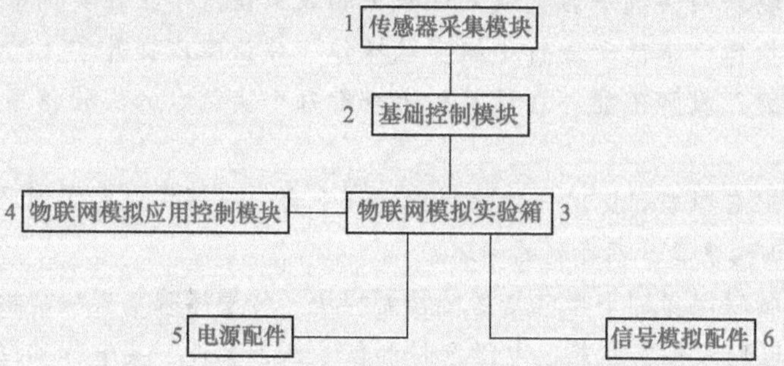

图1-43　实用新型物联网实训平台的结构视图

物联网实训平台由传感器采集模块、基础控制模块、物联网模拟实验箱、物联网模拟应用控制模块、电源配件和信号模拟配件构成。基础控制模块与传感器采集模块通过数据线连接，传感器采集模块采集的数据输入基础控制模块内。其中基础控制模块、物联网模拟应用控制模块、电源配件和信号模拟配件分别与物联网模拟实验箱通过数据线连接，电源配件为物联网实训平台供电。

传感器采集模块包括温湿度传感器、氧气传感器、二氧化碳传感器、粉尘传感器、光照传感器和大气压力传感器。温湿度传感器采集环境的温度与湿度；氧气传感器采集环境氧气含量；二氧化碳传感器采集环境中的二氧化碳含量；粉尘传感器采集环境粉尘含量；光照传感器采集光照亮度；大气压力传感器采集大气压力。

温湿度传感器的输入电压为24V DC，温度测量范围是0～100℃；湿度测量范围是0～100%RH；输出范围为4～20mA。

光照传感器的输入电压为24V DC，光照测量范围为1～100kLx，光照测量精度为±5%。

氧气传感器的输入电压为24V DC，氧气的测量范围为0%～30%，氧气的测量精度为<±3%。

二氧化碳传感器的输入电压为24V DC，二氧化碳的测量范围为0～2000ppm，二氧化碳的测量精度为<±3%。

粉尘传感器的输入电压为24V DC，粉尘的测量范围为0～8.8千粒/L，粉尘的测量精度为<±3%。

基础控制模块包括LFC核心处理模块、LDX采集模块、LDM控制模块、LVX采集模块、LCC串口规约处理模块和LTC低功耗采集模块，这些模块之间相互串接。LFC核心处理模块用于数据的处理和传输，LDX采集模块用于直流电压、电流的采集，LDM控制模块用于DO输出/DI采集，LVX采集模块用于交流电流、电压采集，LCC串口规约处理模块用于RS232/RS485通信，LTC低功耗采集模块用太阳能蓄电池供电。

基础控制模块的实验平台软件包括各种模块编辑软件、各种节点的参数设置和传感数据采集。其采用边缘计算技术，传输和响应速度更快，供电电压为24V DC/220V AC，并且24V输出时的电流为400mA，扩展模块数量有7个，单相计数器为2200kHz，双相计数器为2100kHz，定时器数量有32个，同时具备密码保护和实时时钟功能。集成通信功能的通信速率300～38 400bit/s，数字量输入特性的输入类型空节点有输入、漏源、源型3种类型。输入电压为24V DC，允许范围为0～36V DC，隔离方式为光电隔离，隔离耐压为2500/5000Vr.m.s。数字量输出特性的输出类型为继电器输出，输出电压为24V DC，公共端额定电流为4A/10A，单节点最大电流为500mA/3A，隔离方式为光电隔离。基础控制模块用于基本的传感数据采集和输出控制实验。

物联网模拟试验箱内为DC 5V/12V/24V、AC 220V电源输出，DO/DI信号模拟，AI模拟量输出，电流电压定值输出。

物联网模拟应用控制模块包括LED灯模块、直流风机、继电器输出灯和电动窗帘，用于对各类设备进行控制。其中LED灯模块模拟室内照明，直流风机模拟风扇，继电器输出灯模拟路灯照明，电动窗帘模拟家居窗帘。

电源配件包括5V、12V、24V的电源接口和电源适配线，为实训平台供电。

信号模拟配件与物联网模拟实验箱连接模拟各类信号接口及相应的适配线。

传感器采集模块能够实时采集各项数据并将数据输入至基础控制模块。经过基础控制模块处理的数据最终传输至物联网模拟实验箱。物联网模拟实验箱能够显示各项数据，从而使师生之间能够实时了解实验测试结果，合作完成实验。

本实用新型物联网实训平台适用于小组或单人实验操作，以提升学生的团队协作能力或个人的全方面实战能力。系统采用多级权限设置，教师可在网内任何一台计算机上查看每个实训台的实验信息。可模拟多种环境应用演示系统，提升学生的学习兴趣。实验完成后，可生成电子报表和实验报告，教师可统一批阅。

最后应说明的是：以上实施例仅说明本实用新型专利的技术方案，而非对其限制；尽管参照前述实施例对本实用新型专利进行了详细说明，本领域的一般技术人员应当理解：其依然可以对前述各实施例所记载的技术方案进行修改，或者对其中部分技术特征进行等同替换；而这些修改或者替换并不使相应技术方案的本质脱离本实用新型专利各实施例技术方案的精神和范围。

生活案例

对科技和智能家居稍有了解的人都知道智能锁的优点特别多，对比传统锁有很多优势。但是很多人提起智能锁却顾虑重重，想换不敢换。这是为什么呢？和朱老师一起一探究竟，顺便打破消费者心中的疑虑。

1. 智能锁质量是否容易出问题

人们不敢换智能锁的第一个原因往往是觉得它不可靠。没电了怎么办？密码泄露了怎么办？指纹不灵了怎么办？添加指纹，如图1-44所示。

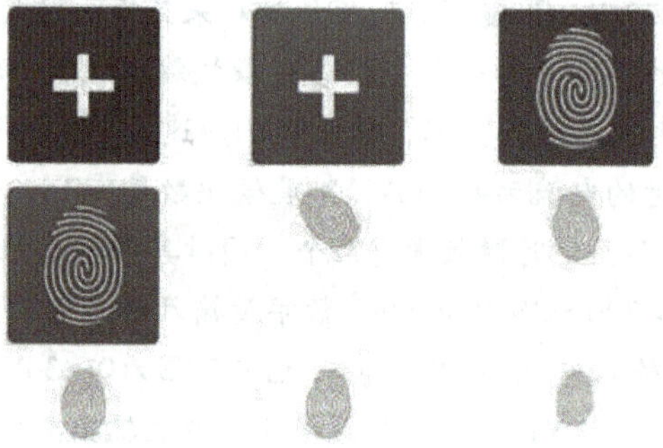

图1-44　添加指纹

“定心丸”：

① 现在的智能锁都是可以利用外接电源应急供电的，电池没电的时候也不必担心打不开门。

② 对于质量过关、品质优秀的智能锁，会有虚位密码等多种防窥视手段。

③ 当指纹失灵的时候，还可以利用密码、蓝牙、机械钥匙等多种方式开门。只要选到优秀的品牌和产品，这种情况发生的几率是极小的。

综上所述，大家完全可以像信任智能手机那样信任智能锁。

2. 智能锁有问题找谁，售后怎么样

智能锁不同于传统锁，除非忘带钥匙要撬锁，其他时候不涉及售后。但是智能锁作为科技产品，难免会遇到不会操作、想要更新硬件等问题。

国内外做得比较好的智能锁品牌或者说所有合格的智能锁品牌都会配有专业的售后团队以及遍及各地的网点。智能锁使用过程中的任何问题，都可以得到及时解决。

这里，相信大家心中对智能锁的疑虑也可以打消了，一把不用带钥匙的便捷智能锁，使用这么方便，还有什么好犹豫的呢？后面的技术前沿篇还会为大家详细介绍智能锁。

思考拓展

查看实训室各楼层的监控点配置情况，软件界面，如图1-45所示。完成以下问题：

1）监控核心技术是什么？

2）如何实现对配对点的控制？

3）组网原理是什么？

4）如何进行数据存储及访问？

图1-45　软件界面

Part 2

第2篇

硬件设备篇

2.1 工具准备，“剥剪焊布装”快速通

情景故事

下面分享两则关于鲁班的故事。故事1：《列子・新论・知人篇》中关于鲁班雕刻凤凰的故事，表现了他不怕讥讽、刻苦钻研的精神。故事说，鲁班想雕刻一只凤凰，还没有雕成就受到别人的讥笑，但是他没有因此而停止工作，反而更加努力，终于刻出了神态逼真、栩栩如生的凤凰。那些曾经讥笑过他的人终于不得不佩服鲁班的高超技艺和顽强努力的精神。故事2：《玉屑》上的记述：鲁班成年累月在外给人盖房，雨淋日晒，十分辛苦。他的妻子云氏就动脑筋做了一把伞，让鲁班出门做工的时候带上，可以遮阳避雨。直到今天，伞仍然是人们日常生活中不可缺少的用具。

工匠精神适用于任何领域。例如，烧菜、做衣服、种花，任何一件不起眼的小工作被灌注工匠精神后，都能够获得极大的成功。这也是为什么在世界上最发达的国家也会存在无数私人小作坊，甚至英国女王穿衣服也要去找一家小作坊定做，这都是工匠精神的体现。

期待大家养成“敬业+精益+专注+创新”的工匠精神，匠心就是用手思考。监控安装施工情景，如图2-1所示。

图2-1　监控安装施工情景

学习目标

1）能够辨别生活中的智能安防系统。

2）明确智能安防的概念，提高学生对本专业的认可度。

2.1.1 拧螺钉绝活——使用螺钉旋具

托马斯・卡莱尔曾经说：“人是使用工具的动物，没有工具，人将一无是处；有了工具，他将主宰万物。”认识图2-2中的各种工具。

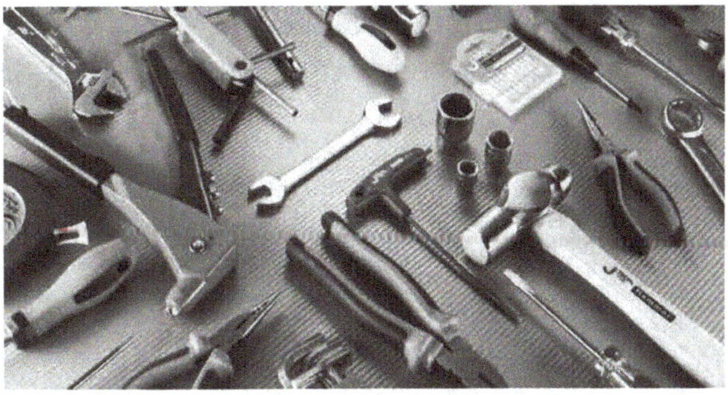

图2-2　各种工具

知识储备

关键词：螺钉；螺钉旋具

朱老师带队参加2016年全国职业院校技能大赛。在颁奖总结会中，“今年的比赛尤其强调学生精益求精的工匠精神。”大赛专家介绍，比如，以前在安装设备时，只要线路接通了，就可以得分，现在还要看布线是否合理、是否美观，导线有没有露铜，螺钉是否拧得太紧。因为布线不合理，露出铜头，即使接通了也会留下安全隐患；螺钉拧得太紧，时间长了就会滑丝，也不够安全。拧螺钉对智能安防设备安装非常重要，选用不同型号的螺钉对应不同结构的受力面，这是每个入门工科专业的人必备的一项基本技能。

心得体会

典型案例

徐同学，2011级学生。历年竞赛中前半小时速度最快的选手，尤其在拧螺钉上底板环节，这与他三年训练队期间日复一日不断训练基本功是密不可分的，2013年6月徐同学与同学组队代表市参加全国职业院校技能大赛智能楼宇安装与运行赛项，获得一等奖。

徐同学：“拧螺钉的环节是智能安防人员必备的一项基本技能，这里就和大家一起分享以前训练测试拧螺钉的任务。”

测试工具：电批、扭力螺钉旋具、普通螺钉旋具、内六角扳手；螺钉旋具头4种，如图2-3所示。

测试螺钉10种：TV04993×2、TV04881×2、TV04880×2、TV04871×2、XKSL4×8B×1，XKSL4×8L×1，如图2-4所示。

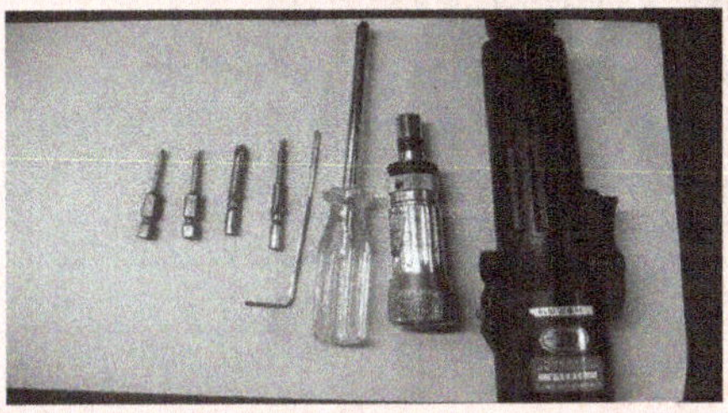

图2-3　测试工具

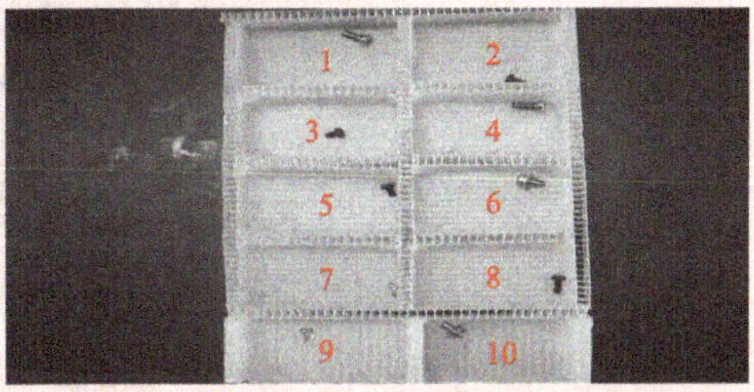

图2-4　测试螺钉

最重要的环节是将测试螺钉按流程图要求所指定的工具按顺序打入相应的螺孔中，完成后，再将所有螺钉按最快的速度取下，测试结束，如图2-5所示。

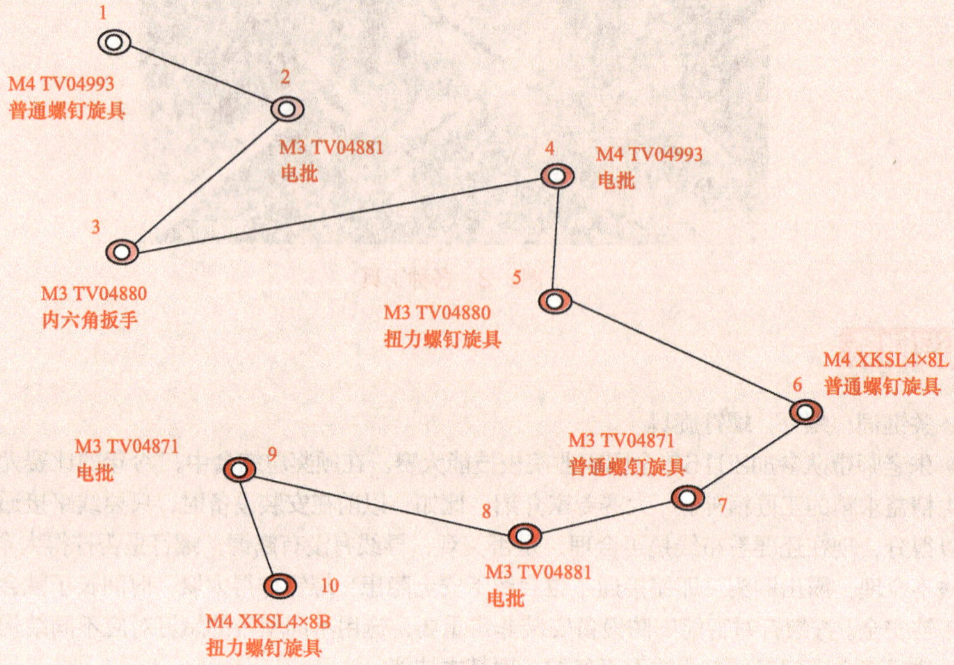

图2-5　测试流程图

自测评分标准：①在测试过程中，螺钉不可有浮起、拧花、倾斜等不良情况，所使用工具及顺序必须按要求作业，否则成绩一律不算，重新测试。②全部作业在2'20"之内完成为合格，不合格者均需补测，一直到合格为止。

生活案例

这样的绝技你见过吗？

一些电视节目中经常会播放一部分扎根基层默默奉献的工人自己开发的绝技绝活。这些绝技不仅提升了整体技术水平也提高了工作效率。

1）单面焊双面成形，如图2-6所示。

图2-6　单面焊双面成形

2）钢丝绳扣的手工编织工艺展示，如图2-7所示。

图2-7　编织钢丝绳

3）灯上断丝技能功力训练，如图2-8所示。

图2-8　灯上断丝演练

4）盲配螺钉技能功力训练：在蒙眼的状态下从数十个螺钉和螺母中找到相匹配的九组并组合，同时报出螺栓规格及紧固时需要使用的扳手规格。通过训练让大家熟知螺栓的常用规格及紧固时应选用的扳手规格，缩短检修准备阶段的时间，提高工效。

思考拓展

做一做：使用膨胀模块、螺钉，选择适合的螺钉旋具在网孔板上拧20个螺钉（拧螺钉也是需要训练的，大家可以比一比，看谁拧得快又好）。

2.1.2　传统工匠必备手活——使用剪线、剥线工具

基本剪线剥线工具，如图2-9所示。

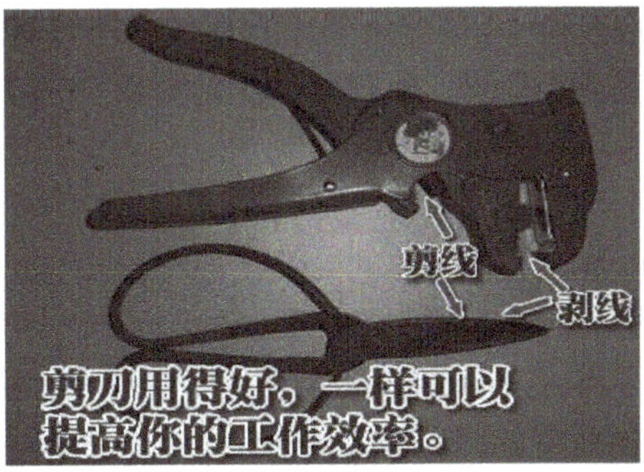

图2-9　基本剪线剥线工具

知识储备

关键词：剪剥线

1. 剥芯线类型

无论是手工接线还是使用机器设备接线，都需要将覆盖导体的绝缘皮去掉，以便为打端子/焊锡（镀锡做准备），需要注意：芯线外被高低落差小于或等于0.4mm，有客户要求的按照客户标准，如图2-10所示。

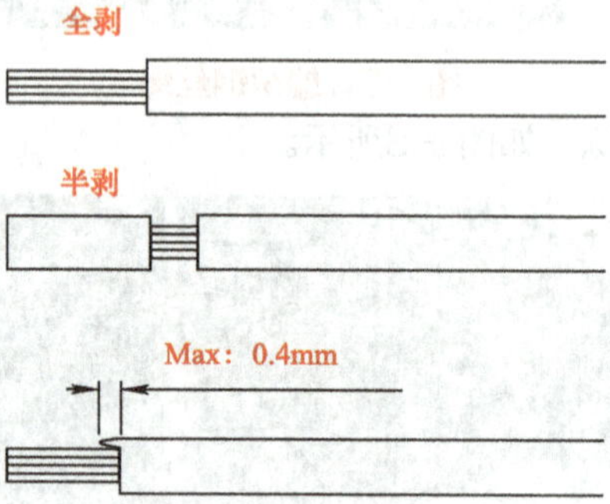

图2-10　剥芯线类型

2. 剥线钳

它主要针对电子线、圆线芯线使用，外观如图2-11所示。

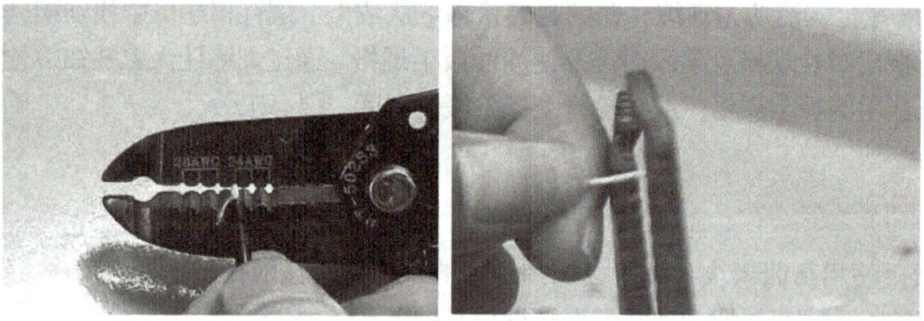

图2-11　剥线钳

操作步骤：

1）据芯线AWG号的大小，选择不同的剥线孔孔径（通用的AWG号有：28、26、24、22）。

2）芯线理顺后放入对应孔径中，右手抬起剥线钳手柄进行剥芯线。

3）剥完芯线后，检查是否有假剥、剥伤导体、剥断股、毛边等现象，检查剥线尺寸是否符合要求。

3. 脱皮设备

过去使用的是半自动剥皮机，目前以热剥机和激光剥线机为主，如图2-12和图2-13所示。

剥芯线是安防布线中的一个重要工站，为了方便后面的工站作业，需要注意的有几点：

不论是全剥还是半剥，绝缘皮的切断面都应该是平整的，如果有倾斜，则落差最大不应超过1.0mm。线材未脱完全时留下的尾巴最大值为0.4mm。半剥作业时不可将绝缘皮完全拉脱。半剥时拉开的距离以绝缘皮不易脱落为准，原则上约为半剥尺寸的1/3左右，客户另有要求除外。剥皮时外皮不可有撕裂现象，不可有绝缘皮未完全切断的问题出现，如图2-14所示。

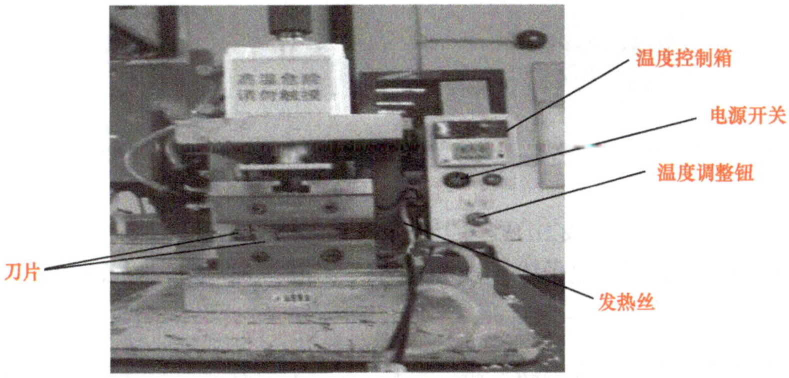

图2-12　热剥机外观

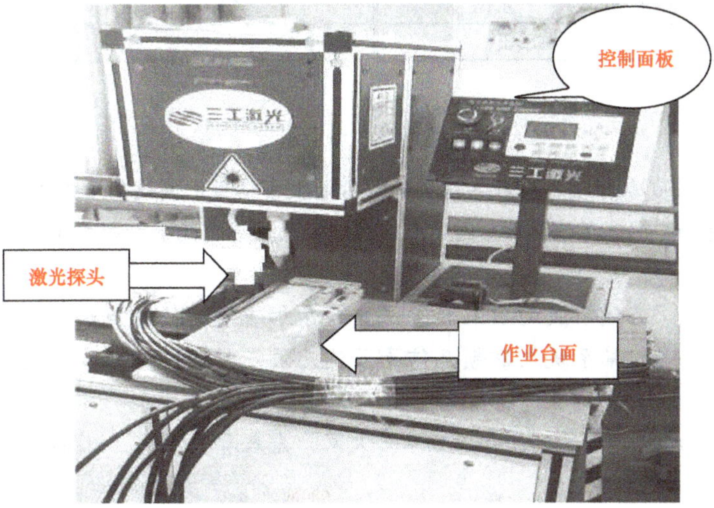

图2-13　激光剥线机外观

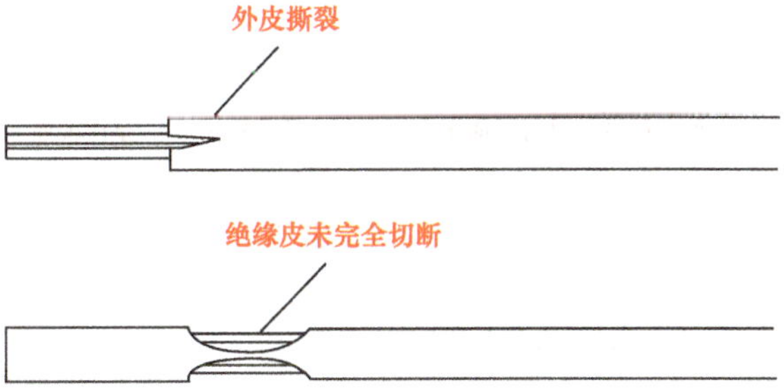

图2-14　外观问题

对于芯线：剥芯线尺寸必须符合作业指导书的要求，否则拒收。导体不可有剥伤、断股现象，剥芯线后不得有毛边，如图2-15所示。

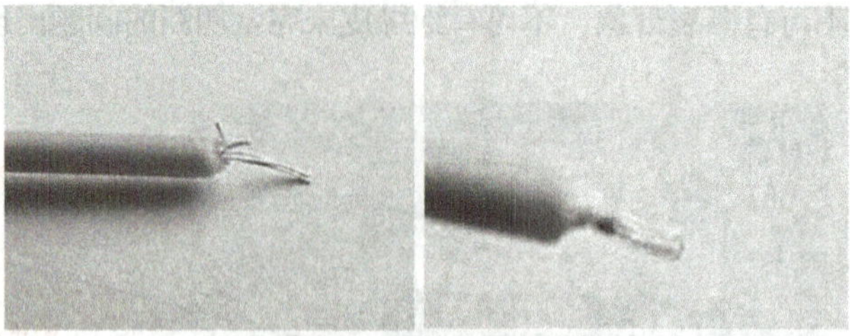

图2-15　芯线问题

智能安防中用得较多的芯线为RV多股软线，其中电源线（红、黑）和信号线（黄、蓝）的芯线数不同，在剥芯线时（电子线）芯线断股（刮伤）允收标准，见表2-1。

表2-1　芯线断股（刮伤）允收标准

芯线股数	断股（刮伤）股数	芯线股数	断股（刮伤）股数
<7	0	25~36	4
7~15	1	36~40	5
16~18	2	≥41	6
19~25	3		

心得体会

典型案例

马同学，2009级学生，曾在学校技能节智能楼宇项目中剥线单项成绩等于第二名与第三名数量的叠加。2010年他参加全国职业院校技能大赛智能楼宇（安防布线）赛项，获得二等奖。

马同学："芯线断股的后果非常严重，参加省赛时候就是因为剥线过度致使芯线断股，造成了门禁系统电磁锁无信号致使无法正常开门，让我们最终只取得了二等奖。"

在这里，就将训练学到的知识分享给大家，先来看一张图，如图2-16所示。

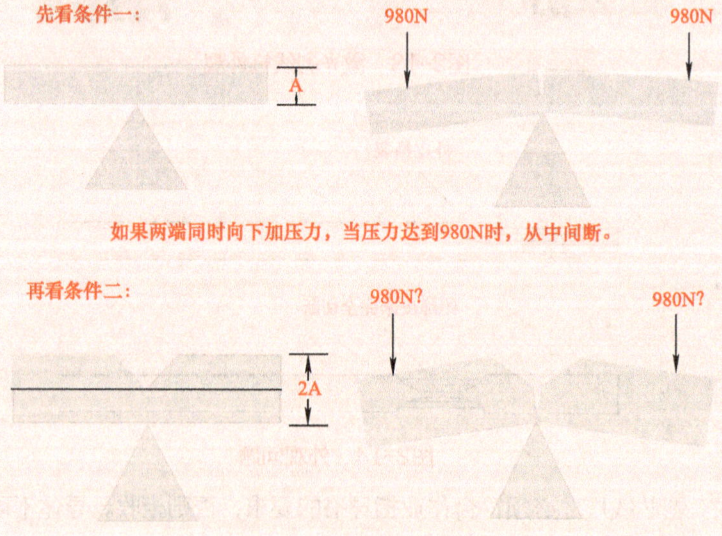

图2-16　应力集中效应

如果一样向两端同时向下加压力，当压力大于980N时还是小于980N时从中间断？请将答案写在下面。

在学习训练剥线时千万注意不要断股，为后期施工做好第一步。

生活案例

丝绸之路的开启使古代中国成为世界上最大的匠品出口国和匠人之国，很多产品在当时曾畅销世界各地，成为世界各国王公贵族、富人们的宠儿。早在西周时期，官府开设有“百工制度”，古代的“中国制造”闻名遐迩。从《诗经》中就有把对骨器、象牙、玉石的加工形象地描述为“如切如磋、如琢如磨”；到《尚书》中的“惟精惟一，允执厥中”；与《庄子》中的“庖丁解牛，技进乎道”等，都体现了古代中国的“工匠精神”，如图2-17所示。《庄子》中“庖丁解牛”讲到，庖丁被请到梁惠王的府上为其解牛。只见庖丁肩、手、膝、脚并用，动作极其熟练自如。看呆了的梁惠王不由问道：“你解牛的技术如何高超到这种程度啊？”

图2-17　庖丁解牛

庖丁见问，赶紧放下刀回答说，解牛要依照牛体本来的构造去解，每当碰到有筋骨交错、很难下刀的地方，便会格外小心，集中注意力，动作缓慢……

虽然庖丁解牛讲的只是普通的杀牛的故事，但是在这个故事里面可以看到古代的匠人那种孜孜以求的工匠精神。庖丁在刚开始学习的阶段，只是用眼睛去看牛，随着技艺的成熟，开始用精神去感触，而不用眼睛，到了这个阶段，才开始脱离工匠而成为大师。

第1篇
第2篇
第3篇
第4篇
第5篇

庖丁用19年的积累和沉淀才练就如此绝技，解牛数千头，刀口始终像刚从磨刀石上磨出来的一样。19年磨一技，这在当下看来是难以理解的，然而这种情况在德国、日本很多著名的百年家族企业中却是很常见的。

对一门技术的初学者来说，“工匠精神”是技能之本，如图2-18所示，是打造高质量的唯一途径，是成就自身价值的必备条件。带着创作者温度和灵魂的东西，才能称为“匠心”。让我们用心去雕琢，重新找回那些最质朴的感动、最真切的情感、最深邃的思想、最纯真的乐趣。

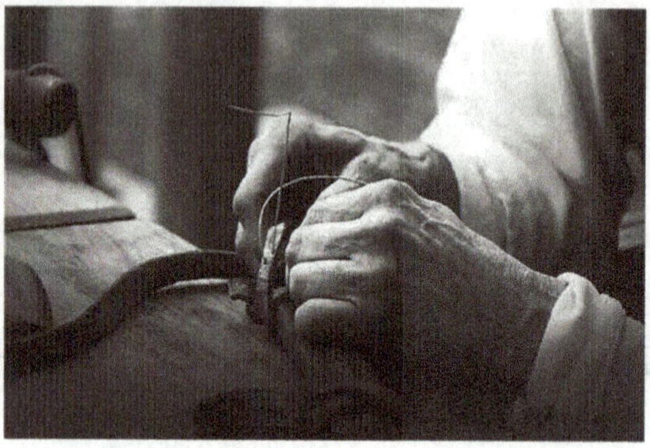

图2-18　传统工匠

思考拓展

1）做一做：剥10个电线线头，长度为4mm左右。

2）做一做：剥10个视频线线头。

注意：不管使用何种剥线工具，都不得伤到线芯。

2.1.3　BNC头“小王子”初成——使用焊接工具

电焊情景，如图2-19所示。

图2-19　电焊情景

知识储备

关键词：电烙铁；视频线制作；手工焊

1. 常用电烙铁认识

先一饱眼福，看看目前有哪些电烙铁，如图2-20和图2-21所示。

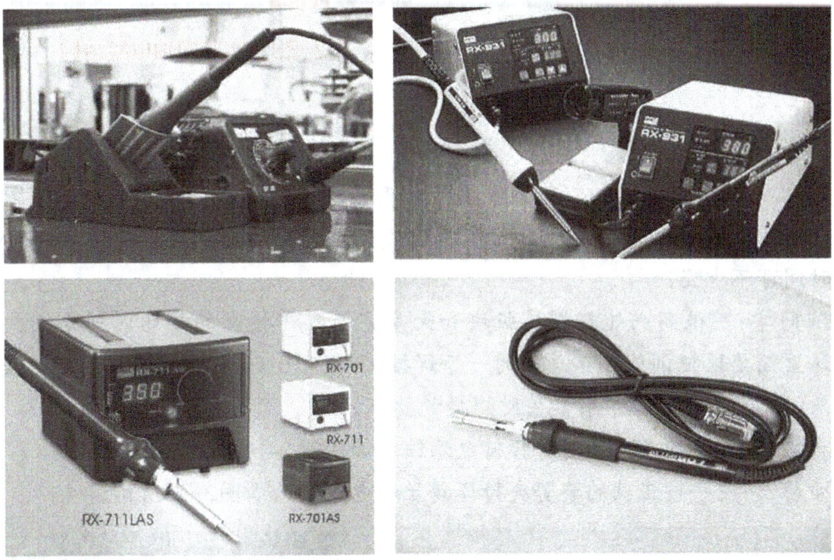

图2-20　温控电烙铁

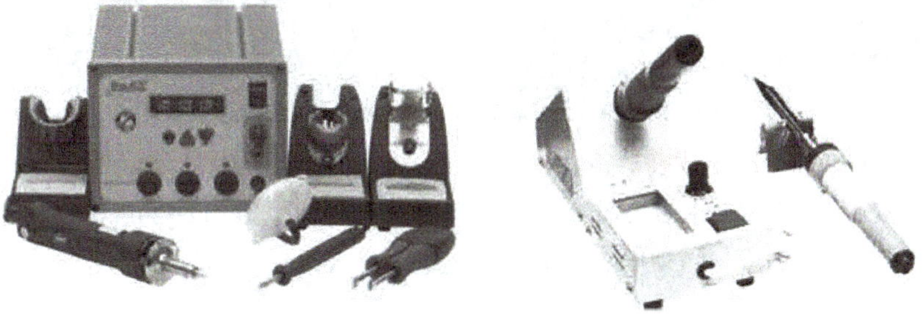

图2-21　无线电烙铁

2. 视频线的制作

需要准备的材料和工具有：BNC接头、剥线钳、偏口钳（斜口钳）。

BNC接头是一种用于同轴电缆的连接器，如图2-22所示。它的全称是Bayonet Nut Connector（刺刀螺母连接器），又称为British Naval Connector（英国海军连接器）。

尽管现在网络摄像头发展快速，但BNC接头至今没有被淘汰，因为同轴电缆是一种屏蔽电缆，有传送距离长、信号稳定的优点。目前它还被大量用于通信系统。

同轴电缆又叫SYV75-5，其中的“-5”代表绝缘层的外直径，也是屏蔽层的内直径，电缆的实际外直径为4.8mm，这是国标规定参数，不准改变，SYV电缆绝缘层是实心聚乙烯材料，介电常数为2.2～2.4，要保证特性阻抗为75Ω，芯线直径只能是0.75～0.78mm，如图2-23所示。

图2-22　BNC头外观

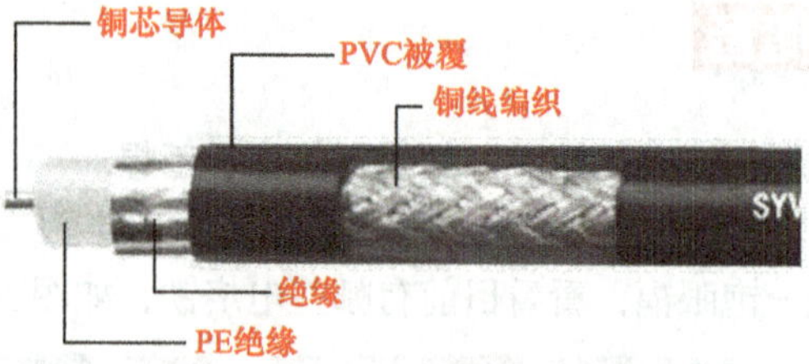

图2-23　实芯同轴电缆结构

心得体会

典型案例

陈同学，2010级学生。在全国比赛时能够在50个队伍中第一个出视频图像，这就是平时练习的结果！别小看一个BNC头省下来的几分钟时间，一次做20个BNC头省下来的时间可不少呢！

陈同学："很高兴能在焊接版块和大家见面，焊接真的是场内一分钟，场外十年功，这里简要地把训练几年总结的一套焊接RV线和BNC头的经验以图文并茂的形式分享出来，希望更多人掌握智能安防焊接的要领。"

步骤1　右手按正确的姿势握持电烙铁，如图2-24所示。

步骤2　左手按正确的姿势夹持焊锡丝和电线头，如图2-25所示。

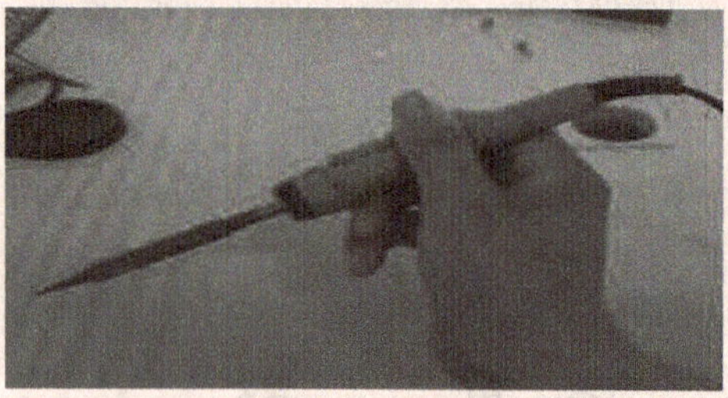

图2-24　步骤1

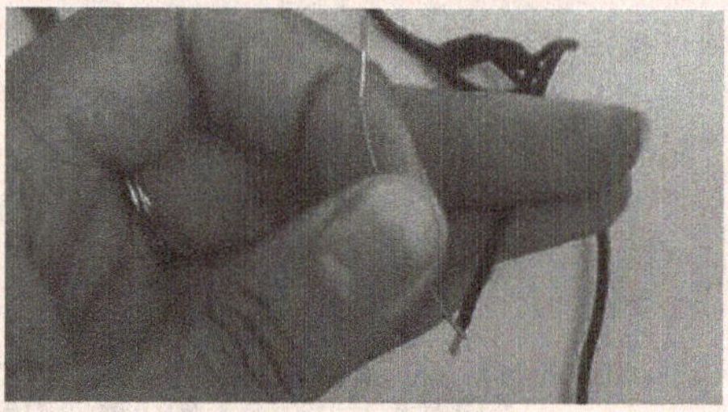

图2-25　步骤2

步骤3　反复练习左右夹持线头和递焊锡丝的动作，如图2-26所示。

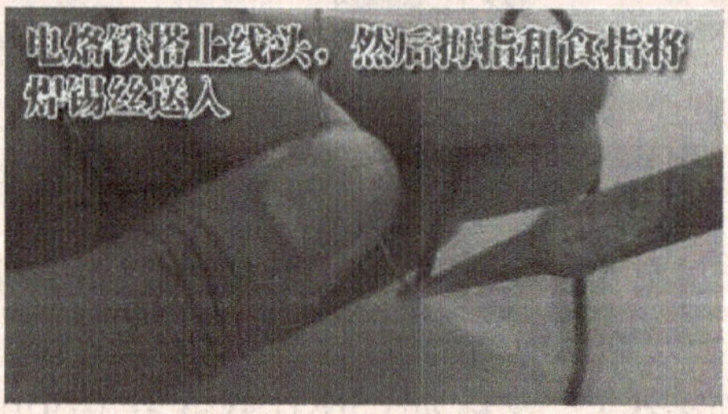

图2-26　步骤3

做一做：练习给线头搪锡，每组20个，共10组。

注意：使用电烙铁不要烫伤自己和别人，电烙铁离手后必须插回烙铁架！严禁长时间空烧电烙铁。

有了线头焊接的基本技能后，下面就是BNC头小王子的初成记。焊接的质量会直接影响视频图像的清晰度，马虎不得。BNC头焊接制作流程，如图2-27所示。

制作BNC头（从剥线开始）要多练，刚开始做可能需要5～6min甚至更久，经过训练可以在50s内完成一个BNC头的制作。

对照流程图试一试，将一根视频线的两头都做好。

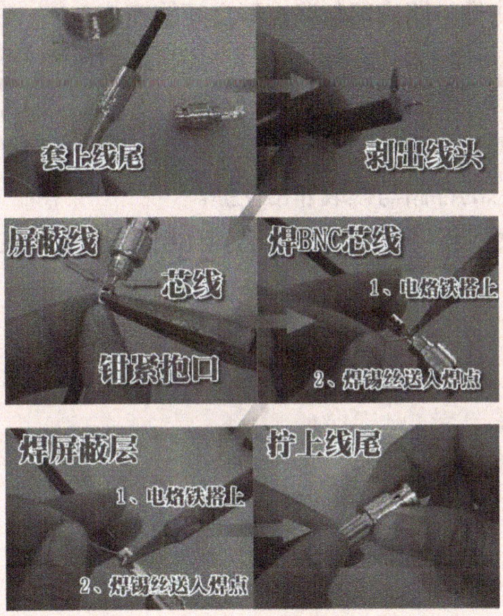

图2-27　BNC头焊接制作流程图

生活案例

生活中的网络摄像头越来越多地使用水晶头连接，而曾经发展30年的BNC用在模拟摄像头上的技术似乎在逐步淡出人们的视野，尽管目前市场中模拟摄像头的保有量依然很高，但是现在都流行网络摄像头，像素高，清晰度高，布线方便，维护方便。相信未来5年模拟摄像头将完全被网络摄像头取代。作为一名智能安防的学习者，既要延续传统技术的学习，服务现有的场景，同时也要了解技术发展的趋势，因此，下面一起认识一下BNC头的“兄弟”—— 水晶头。网线连接方式及标准，如图2-28所示。

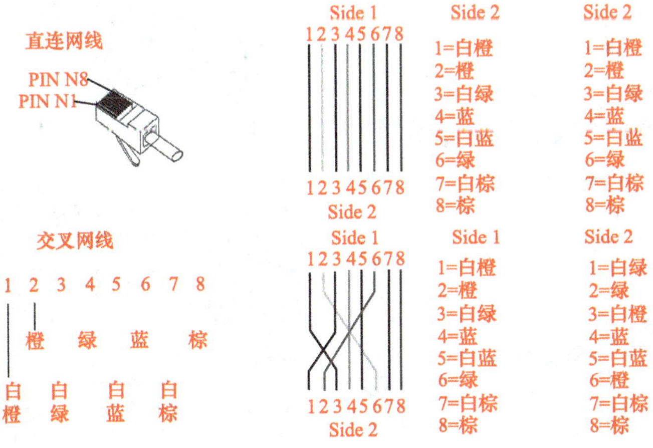

图2-28　网线连接方式及标准

从图2-28中可以看到双绞线有两种类型：直连网线和交叉网线。直连网线又称平行线，主要用在集线器（或交换机）间的级联、服务器与集线器（交换机）的连接、计算机与集线器（或交换机）的连接。交叉线主要用在计算机与计算机、交换机与交换机、集线器与集线器之间的连接、计算机与路由器、路由器与路由器之间的连接。

EIA 568A和EIA 568B的线序恰好是1、2和3、6反绕，因此两端都按EIA 568B标准排列线序则是直连网线；一端按EIA 568A标准，另一端按EIA 568B标准排列线序则刚好是交叉网线。千兆以太网端口则使用全部8条线以提高带宽，目前5类和超5类双绞线可以支持千兆速度，对于视频信息的存储与读取非常便捷。

目前制作较多的是直连网线，两端按EIA 568B标准排列线序。其操作步骤，如图2-29所示。

步骤1 准备。

步骤2 转被剥线（剥去外皮3cm，不宜太长或太短）。

步骤3 抽出外套层。

步骤4 露出4对电缆。

步骤5 按序号排好。

步骤6 排列整齐。

步骤7 剪断。

步骤8 剪断后。

步骤9 放入插头。

步骤10 准备压实。

步骤11 压紧。

步骤12 压紧。

步骤13 完成并测试。

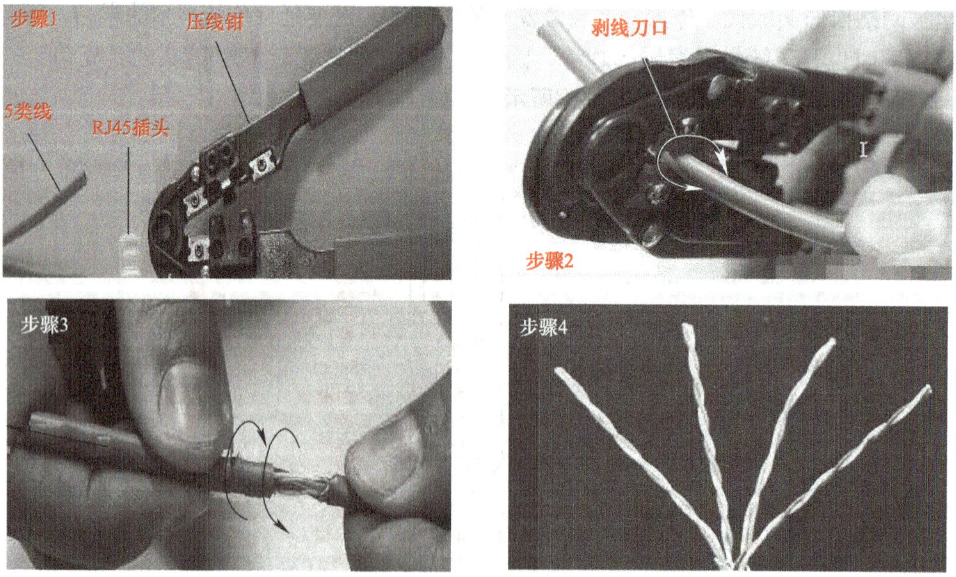

图2-29 网线制作步骤

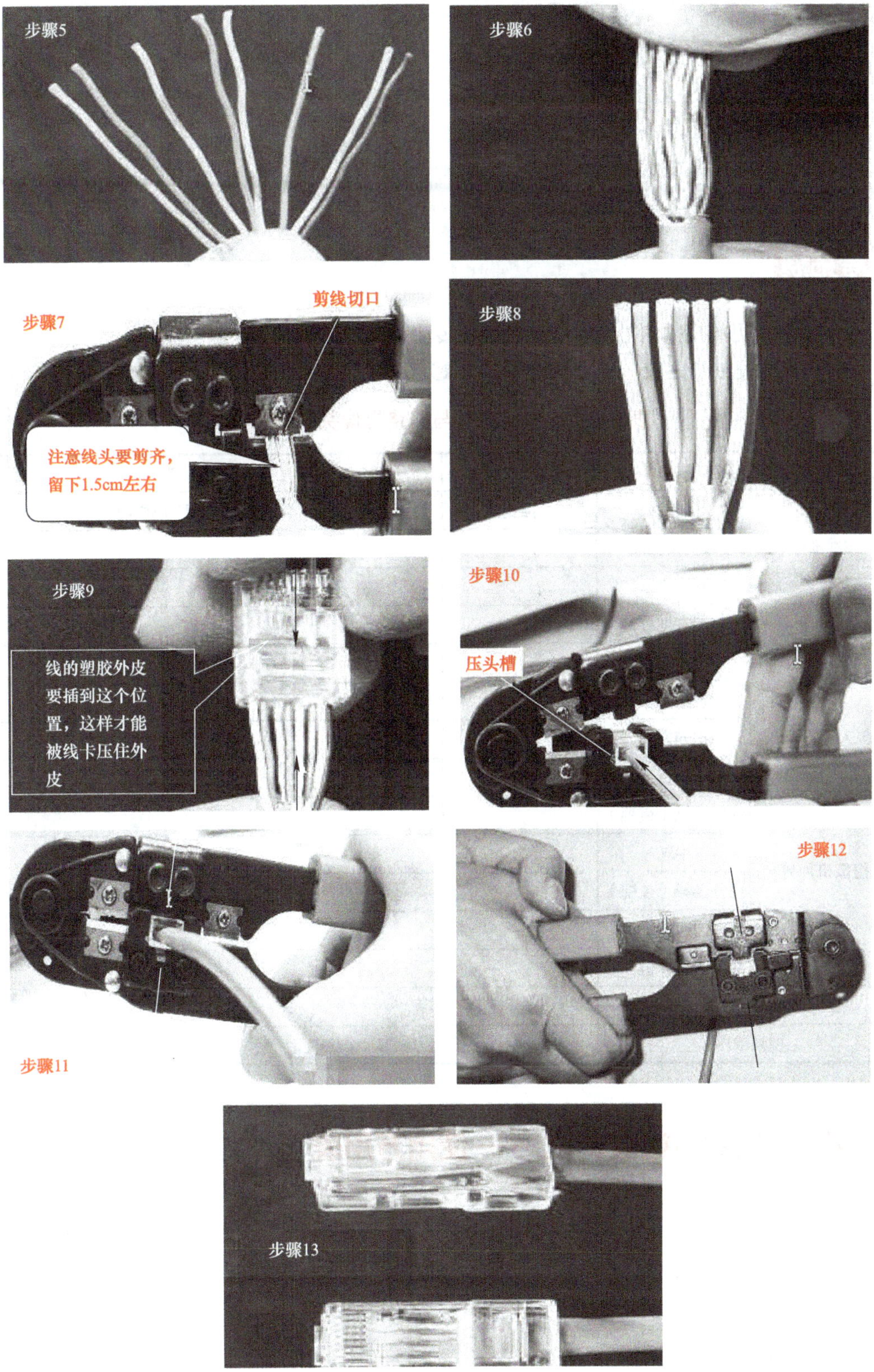

图2-29　网线制作步骤（续）

网线制作（水晶头）评价指标参照：

1）剥去外皮时没有切伤内部铜线外皮。

2）线序正确。

3）双绞线插入水晶头尽头。

4）外皮被水晶头线卡卡紧。

5）通过线缆测试仪通断测试。

思考拓展

1）了解常见的视频信号传输线缆种类及传输距离。

2）在实验室独立完成一套简单的模拟摄像头安装和一套网络摄像头安装，并填入表2-2。

表2-2　模拟摄像头与网络摄像头区别参数

比较内容		模拟摄像头	网络摄像头
布线部分	电源线	需要	不需要，支持POE供电
	数据传输线		
	网络级联		
录像存储方式	前端本地存储		
	中心集中录像		
	录像品质		
	扫描方式		
摄像机种类	枪机		
	红外枪机（夜视）		
	半球		
	红外半球（夜视）		
	匀速球机		
	调整球机		
传感器			
视频输出			

2.1.4　神器助力检查调试——使用万用表

知识储备

关键词：万用表

万用表的种类

万用表的种类和结构多种多样，主要分为指针式和数字式两种，如图2-30所示。

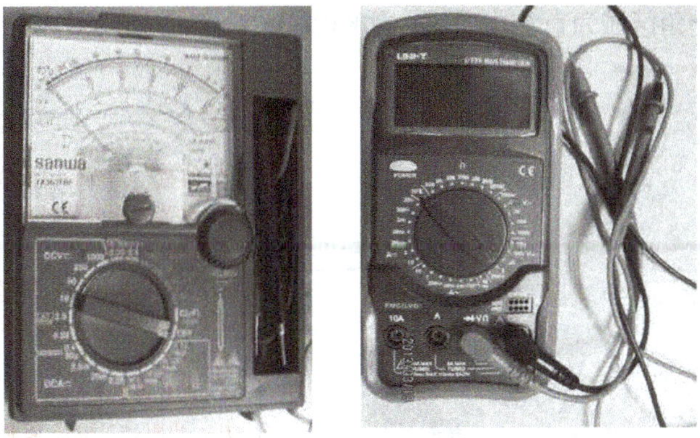

图2-30　指针式和数字式万用表

使用时，只有掌握正确的方法才能确保测试结果准确及人身与设备安全。

万用表是安防技术人员必备的一个调试工具。万用表的结构，如图2-31所示。

图2-31　万用表结构

具体怎么使用呢？先来认识一下功能旋钮区。

将旋钮拨到右下角区域为交流电压区，如图2-32所示。

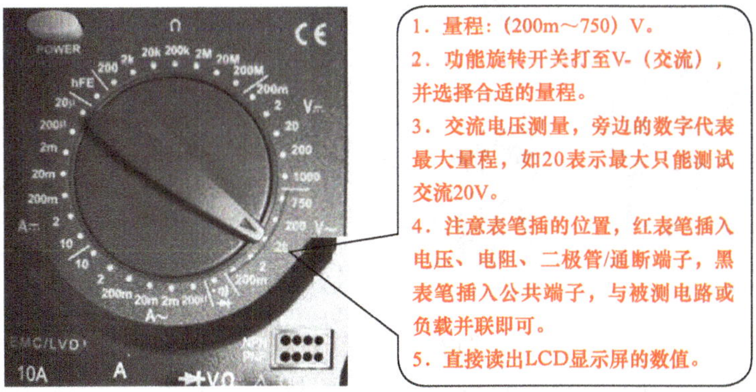

图2-32　交流电压量程

将旋钮拨到右上角区域为直流电压区，如图2-33所示。

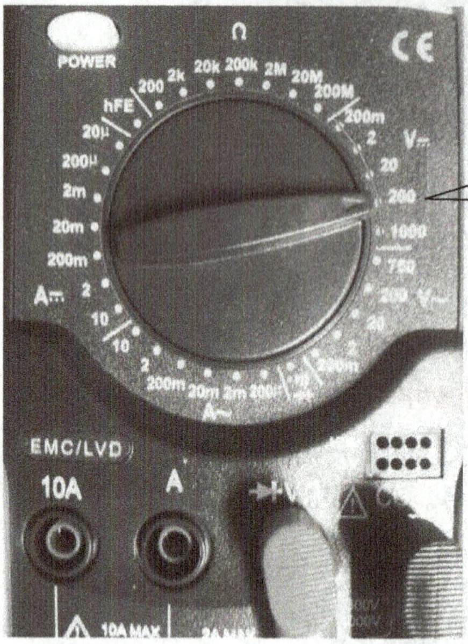

1．量程：(200m～1000) V。

2．功能旋转开关打至V～ (交流)，并选择合适的量程。

3．直流电压测量，档位旁的数字代表最大量程，如200表示最大只能测试直流200V。

4．注意表笔插的位置，红表笔插入电压、电阻、二极管/通断端子，黑表笔插入公共端子，与被测电路或负载并联即可。“+”表笔（红表笔）接到高电位处，“-”表笔（黑表笔）接到低电位处。

5．直接读出LCD显示屏的数值。

图2-33　直流电压量程

这两个量程几乎囊括了智能安防设备取点电压的测量。一般智能安防电压量程有直流（DC）电压6V、9V、12V、18V、24V，交流（AC）电压9V、12V、18V、24V。

将旋钮拨到上方区域为电阻区，如图2-34所示。

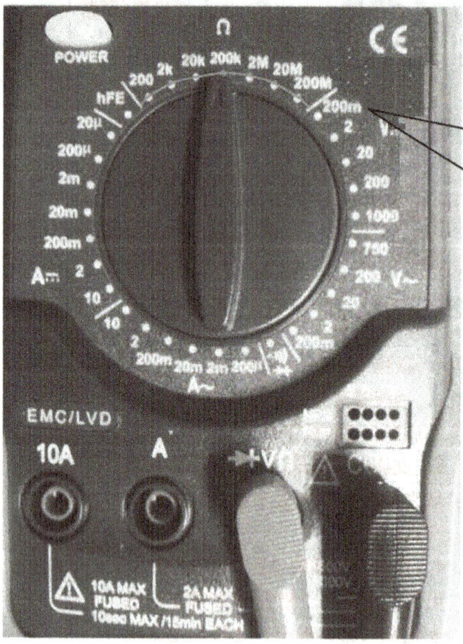

1．量程：(200～200M) Ω。

2．功能旋转开关打至Ω (电阻)，并选择合适的量程。

3．电阻测量时，档位旁的数字代表最大量程，如200k表示最大只能测试200kΩ。

4．注意表笔插的位置，红表笔插入电压、电阻、二极管/通断端子，黑表笔插入公共端子，与被测电路或负载串联即可。

5．直接读出LCD显示屏的数值，查看读数时，应确认测量单位为欧（Ω）、千欧（kΩ）或兆欧（MΩ）。

注：若显示“1.”表示选择的量程太小，应改为更高的量程测量。

图2-34　电阻量程

接下来就是进行线路检测通断的最常用量程——通断测试，如图2-35 所示。

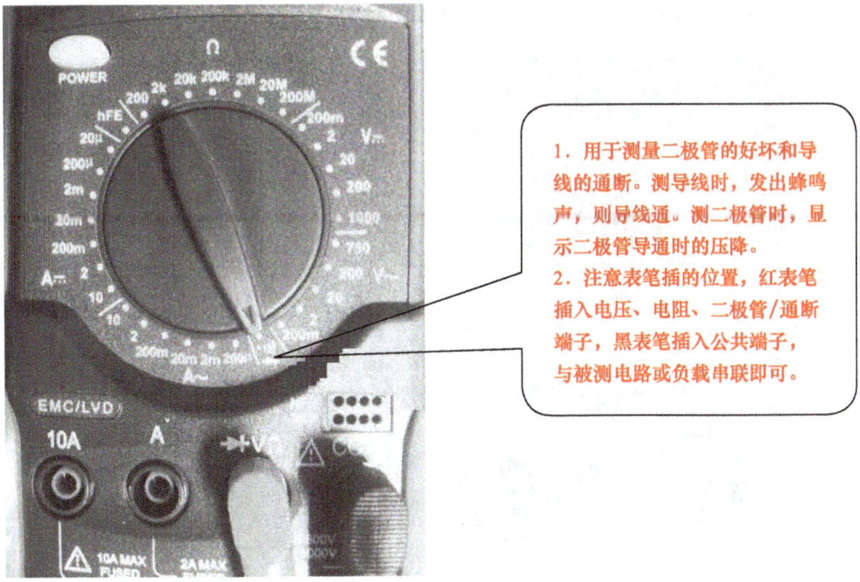

图2-35 通断测试量程

将旋钮拨到左侧区域为直流电流区，如图2-36所示。

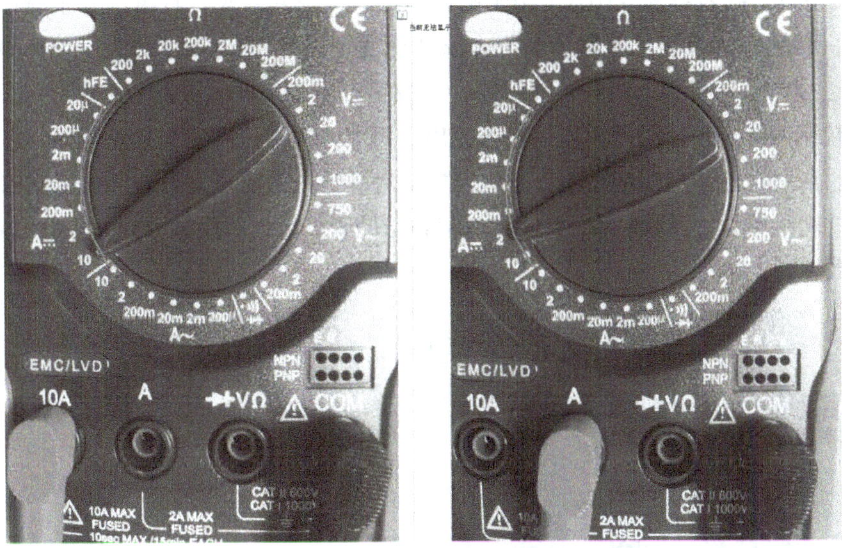

a） b）

图2-36 直流电流量程

图2-36a拨到2A，图2-36b拨到10A，有什么不同？分析如下：该万用表可测直流电流量程：（20μ～10）A，测量时，需断开电路；将黑表笔插入COM端口，红表笔插入mA（用于测试20μA～2A的电路）或者10A（用于测试10A的电路）端口；档位旁的数字代表最大量程，该功能旋钮指到10表示最大只能测试直流电流10A，选择合适的量程；断开被测线路，将数字万用表串联入被测线路中，被测线路中的电流从一端流入红表笔，经万用表黑表笔流出，再流入被测线路中；接通电路；读出LCD显示屏数字。

注：若不清楚电压大小，则应先用最高电压档测量，再逐渐换用低电压档。

将旋钮拨到下侧区域为交流电流区，如图2-37所示。

图2-37　交流电流量程

分析如下：该万用表交流电流量程为（200μ～10）A，测量时，须断开电路；黑表笔插入COM端口，红表笔插入mA（用于测试200μA～2A）或者10A（用于测试10A的电路）端口；档位旁的数字代表最大量程，该功能旋钮指到20m表示最大只能测试直流电流20mA，选择合适的量程；断开被测线路，将数字万用表串联入被测线路中，被测线路中的电流从一端流入红表笔，经万用表黑表笔流出，再流入被测线路中；接通电路；读出LCD显示屏数字。注意：若不清楚电压大小，则应先用最高电压档测量，再逐渐换用低电压档。

表盘的功能可以去尝试使用，最后还有晶体管的管脚区，即晶体管输入插座，可以测量晶体管的参数性能，如图2-38所示。

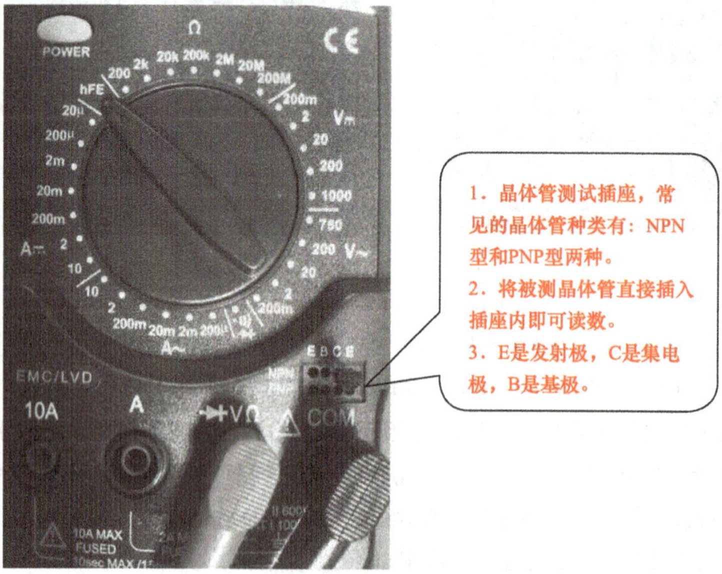

图2-38　晶体管输入插座

万用表的使用注意事项：

1）在使用万用表之前应先进行“调零”，即在没有被测量时，使万用表显示器读数为“零”，在电阻档上直接将功能旋钮调至任意量程上，将两表笔直接接触，待显示屏上的数值不动作时，要显示为零（.000）；其余档位上，也是直接将功能旋钮调至任意量程上，直接观察显示屏，要显示为零（.000）。

2）在使用万用表的过程中，不能用手接触表笔的金属部分，这样一方面可以保证测量准确，另一方面也可以保证人身安全。

3）在测量某一电量时，不能在测量的同时换档，尤其是在测量高电压或大电流时更应注意。否则，会使万用表毁坏。如需换挡，应先断开表笔，换挡后再去测量。

4）万用表在使用时必须水平放置，以免造成误差。同时，还要注意避免外界磁场对万用表的影响。

5）万用表使用完毕后，应将其关闭。

心得体会

典型案例

孙同学，2015级学生。物联网集训队成员，平时特别喜欢电子DIY。自己购买元器件制作了一个多功能钳型万用表，申报成功国家实用新型专利。2017年6月，孙同学与同学组队代表我市参加全国职业院校技能大赛物联网应用技术赛项，获得二等奖。

宋同学：“对万用表的使用非常有体会，这里给大家分享在安防技能训练时需要用万用表做哪些操作？”万用表准备操作和万用表表笔操作，如图2-39和图2-40所示。

做一做：你能像使用筷子那样灵活地控制两根表笔吗？

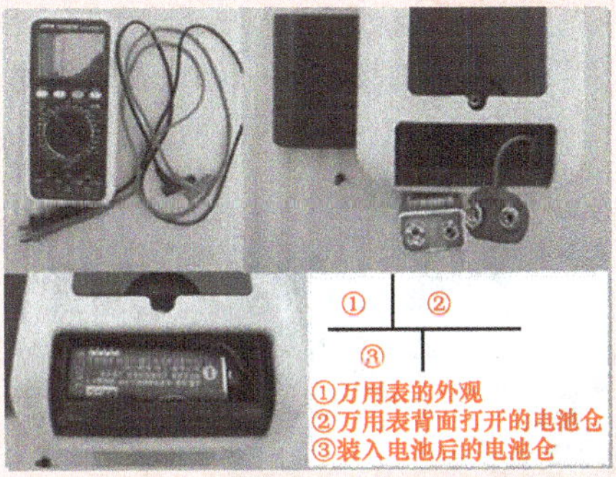

图2-39 万用表准备操作

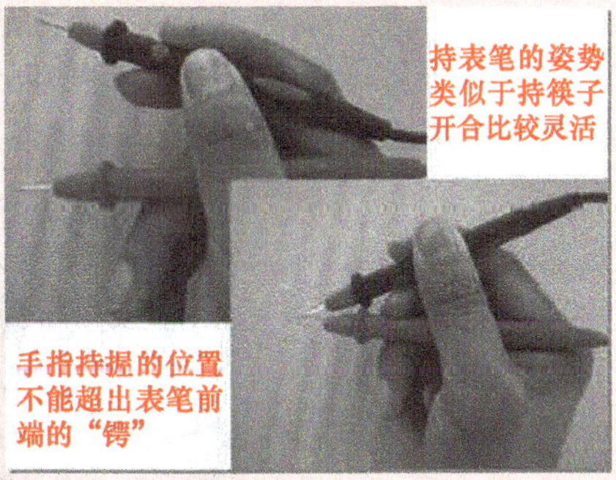

图2-40 万用表表笔操作

安防设备安装与调试中最怕发生短路，可以用万用表测一测是否短路。

做一做：测一下前面做的BNC头的外壳与中心金属针是否短路。如果BNC没坏，则应该是不短路的，如图2-41所示。

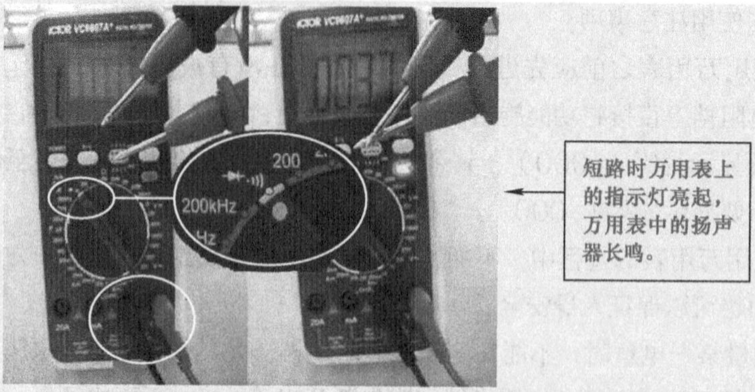

图2-41　万用表短路操作

短路的意义是表笔接触的两点之间是导通的，因此可以确定哪两个线头是同一根导线的。

做一做：使用万用表分清楚摄像头的电源线中哪一股线是和接线端的外触点连通的，哪一股线是和接线端的内触点联通的，如图2-42所示。

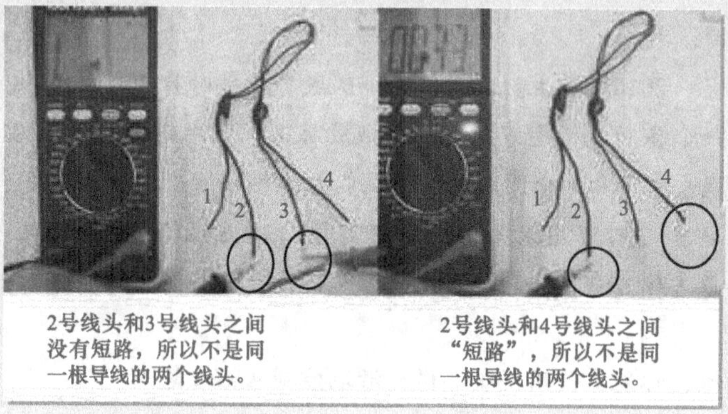

图2-42　万用表实测线

做一做：摄像头电源线中哪一根线应该接电源的正极，哪一根线应该接电源的负极？万用表测摄像头电源，如图2-43所示。

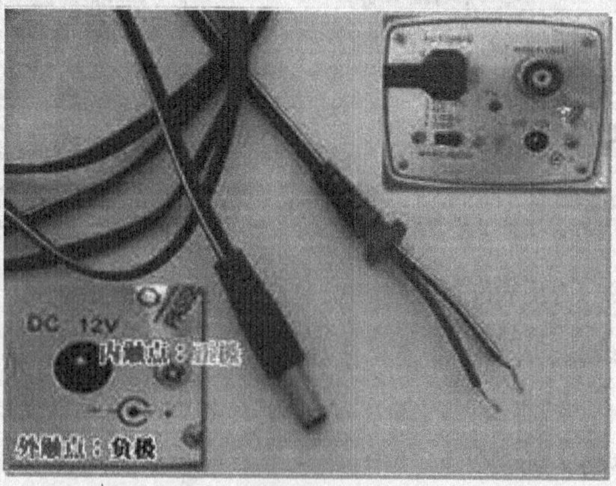

图2-43　万用表测摄像头电源

使用万用表测电源来检查电源是安防人员必会技能之一，做一做：测一下电源的输出端电压是否正常。

操作时应符合安全操作规程！万用表测电源，如图2-44所示。

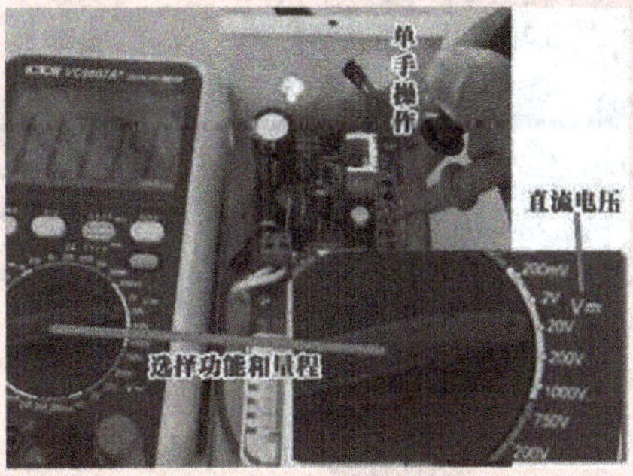

图2-44　万用表测电源

注意量程的选择！20表示最高测20V，实际测量时应该先选量程大的，再选择合适的量程来测量，如图2-45所示。

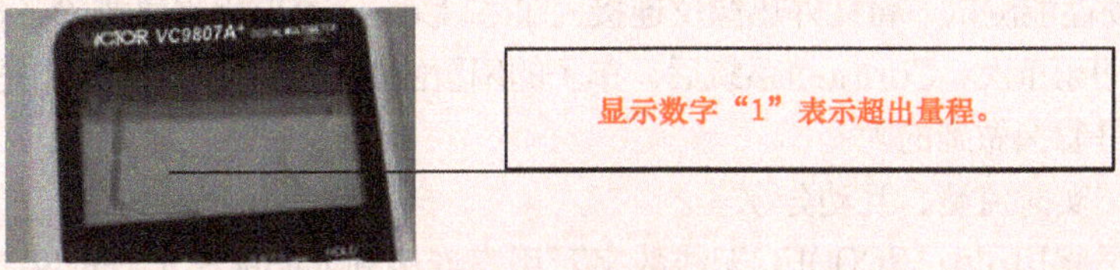

图2-45　超量程

带电测量一定要注意安全操作！如果读数出现负数，则表示黑表笔测的点电压高，红表笔测的点电压低。如果测的是电源正负极，那么就表示红表笔测的是电源负极，黑表笔测的是电源正极。

做一做：测量9V层叠电池的电压，并通过测量区分正负极。同时查阅安防用电电源，将每种不同电源的规划型号、特点及应用，填入表2-3。

表2-3　安防电源规格特点及应用

安防用电电源（电池）	特点	应用
规格1：		
规格2：		
规格2：		

生活案例

奔跑吧！太阳能汽车

在煦日阳光下，一辆太阳能车奔驰在宽阔的公路上，车顶的太阳能板尽情地吸收太阳光，驱动汽车奔跑，电池电量不断上升，节能又环保，简直太“拉风”了！太阳能板，如图2-46所示。

你以为这是科幻小说的桥段？不是，肯塔基大学的工科学生就制造出了这样一辆太阳能赛车，在首届Fluke Connect杯学生大赛中脱颖而出，荣获冠军。

图2-46　太阳能板

团队成员为了更有效地利用能量，让汽车行驶得更远，还真费了番心思。他们运用Fluke万用表进行现场性能测试，将红外热像仪连接Fluke Connect应用程序排除各种故障。结果非常令人欣喜，利用Fluke Connect系统后，车子的闲置能耗降低了16%，能效提升了5.5%。

这究竟是怎么做到的呢?

概括为“实时监测、互动分享”。

团队成员将Fluke 3000FC无线数字万用表连接到太阳能车上获取实时数据，同时，记录汽车行驶中的电压和电流测量值，在手机上安装Fluke Connect应用程序和同伴们共享这些数据信息。该项目负责人Josh Morgan兴奋地说：“能边开车边看到实时数据，确实让我们更好地了解汽车，更高效地驾驶它。”无线万用表，如图2-47所示。

该团队还应用了Fluke的红外热成像仪来获取太阳能车电池盒子里的热像图，简便快捷地检测出太阳电池组件热斑，及时将温度过高的电池片更换掉，减少了不必要的能量浪费。一个团队成员说：“要是没有Fluke Ti95热成像仪，得多花几个小时判断故障。最重要的是，热成像仪灵敏、直观，通过它我们找到了工作异常的继电器并替换掉，真正提高了效率。”万用表测量监测，如图2-48所示。

热成像仪还帮助团队成员找到制动垫上的热区，证明热区对应位置存在摩擦问题，会增加汽车的行驶阻力。有了热成像仪的帮忙，这些问题迎刃而解。

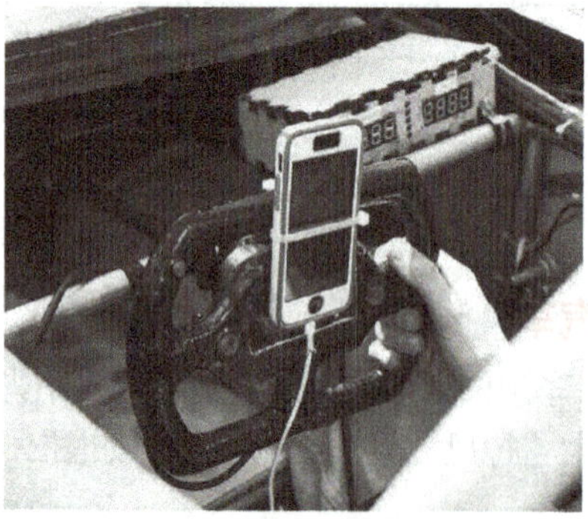

图2-47　无线万用表

图2-48　万用表测量监测

思考拓展

1）结合生活案例拓展万用表的实际应用。
2）结合实训用万用表进行安防系统故障排除。

2.2 门禁控制设备——以楼宇智能安防布线实训系统为例

情景故事

课间，小安拿着水杯准备去行政楼开水房打水，没想到工人们正在安装施工，正巧朱老师经过，准备去上课。“这是在做什么呢，朱老师？”小安十分好奇地问道。朱老师笑眯眯地答道：“这是门禁系统，需要用校园一卡通刷卡进出，提高了安全性。”校园茶水房门禁安装图，如图2-49所示。“门禁”最早见于北魏郦道元的《水经注•谷水》：“曹子建尝行御街，犯门禁，以此见薄。”陈思王犯“门禁”是主动还是被动已无法核实，道元是据实记载还是道听途说也无从考证，有一点是可以肯定的：门禁非他们俩所创，却跟他们俩有莫大的关系。如何提高门禁的安全性能，如图2-50所示。今天的课也正要和大家一起聊聊门禁的事。

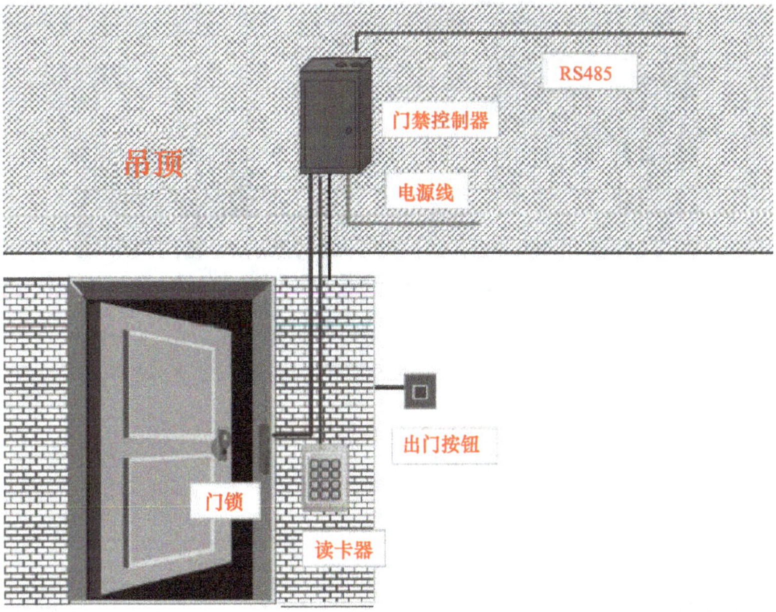

图2-49　校园茶水房门禁安装图

图2-50　门禁安全性

学习目标

1）能够了解当下各种形式的门禁系统。
2）理解掌握门禁的体系结构。

2.2.1　揭开我们身边的大门——走近门禁控制系统

如今许多学校加入“门禁大军”，“门禁”已成为大势所趋。校园门禁，如图2-51所示。让我们通过身边的校园门禁，一起走近门禁控制系统。

图2-51　校园门禁

知识储备

关键词：校园门禁系统；生活中的其他门禁应用

1. 校园门禁系统

结合我校开发的门禁系统，以图文结合的形式快速了解校园门禁系统。校园门禁系统可随时记录出入人员的详细信息。小智同学的进校时间和抓拍图片都显示在液晶屏上，如图2-52所示。

图2-52　身份信息显示

通过宁波家校通平台，家长及时收到了学生到校的短信通知，提升家校共同协作的效果，如图2-53所示。

图2-53　短信通知

如果有非法人员进入，声光报警器马上报警，以威慑不法分子，如图2-54所示。

图2-54　非法入侵

同时通知保安人员阻止非法人员进入，如图2-55所示。

图2-55　通知安保

系统认证老师的合法性和进出详细信息。

学生集中上学、放学时期，流量较大的情况，如图2-56所示。

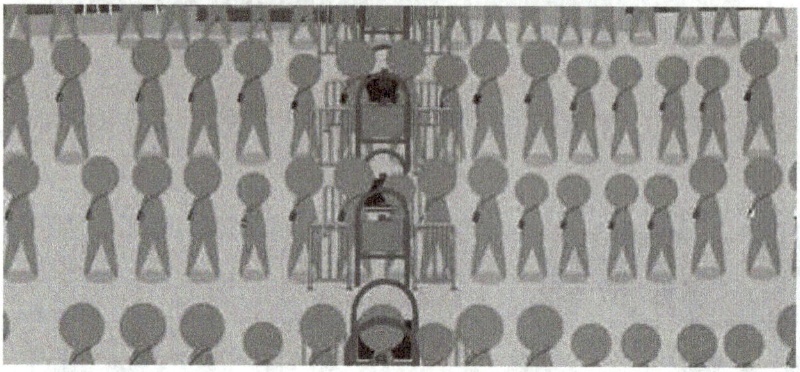

图2-56　大流量学生进出

能够准确地识别非带卡的学生而不会产生漏读现象，这就是RFID技术起到了关键作用，如图2-57所示。

图2-57　未带卡学生识别

未带卡的学生经识别后，可以通过值班老师和保安人员登记后放行，每一位学生的信息可以准确地记录在系统内以备查询。

2. 生活中其他门禁应用

企业单位的门禁：公司大门上安装门禁可以有效地阻止外来的推销员进入公司扰乱办公秩

序，也可以有效地阻止外来闲杂人员进入公司，保证公司及员工财产的安全。可以提高公司的管理水平，提高企业形象。可以有效地追踪员工是否擅离岗位。可以通过配套的考勤管理软件进行考勤，无须购买打卡钟，考勤结果更加客观公正，统计速度快而且准确，可以大大降低人事部门的工作强度和工作量。可以有效解决某些员工离职后出于担心不得不更换大门钥匙的问题。可以方便灵活地安排任何人对各个门的权限和开门时间，只需携带一张卡，无须佩戴大量沉甸甸的钥匙，而且安全性比钥匙更让人放心，如图2-58所示。

在公司领导办公室门上安装门禁系统可以保障领导办公室的资料和文件不会被其他人看到而泄露，可以给领导一个较安全安静的私密环境。在开发技术部门上安装门禁系统，可以保障核心技术资料不被外人轻易窃取。防止其他部门的员工到开发部串岗影响开发工作。在财务部门上安装门禁系统，可以保障财物的安全性以及公司财务资料的安全性。在生产车间大门上安装门禁系统，可以有效地阻止闲杂人员进入生产车间，避免带来安全隐患。

公共单位的门禁：可以有效地规范办公秩序，可以阻止不法人员冲击政府办公部门，保护工作人员的人身安全。

门禁在医疗医院系统的应用：可以阻止外人进入传染区域和精密仪器房间。可以阻止有人因为情绪激动将细菌带入手术室等无菌场合。可以阻止不法群体冲击医院的管理部门，以免因为情绪激动损害公物和伤害医疗工作者，如图2-59所示。

社区单位的门禁：一般在小区大门、栅栏门、电动门、单元的铁门、防火门、防盗门上安装门禁系统。可以有效地阻止闲杂人员进入小区，有效地对小区进行封闭式管理。可以改变小区保安依靠记忆来判断是否是外人的不准确的、不严谨的管理方式。

图2-58　员工门禁进出

图2-59　应对突发状况

心得体会

典型案例

陈同学，2015级学生。在训练中能够在老师的指导之外学习新的安防技术，自己动手制作了一套适合老年人进出的门禁系统，队友们称他为“道德模范”。2016年3月该作品代表学校参加市高新作品展洽，获得二等奖。

陈同学：“设计一款基于智能手环的老年人门禁系统分享给大家。”

生活中人们的生活水平得到提高，每天早晚都会看到很多人健身跑步，智能手环监测数据也就成为一种时尚，因为携带方便，人人都愿意佩戴，而老年人人体各个关节活动范围随年龄的增加有不同程度的减少；体质衰退引起腿脚不便；视力下降引起老年人看东西模糊不清等。面对人口的集聚、城市化的进一步加剧、家庭的小型化及空巢老人越来越多等现象，老年人的居条件与安全性有待进一步提高与改善，与老年人相关的设施设备的发展与完善迫在眉睫。

因此，可以看出目前门禁系统设计有很多不合理之处，针对这些问题提出智能手环在老年门禁系统中的运用。智能手环在老年门禁系统中的运用是通过结合门外电子猫眼、固定在门内的屏幕及佩戴在老人身上的智能手环来共同完成的。电子猫眼负责输入信息，室内屏幕和智能手环为信息的接收端。三者密切配合完成室内外信息的沟通交流。智能手环让老人在室内任意地方可观测到门外的情景，帮助老年人有效克服了易忘、视力下降看不清、行动不便等困难。智能手环应用图，如图2-60所示。

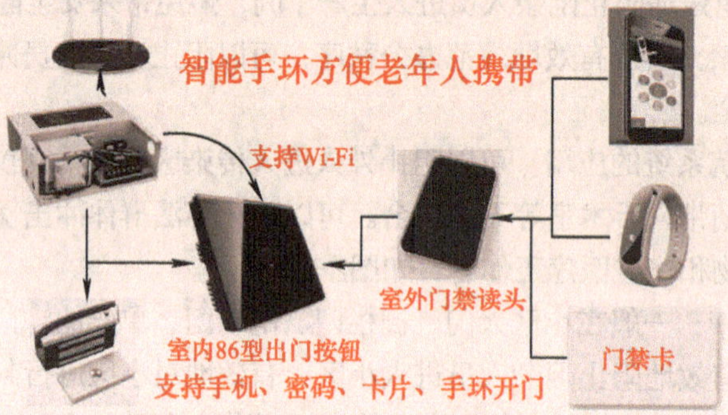

图2-60　智能手环应用图

生活案例

人类最早的锁具是5000年前的木质锁，19世纪40年代、20世纪70年代，锁具分别进入机械锁时代和电子锁时代，2010年左右锁具进入智能锁时代。

在智能锁、电子锁和机械锁并存的年代，对于用户来说，如何选购一把门锁还是有一定难度的。虽然，目前相关入手指南、进阶攻略不少，但所给的建议未必具有普适意义，客观给出机械锁、电子锁和智能锁各自的适用范围可能更有意义。

机械锁：虽不至死，但大势已去。即便是在当下智能化产品大行其道的年代，机械锁仍有自己的一席之地。众所周知，机械锁由于发展时间长，品质非常成熟，几乎可应用于大多数场景，对厂家来说基本上不用付出对用户的使用教育成本。

国内电子锁发展了十多年，智能锁发展了5年以上，到了2020年，机械锁在终端市场仍然占有至少70%的市场份额，说明人们对其熟悉和依赖的程度非常高，如图2-61所示。

即便是万物互联（IoT）时代，机械锁的边缘化并不意味着机械锁的彻底消失，它仍将是一个打不死的“锁坚强”，在小范围和一定场景被少数用户所购买和使用。

电子锁：虽可入门，恐昙花一现。电子锁实际上是指纹锁、密码锁等各种锁的合称，最有代表意义的是指纹锁—— 即不接入互联网、不具有智能化能力的一种锁，除了指纹开锁之外，它同时集成了密码开锁、卡片（磁卡、TC卡、TM卡）开锁，并保留了钥匙开锁方式，如图2-62所示。

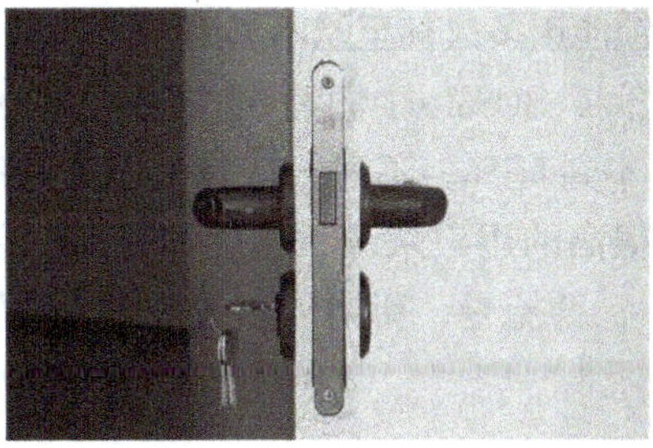
图2-61　机械锁

图2-62　电子锁

电子锁有别于机械锁的地方在于它加入了电子模块，有别于智能锁的地方在于不接入互联网也不具有智能化能力，电子锁趋向于IoT化的规模和速度取决于它与智能锁的博弈能力，确切地说，双方的博弈有待智能锁安全事件的一次标志性检阅，用户对智能锁联网的安全风险一旦与电子锁不联网的安全风险持平，电子锁将全面走向联网化和智能化。

当下，指纹锁虽然可以作为入门级选项，但指纹锁恐怕也是在门锁进化史上昙花一现。

智能锁：较之指纹锁而言，智能锁不只是添加了联网功能，真正的智能锁应该是一台具有高级安全功能的计算机，用途分别是基础功能的安全防守、扩展功能的便捷出入、高级功能的场景管理和场景服务，远不是多种开锁、远程授权、实时查看等所能涵盖的。

如果机械锁、指纹锁几乎100%由锁厂出品，那么智能锁则由IoT公司、ICT公司、门锁创业公司、互联网公司、家电公司、传统锁厂等不同厂商出品，整机方案、性能配置、工业设计、APP交互甚至产品理念大相径庭，如图2-63所示。

图2-63　智能锁

当下的智能锁，份额虽不大，但代表智慧家庭、智慧公寓等智能生活场景的第一扇窗口，通达未来更是必然。

安全性：智能锁加入互联网，可实时查看、实时报警、远程授权等，核心差异体现在它能否与窗帘、阳台等其他安防设备联合布防，搭建室内室外360°×24h的安全防护网；一般差异体现在指纹识别传感、锁芯级别。实时报警和联合布防的加入使得智能锁的安全性比指纹锁有了全方位的提升。

便捷性：与不联网的指纹锁一样，指纹同样被推荐为首选开锁方式，密码、钥匙等其他开锁方式仅作为备用，它比指纹锁更便捷之处在于都能支持远程授权下的密码开锁，同时它的指纹开锁速度比指纹锁更流畅，大都在0.5～1s之间。

耐用性：智能锁电池的续航时间一般会设计得比指纹锁长（大多与指纹锁相当），但其因为加入了联网功能，耐用性不仅取决于电池续航时间，还取决于智能锁嵌入式系统是否支持OTA升级、APP是否公开承诺短周期迭代。这恰恰是用户入手智能锁最重要的考虑因素。电池续航只是影响日常体验，固件、APP将决定智能锁能用多久甚至能不能用。

性价比：智能锁主流价格在2500～4000元之间，80%以上的消费者选择2500～3000元价位的智能锁。2020年底统计智能锁市场份额不到15%，不过，智能锁已成门锁品类的黑科技代表和高颜值担当。对安全和外观要求都很高的用户来说，智能锁是不二之选，如ORVIBO（欧瑞博）、凯迪仕、鹿客（LOOCK）、德施曼、科裕、亚太天能、黑龙、金指码、耶鲁、三星、盖特曼等品牌。

思考拓展

结合生活案例和陈同学的讲解，列举你所了解的身边的门禁系统案例。

2.2.2 究竟用了哪些器件——梳理门禁控制系统的层次结构

走近门禁控制系统让大家了解了校园和其他生活场景，那么门禁控制系统究竟用到了哪些器件，一起来梳理吧。

知识储备

关键词：门禁控制总体结构；辨识装置

1. 门禁控制总体结构

出入口控制系统又叫门禁管理系统，是对楼宇内外的出入通道进行智能管理的系统，属公共安全管理系统范畴。一般在楼宇内的主要管理区、出入口、电梯厅、主要设备控制中心机房、贵重物品的库房等重要部位的通道口安装门禁控制装置，由中心控制室监控。

各门禁控制单元一般由门禁读卡模块、智能卡读卡器、指纹识别器、人脸识别器（目前流行的还有视网膜识别器）、电控锁或电动闸门、开门按钮等系统部件组成。人员通过受控制的门或通道时，必须在门禁读卡器前出示代表其合法身份的授权卡或密码后才能通行，如图2-64所示。

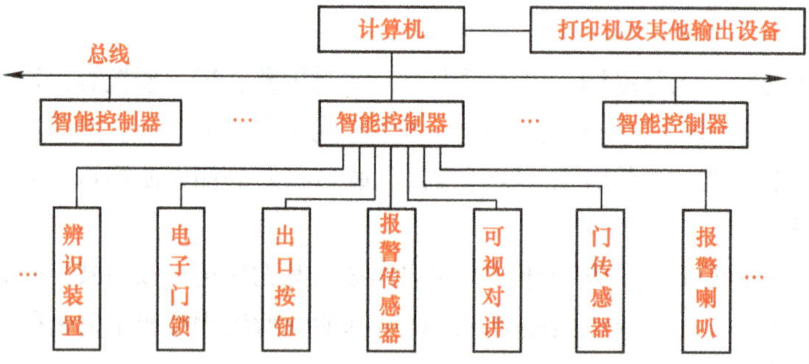

图2-64　门禁控制系统基本结构

门禁主要由以下部件组成：读卡器、门禁控制器、电磁门锁等。情景中的开水房的施工正是由这样一套基本的设备组成。刷卡门禁外形及内部电路，如图2-65所示。

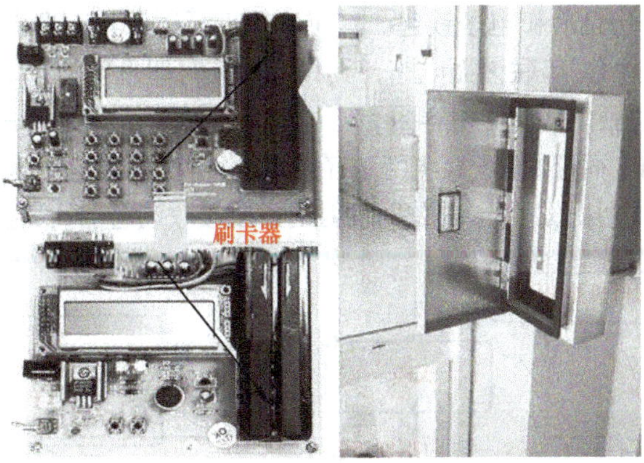

图2-65　刷卡门禁外形及内部电路

2. 辨识装置

在正常情况下，门禁系统对进入人员的身份加以辨识，即系统把进入人员的身份特征和预存的特征相比较，只有与允许进入人员（即授权人）的特征相同，系统才会让其进入。人员的身份特征很多，如密码（如采用密码卡）、人体生物特征（声音、指纹与掌纹、视网膜等）。使用密码卡及其辨识装置读卡机成本较低，性能也较高，是目前新建小区使用最普遍的辨识系统。

如果对安全性有更高的要求，则可以考虑设置生物辨识系统。以下简要介绍主要的辨识装置。

1）磁卡及读卡机：是过去十年最常用的卡片系统，如图2-66所示，目前已经基本走出了人们的生活。它利用磁感应对磁卡中磁性材料形成的密码进行辨识，与市面上的磁卡电话系统原理相同。磁卡成本低，可随时改变密码，使用相当方便，虽有易被消磁和磨损等缺点，但至今仍有30%的市场份额，多用于老式出入口和停车场的管理系统中。

2）IC卡：继磁卡之后出现的又一种新型信息工具。IC卡在有些国家和地区也称为智能卡（Smart Card）、智慧卡（Intelligent Card）、微电路卡（Microcircuit Card）或微芯片卡等。它是将一个微电子芯片嵌入符合ISO 7816标准的卡基中，做成卡片形式，已经十分广泛地应用于包括金融、交通、社保等很多领域。IC卡读写器是IC卡与应用系统间的桥梁，在ISO国际标准中称为接口设备（IFD，Interface Device）。IFD内的CPU通过一个接口电路与IC卡相连并进行通信。IC卡接口电路是IC卡读写器中至关重要的部分，根据实际应用系统的不同，可选择并行通信、半双工串行通信和I^2C通信等不同的IC卡读写芯片。目前超市会员卡基本还是用到此类接触式IC卡，如图2-67所示。

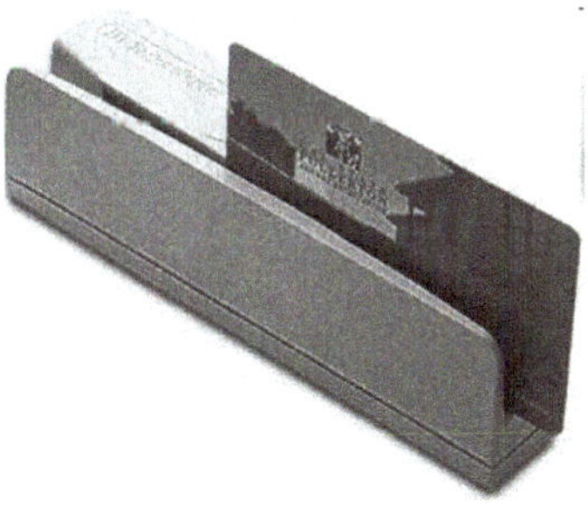

图2-66　磁卡及读卡机

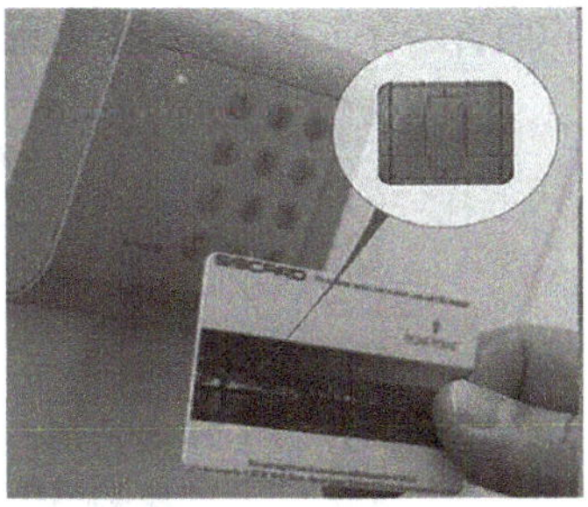

图2-67　接触式IC卡

3）RFID卡：非接触式IC卡又称为射频卡，成功地解决了无源（卡中无电源）和免接触这一难题，是电子器件领域的一大突破。射频卡主要用于公交、轮渡、地铁的自动收费系统，也应用于门禁管理、身份证明和电子钱包。其工作原理是射频读写器向IC卡发送一组固定频率的电磁波，卡片内有一个LC串联谐振电路，其频率与读写器发射的频率相同，在电磁波的激励下，LC谐振电路产生共振，从而使电容内有了电荷；在这个电荷的另一端，接有一个单向导通的电子泵，将电容内的电荷送到另一个电容内存储，当所积累的电荷达到2V时，此电容可作为电源为其他电路提供工作电压，将卡内数据发射出去或接收读写器的数据，如图2-68所示。

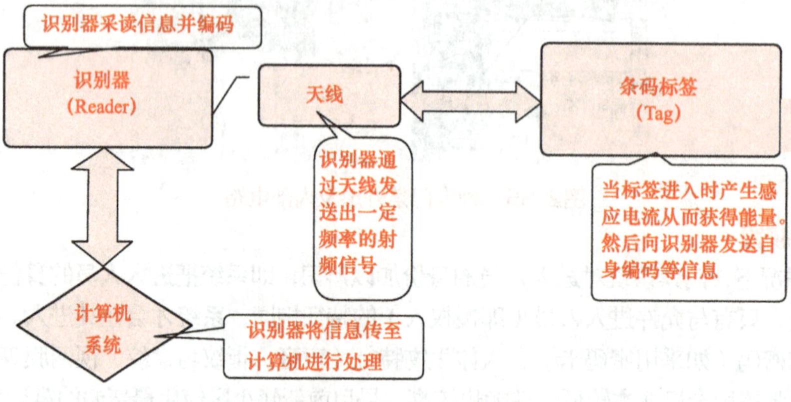

图2-68　RFID工作原理

4）指纹机：每个人的指纹均不完全相同，因而利用指纹机把进入人员的指纹与原来预存的指纹加以对比辨识可以达到很高的安全性。目前指纹机非常流行，手机安全解锁及支付均可通过指纹识别技术完成，如图2-69所示。

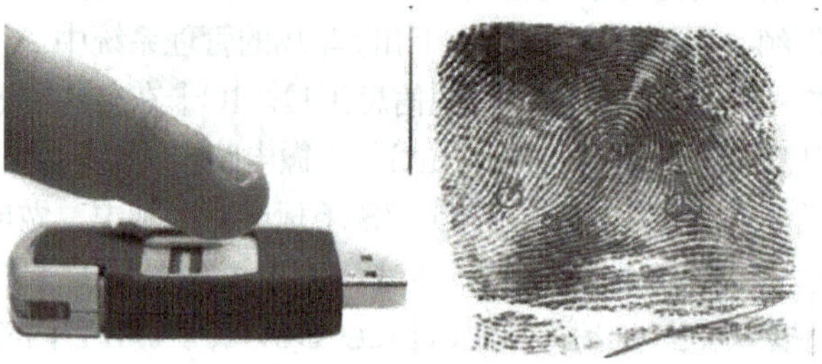

图2-69　指纹机识别

5）视网膜辨识机：利用光学摄像对比原理，比较每个人的视网膜血管分布的差异。这种系统几乎是不能复制的，安全性高，但技术复杂，同时也存在着辨识时对人眼不同程度的伤害，人生病时视网膜血管的分布也有一定变化而影响准确度等不足之处，如图2-70所示。

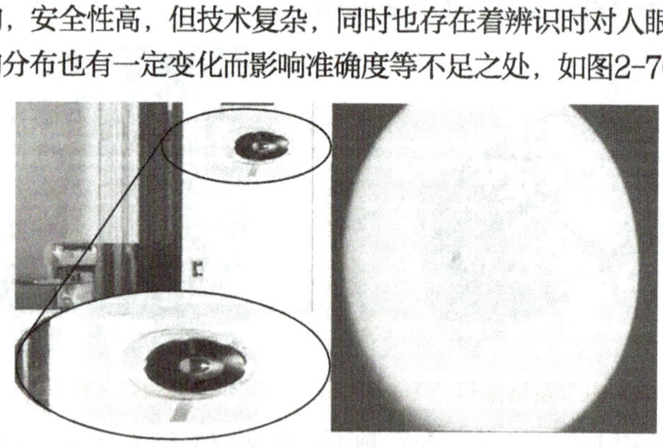

图2-70　视网膜辨识

在诸多辨识系统中，指纹机已经克服了在指纹建档与使用时手指按压时的压力、位置、放置方法、使用方法和环境的不同而造成的差异。而在建档时的便利性方面，在35人使用中仅有一人可能要重复按一次。因而目前国外已将其应用在身份识别的不同领域。例如，美国有8个州采用指纹识别技术应用于福利金的发放；美国纽约机场应用于高速通关系统等。国内也开始使用，例如，有些银行已建立了保险箱指纹识别系统，身份证指纹识别也已经开始在公安部开展。可见，其未来的发展很有可能取代传统的锁匙、密码和卡片等而成为辨识系统的主流。

心得体会

典型案例

金同学，2013级智能楼宇专业“3+2”学生。训练期间特别喜欢运用Visio、CAD等绘图软件设计施工图。2015年3月陈同学与同学组队代表学校参加市职业学校技能大赛获得一等奖第一名，目前在安防公司工作。

金同学：“竞赛训练赋予了我很多技能和知识，目前在实习阶段，把前期主抓的一个项目进行拆分，讲一讲门禁系统的功能与安装。”

门禁系统又称出入管理控制系统、通道管理系统，是一种管理人员进出的数字化智能管理系统。

门禁系统一般分为密码门禁系统、刷卡门禁系统（磁条卡、EM卡、M1卡、RF-SIM/RF-UIM 卡）、生物识别门禁系统（指纹、人脸、虹膜、掌型等）三类，其结构如图2-71所示。

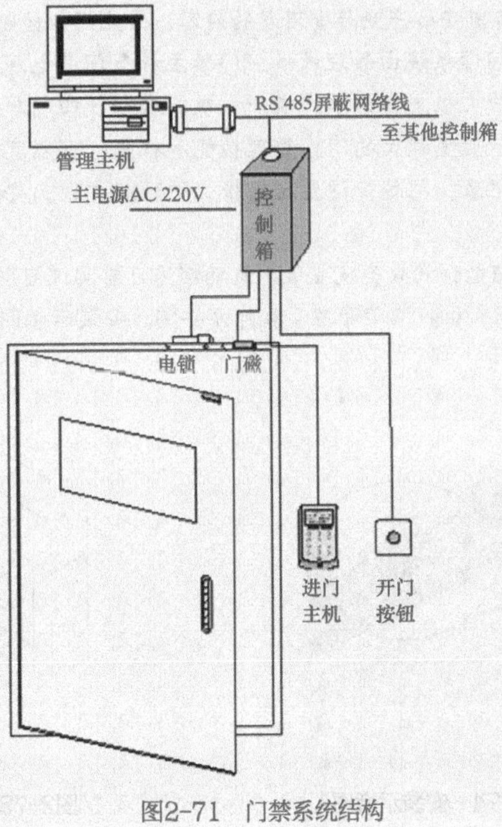

图2-71　门禁系统结构

在图2-71中可以看到一般门禁系统由管理主机、电源、电锁、门磁、进门主机和开门按钮等周边设备组成。

管理主机是整个门禁系统的核心，分类主要有独立门禁控制器、联网一体机及专业门禁控制器，如图2-72和图2-73所示。

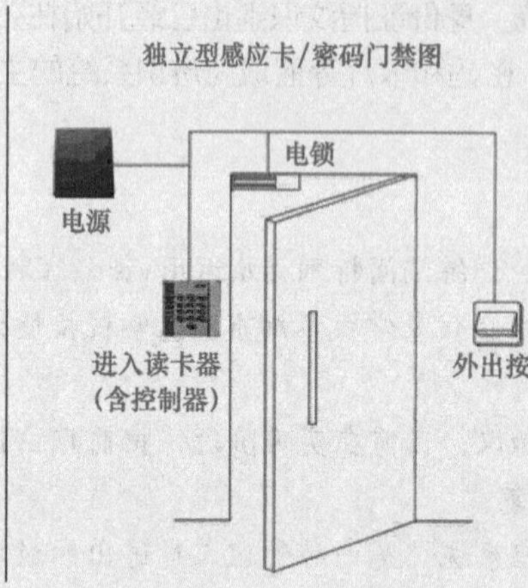

图2-72　独立门禁

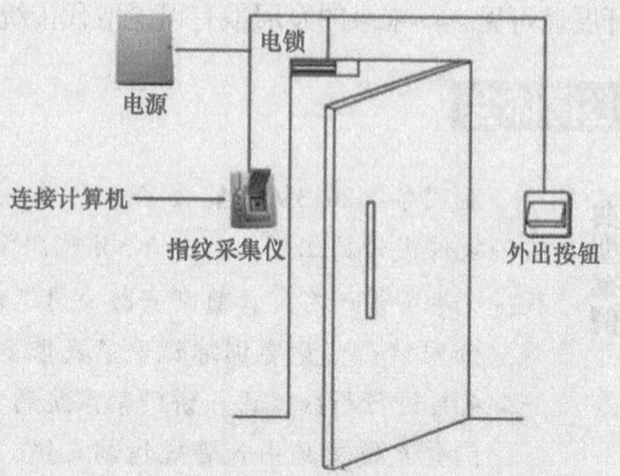

图2-73　联网一体机

在实际施工中不难发现，前两类门禁系统目前市场应用还是较多的，但独立门禁和一体机有一个共同缺点：安装在门外会被人打开进行短接，门就开了。虽然可以外接一个读卡器，将主体安装在门内，读卡器安装在门外，但这样成本就高了。因此，门禁系统也成为目前安防产业着重研发的内容。专业门禁控制器的出现是大势所趋。

专业联网型门禁系统由管理软件、门禁主机、门禁电源、门禁读头、出门按钮、电锁等组成。门禁主机又分为单门双开、双门双开、四门单开等。通过计算机对所有门进行权限管理，设置强大的门禁管理功能和权限，可以实时监控门的进出情况，查询所有门的进出记录，门越多设置越轻松、管理越方便，安全性高。但其缺点就是价格偏高。

这里着重介绍电锁的分类及安装。电插锁是目前实训室中常用的一类，包括智能安防实训室的操作间、机房门禁管理、教师办公室。安装示意图和结构拆分图，如图2-74和图2-75所示。

图2-74　安装示意图

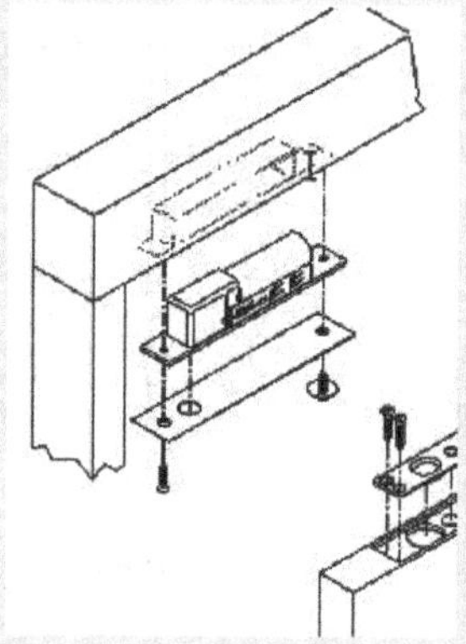

图2-75　结构拆分图

目前很多商店、企业都习惯采用无包边玻璃门安装电插锁，干净整洁大方。玻璃门电插锁外观和安装示意图，如图2-76和图2-77所示。

图2-76　玻璃门电插锁外观

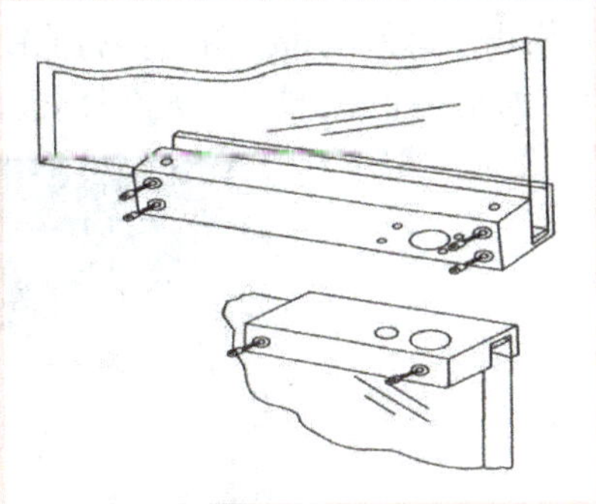

图2-77　安装示意图

普通磁力锁的用途也十分广泛，其无任何机械锁舌的结构，完全以其强大的“吸力”吸住门扇，达到上锁目的。在出入频繁的通路必须作“门禁管制”时，电磁锁是最为耐用、坚固又安全的电锁。学校十年前安装的磁力锁至今还很完好。磁力锁外观和小区大厅磁力锁安装示意图，如图2-78和图2-79所示。

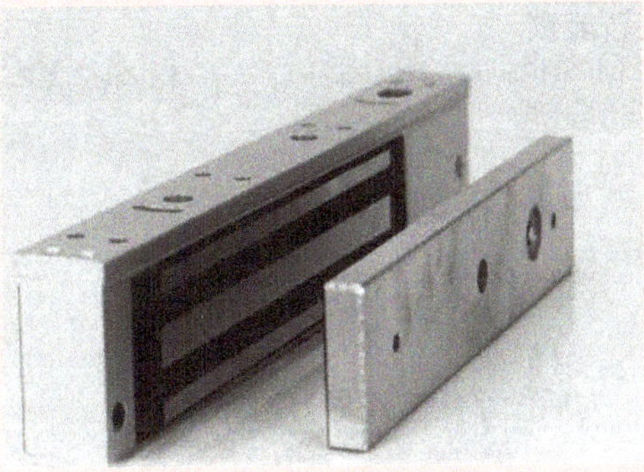

图2-78　磁力锁外观

图2-79　小区大厅磁力锁安装示意图

电控锁（智能锁）安装在身边随处可见，目前家用门锁都逐渐朝这个方向发展，装一台“高大上”的智能锁成为每户家庭的一种时尚。智能锁安装示意图，如图2-80所示。

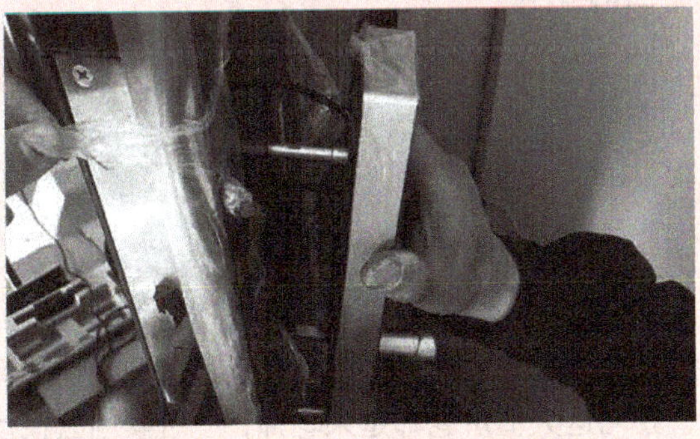

图2-80　智能锁安装示意图

生活案例

智能锁相比传统机械锁有很多优势，虽然现在国内普及率还不高，但随着商家推广力度的加强，很多用户已经开始接受和关注智能锁，对于智能锁的态度有所转变。目前只有一些高档公寓或住宅会为业主配备智能锁，大部分家庭还是要靠自主更换才能用上智能锁，如图2-81所示。

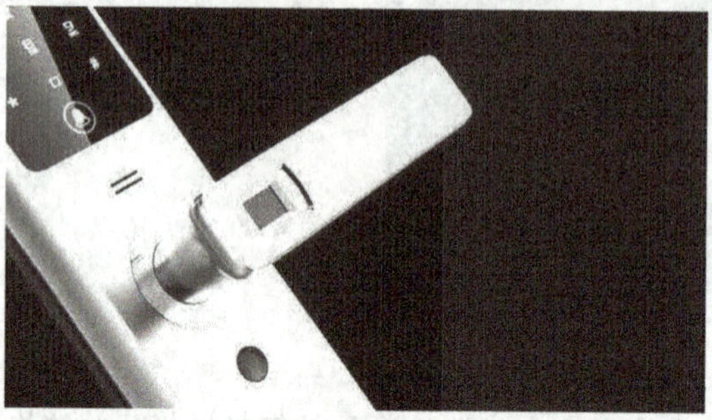

图2-81　智能锁

国内防盗门品牌很多，各品牌的规格不尽相同，而不同品牌智能锁对门的支持也不一样。此外，智能锁的品牌和型号加起来有几千种之多，什么样的智能锁适合自己也需要认真对比和挑选，不能盲目追求爆款、热门。如果自己家也打算换智能锁，先了解下面这几点。

（1）判断旧门的材质、厚度是否能够安装智能锁

（2）查看智能锁是否支持天地钩

（3）开锁方式不是越多越好

（4）售后服务

思考拓展

学会安装一套基本的门禁系统及调试方法，为后续系统应用做好准备。

2.3 视频监控设备——以楼宇智能安防布线实训系统为例

情景故事

小安十分热爱篮球运动，进校后便加入了校篮球队，每天下午活动课都能看到他奔跑在篮球场上。一天小安打完篮球准备上晚自习，进教室不久后他惊呼道：“我的手机落在篮球场了”，如图2-82所示。正巧这天值班老师是朱老师，“赶紧回去找找”，朱老师关心地说。在值班巡查中，发现了精神萎靡的小安趴坐在座位上，得知手机没能找到，朱老师再三询问后决

定帮助小安调开学校监控网寻找那只丢失的手机，如图2-83所示。

图2-82　手机不见了

图2-83　视频监控

学习目标

1）至少理解一套完整的视频监控系统应用。

2）明确视频监控的概念、结构组成及设备的选取。

2.3.1　千万双“眼睛”护着孩子的安全——走近智慧校园监控系统

学校视频监控中心，如图2-84所示。

图2-84　学校视频监控中心

知识储备

关键词：智慧校园监控系统

校园安全一直是不容忽视的问题，与每个师生、家长有着密切的关系。家长对孩子在学校的情况了解不足；老师缺乏与家长和学生一起互动的平台；校领导无法实时掌握学生在哪儿；学生没有存在感；学生一旦走失，保安对线索获取太慢等，所以近年来全国各省市都兴起数字校园建设提升校园安全。

智慧校园监控系统建设主要包括三大模块：智能硬件、云平台以及数据应用。

心得体会

典型案例

唐同学，2016级学生。加入校物联网集训队，同时承担实训中心的实习工作，主要负责实训市区监控管理。2017年6月唐同学与同学组队代表市参加全国职业院校技能大赛物联网应用技术赛项，获得二等奖。

唐同学："我全部参与了实训中心监控系统的组网和管理工作，将现在运用较多的海康威视的系统在这里做介绍。"

这是智慧型校园可视化综合管理平台的操作界面，如图2-85所示。

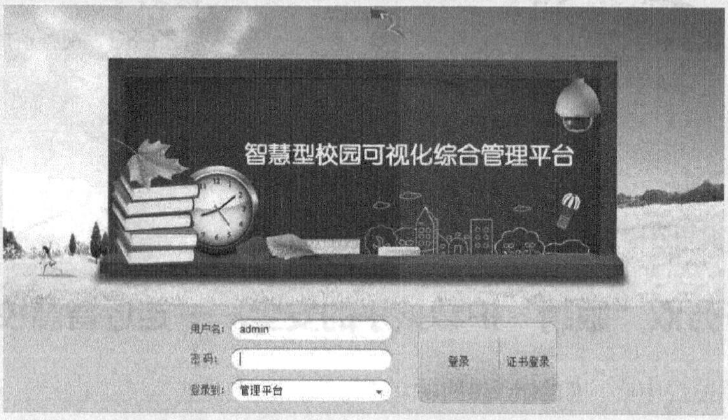

图2-85　智慧型校园可视化综合管理平台

输入用户名和密码后进入首页，其主要有视频巡逻、电子地图、录像检索、综合查询、运维管理和本地配置6个部分组成，如图2-86所示。

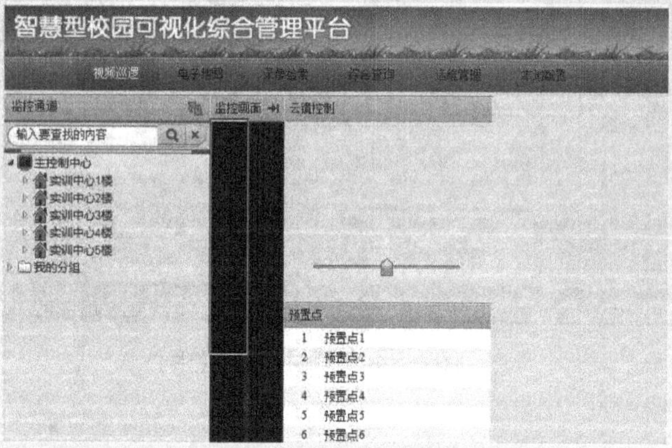

图2-86　结构组成

首先来看"视频巡逻"模块，通过"主控制中心"查看各个区域的监控中心，学校实训楼共5层，设置为实训中心1楼、实训中心2楼、实训中心3楼、实训中心4楼、实训中心5楼，如图2-87所示。

其中1楼以物流专业为主，2楼是中药药学专业，3楼是以智慧教室、物联网以及学科教室为主，4楼是以计算机房和楼宇实训室为主，5楼是以财会、文秘、国贸实训室为主，实现了分层管理。

第2个模块是“电子地图”模块，其功能与地图APP软件接近，主要是导入实训室的整体场景的分布图，对于实训中心承办各类校外活动以及新生寻找上课地点提供了很大帮助。

图2-87　实训中心各楼层监控点分布

第3个模块是“录像检索”模块，查看监控点的任一时间点，可以选择计划录像、移动录像、手动录像、报警录像，录像查询的追溯时间依硬盘容量大小设置，目前设备的是4个监控点使用一个4TB的硬盘，一般录像记录可以保留60天左右，如图2-88所示。

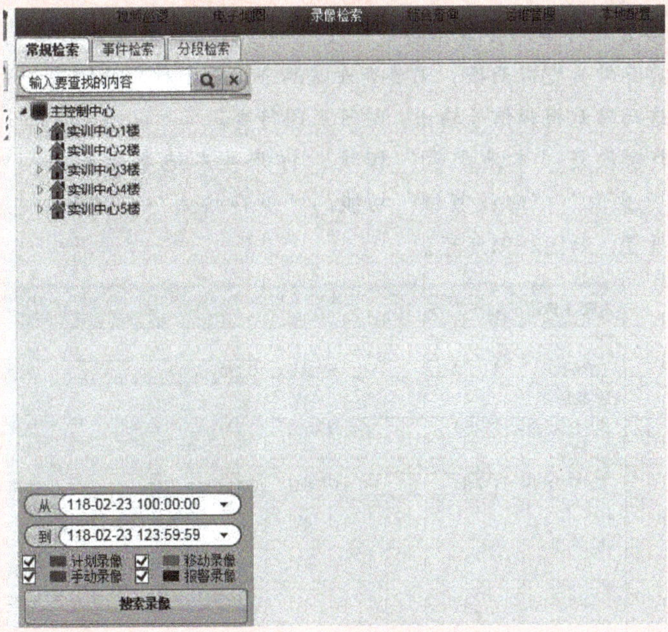

图2-88　录像检索

第4个模块是“综合查询”模块，主要针对目前摄像头的移动侦测、遮挡及断电保护的监测。对提高监控系统管理提供更大的安全支撑，如图2-89所示。

第5个模块是“运维管理”模块，主要针对管理员维护系统使用，如图2-90所示。

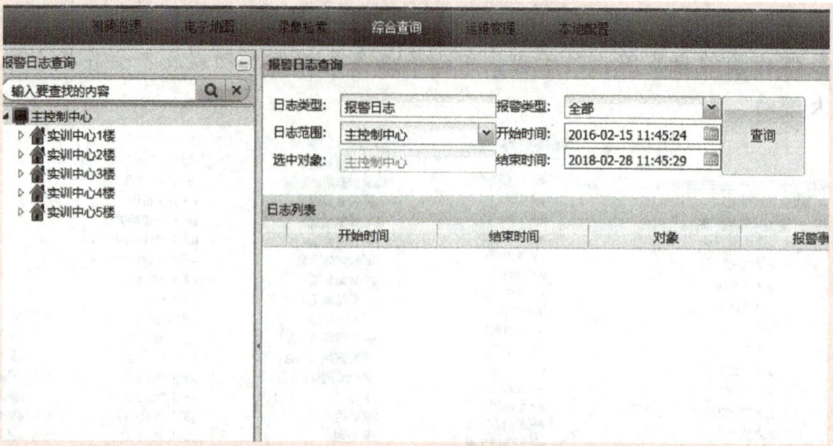

图2-89　综合查询

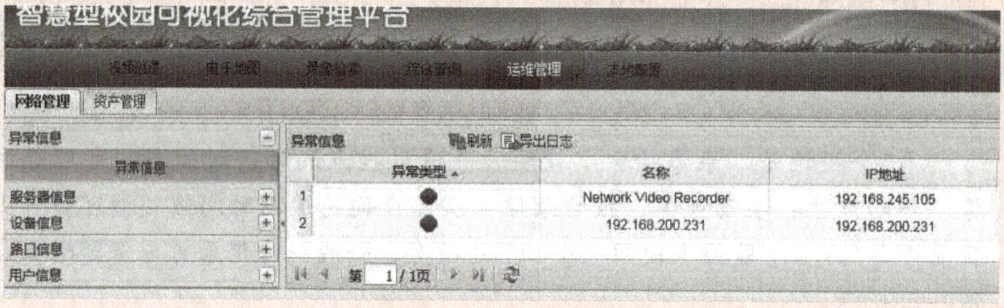

图2-90　运维管理

在网络管理环节的异常信息中可发现哪些设备目前是有故障的。从图2-90中可以看到，目前异常类型有两条，需要查看这两个IP地址对应的摄像头的故障原因，现场排查发现，这两路无视频信号输出，故障原因待查。

第6个模块是“本地配置”模块，打开“本地参数配置”对话框分别对“抓图”“预览录像”“回放剪辑”功能的“保存格式”“文件打包大小”及“保存路径”进行设置，如图2-91所示。

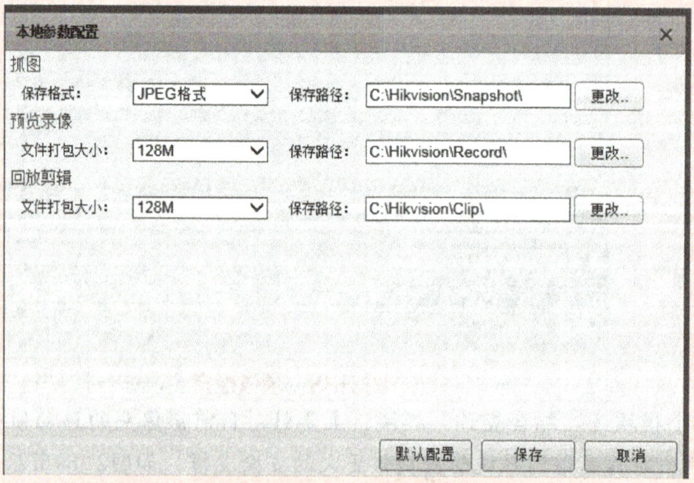

图2-91　本地参数配置

生活案例

智慧林业是什么?

宁波市地势西南高，东北低。市区海拔为4～5.8m，郊区海拔为3.6～4m。地貌分为山脉、丘陵、盆地和平原。宁波市山脉面积占陆地面积的24.9%，有较大的林业面积。智慧林业是设计建设林业防火预防、扑救、保障三大体系，大幅提高林业防火装备水平、改善基础设施条件，增强预警、监测、应急处置和扑救能力，实现“火灾防控现代化、管理工作规范化、队伍建设专业化、扑救工作科学化”。

国外智慧林业有高招，一起来看看。

1）德国采用FIRE-WATCH林业火灾自动预警系统。德国的林业覆盖率达30.7%，投入使用的FIRE-WATCH林业火灾自动预警系统，正常监测半径为10km，安装该系统每套需7.5万欧元，而在勃兰登堡州需要安装120～130套，约1000万欧元。

2）美国采用护林飞机和红外遥感火灾预警飞机巡逻，林业覆盖率达33%，利用“大地”卫星在离地面大约705km的轨道上绕地球运转，探测地面上的高温地区、浓烟地带以及火灾遗址。美国使用无人驾驶林火预警飞机进行24h监测，虽获得了成功，但耗费了巨额资金。

3）加拿大采用卫星巡回监测系统。加拿大的林业覆盖率达32%。从卫星上发射电磁射线检测林区温度，当检测出某一林区局部温度上升到150～200℃，红外线波长达3.7μm时，便是火灾前兆，立即测定具体温度，采取措施及时防火。同时，加拿大林区采用多架配备先进的直升飞机轮流监测林业火灾，飞行费每小时需5000～6000加元。

智慧林业的建设需要考虑信号采集、设备供电、数据传输、数据应用，如图2-92所示。

图2-92　建设思考

信号采集来源稳定，采用1080P分辨率的图像，有效防雾除雾，同时具备激光热成像，如图2-93所示。

图2-93　信号采集

数据传输采用光纤、3G网络、微波+中继，如图2-94所示。

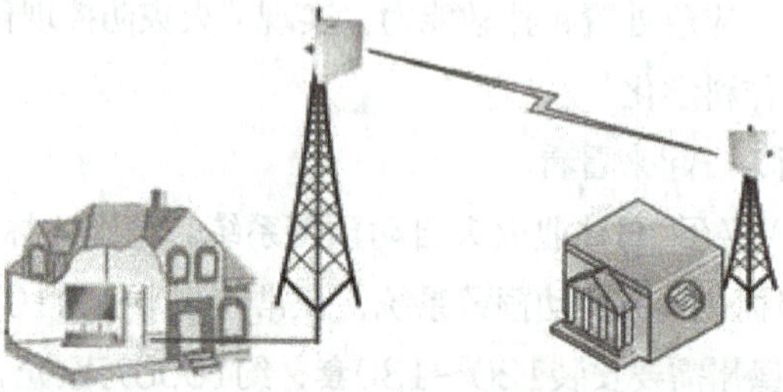

图2-94　数据传输

设备供电采用基站附近取点、风力发电、太阳能供电，风光互补供电，如图2-95所示。

图2-95　风光互补供电

目前采用的几种监控场景，见表2-4。

表2-4　监控场景

序号	覆盖范围	选用设备类型（高清方式）	实现目的
1	高点监控	高空瞭望系统	全景监控，视野开阔，无遮挡
2	分段监控	一体化云台摄像机	监控2km范围左右的图像
3	火灾易发地段	热成像摄像机	有火灾感应时及时报警，做到事前预警
4	重点树木	高清网络红外枪机	监控树木成长过程，每天定时抓图
5	园林景区开阔地带	高清网络球机	监视游客活动情况，可以事前预警、事后取证
6	林业内道路	高清卡警系统	抓拍林业内过往车辆

整体系统结构，如图2-96所示。

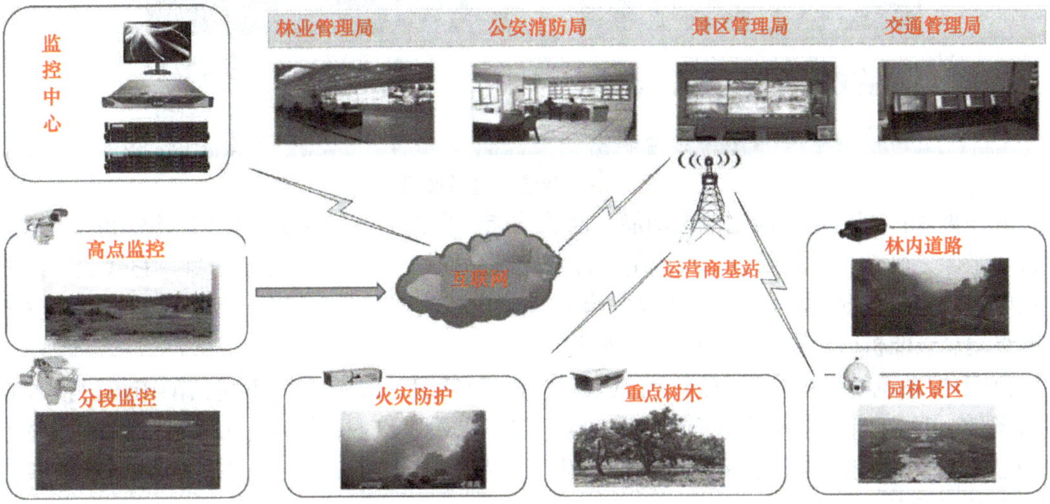

图2-96　整体系统结构

思考拓展

了解身边的智慧监控系统后，再收集一些其他的智慧监控系统案例。

2.3.2　我有一个“大肚子”——硬盘录像机

很多人看到图2-97所示的设备会认为它是一台DVD播放机。但是，它不是DVD播放机，它的名字是“硬盘录像机”。

图2-97　硬盘录像机外观

知识储备

关键词：普通硬盘录像机；网络硬盘录像机

1. 普通硬盘录像机

普通硬盘录像机又叫数字硬盘录像机，相对于传统的模拟视频录像机而采用硬盘录像，故常被称为硬盘录像机，也被称为DVR（以下统称DVR），如图2-98所示。

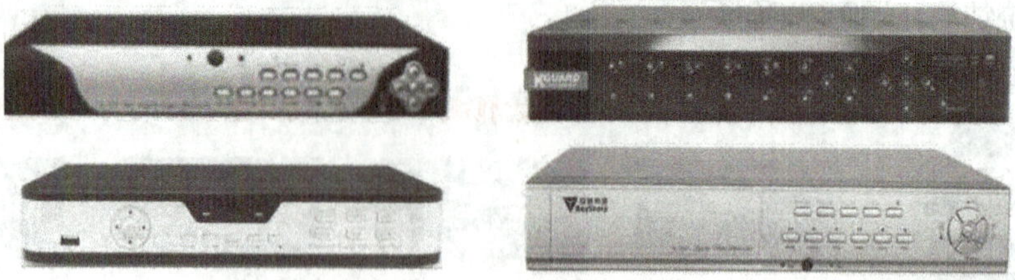

图2-98 普通硬盘录像机

其主要功能有监视功能、录像功能、回放功能、报警功能、控制功能和网络功能。DVR集合了录像、画面分割、云台镜头控制、报警控制和网络传输5种功能于一身。它代表了过去一代电视监控系统的发展方向，是过去十年市面上电视监控系统的首选产品。尽管目前已逐渐被网络硬盘录像机取代，但仍然是典型产品。

DVR按系统结构可分为PC平台DVR和嵌入式DVR。嵌入式DVR是目前市场已投入应用最多的一种结构。它就是基于嵌入式处理器和嵌入式实时操作系统的嵌入式系统，采用专用芯片对图像进行压缩及解压缩回放，嵌入式操作系统主要是完成整机的控制及管理，如图2-99和图2-100所示。

图2-99 PC平台DVR

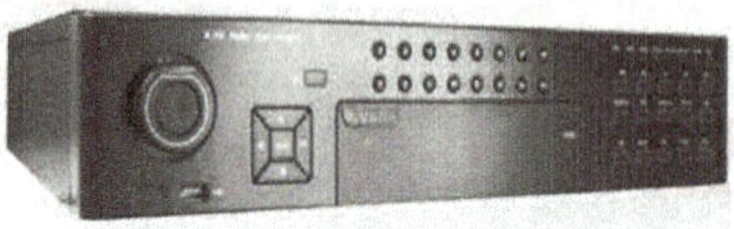

图2-100 嵌入式DVR

作为过去两类广泛使用的硬盘录像机，通过比较发现PC是一种通用的平台，其硬件更新换代速度快，因而PC式DVR的产品性能提升较容易，同时软件修正、升级也比较方便。PC式DVR各种功能的实现都依靠板卡，例如，视音频压缩卡、网卡、声卡、显卡等，这种插卡式的系统在系统装配、维修、运输中很容易出现不可靠的问题，不能用于工业控制领域，只适合对可靠性要求不高的商用办公环境。 而嵌入式DVR没有PC式DVR那么多的模块和软件功能，在设计制造时对软、硬件的稳定性进行了针对性的规划，因此此类产品的品质稳定，不会有产生死机问题，而且在视音频压缩码流的储存速度、分辨率及画质上都有较大的改善，就功能来说丝毫不比PC式DVR逊色。嵌入式DVR系统建立在一体化的硬件结构上，整个视音频的压缩、显示、网络传输等功能全部可以通过一块单板来实现，大大提高了系统硬件的可靠性和稳定性。

传统硬盘录像机视频的压缩格式一般为MJPEG、MPEG-1、MPEG-2、MPEG4、H. 264。帧率（Frame Rate）是用于测量显示帧数的量度。帧率即可以影响视频效果，也可以影响视频存储容量。帧率越大，所需的存储空间越大。所谓的测量单位为每秒显示帧数（Frames per Second，FPS）或赫兹（Hz），多用于影视制作和电子游戏中。全实时指的是单路录像速度（帧率）达到25FPS（NTSC制是30FPS）。非实时指的是单路录像速度（帧率）在25FPS（NTSC制是30FPS）以下。

分辨率就是指画面的解析度，即由多少像素构成。数值越大，图像也就越清晰。图像分辨率即采集卡所能采集的动态图像的分辨率，在视频制作中是用于衡量图像内数据量多少的一个参数。人们通常所看到的分辨率都以乘法形式表示，例如，1080×920，其中“1080”表示屏幕上水平方向显示的点数，“920”表示垂直方向显示的点数。请大家看一下自己手机的分辨率有多少？结合实际填入表2-5中。

表2-5　手机屏幕尺寸长宽面积计算

屏幕尺寸/in	长宽比		长/cm	宽/cm	屏幕面积/cm²	代表机型
	长	宽				
3.5	960	640	7.40	4.93	36.48	iPhone 4S
4	1136	640	8.85	4.99	44.14	iPhone 5
4.7						
4.8						
5						
5.5						
6.1						

硬盘录像机的主菜单界面显示效果：简单、快捷、易用、美观；通道设置可以对通道名字、预览时间、图像颜色等进行设置；网络设置的联网方式有PPPoE、DHCP、手动配置及采用多码流技术、网络单独码流编码、手机传输码流单独编码的传输方式；录像备份文件快速方便且支持备份到USB存储设备、USB—DVD刻录设备、内置刻录机；日志查询中用户可将搜索到的日志导出到U盘中备份，方便浏览，可用Office Excel 打开；设备管理模块包含硬盘管理、报警设置、云台设置、手机监控、移动侦测和退出；针对硬盘管理：按设置的分辨率、编码码率、帧率直接计算录像可用时间，支持硬盘自动覆盖，支持按小时、按天覆盖，方便格式化硬盘、U盘等存储设备；E-mail的设置保证DVR处于移动侦测报警状态，报警状态时会发送报警文件，E-mail收件箱接收DVR端移动侦测报警时的图像；云台设置主要针对球形摄像头，需保证DVR通道的参数设置与云台的参数设置一致，支持自动巡航，支持预置点设置；系统功能里可查看DVR的硬件、软件相关信息，对DVR进行系统升级、软关机、自动维护、恢复出厂设置；远程IE、客户端通过网页、相应软件登录；远程具备回放、备份功能。硬盘录像机通道连接图，如图2-101所示。

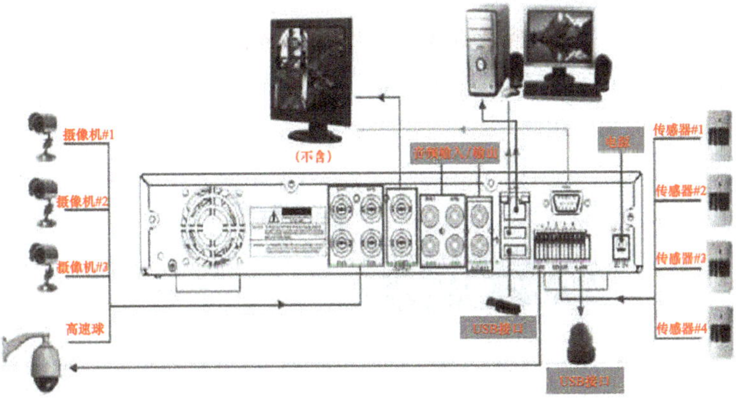

图2-101　硬盘录像机通道连接图

2. 网络硬盘录像机

网络硬盘录像机（Network Video Recorder，NVR）是通过网络接入前端视音频采集设备和报警装置，实现监控图像浏览、录像、回放、摄像机控制和报警功能的监控主机设备，如图2-102所示。

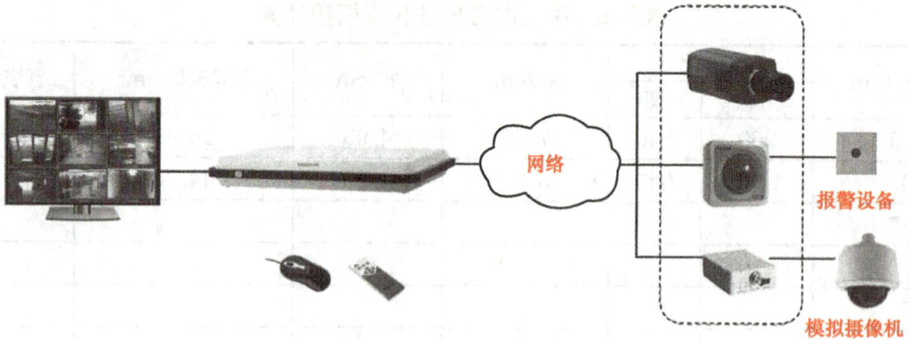

图2-102　网络硬盘录像机连接示意图

NVR与DVR的对比如下。

1）NVR是对DVR的继承，它们都具备视频浏览和摄像机控制的功能，如图2-103所示。

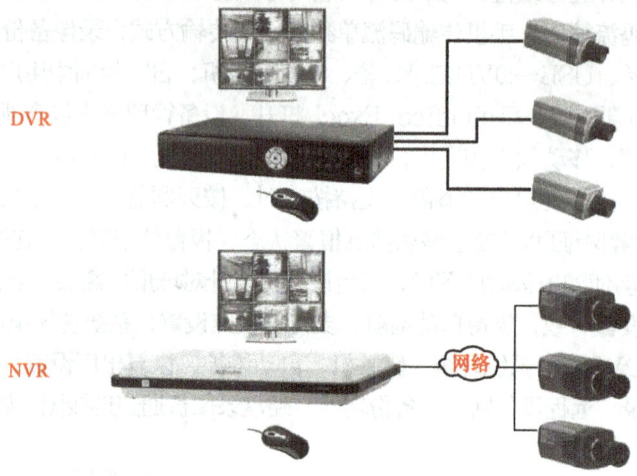

图2-103　NVR与DVR对比（一）

2）NVR与DVR一样均可内置硬盘，进行录像存储。目前海康威视等品牌的NVR可外接达6个硬盘，如图2-104所示。

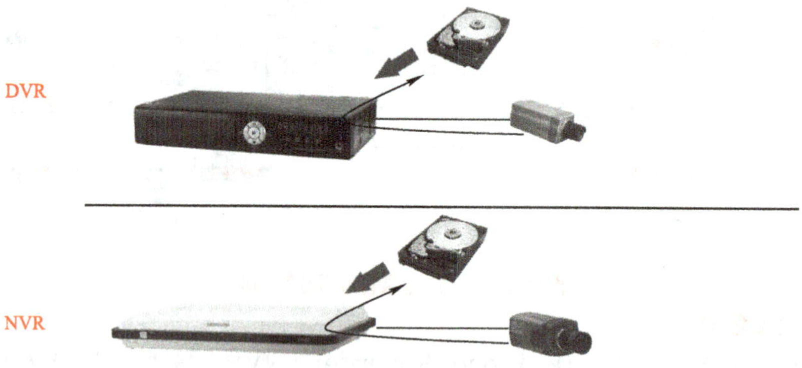

图2-104　NVR与DVR对比（二）

3）NVR与DVR均可在本地回放录像，如图2-105所示。

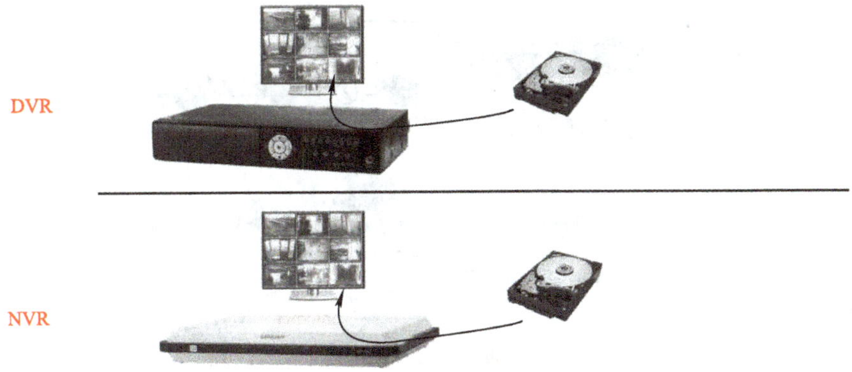

图2-105　NVR与DVR对比（三）

4）NVR和DVR均可以实现报警联动、触发警灯和警号、启动录像等，如图2-106所示。

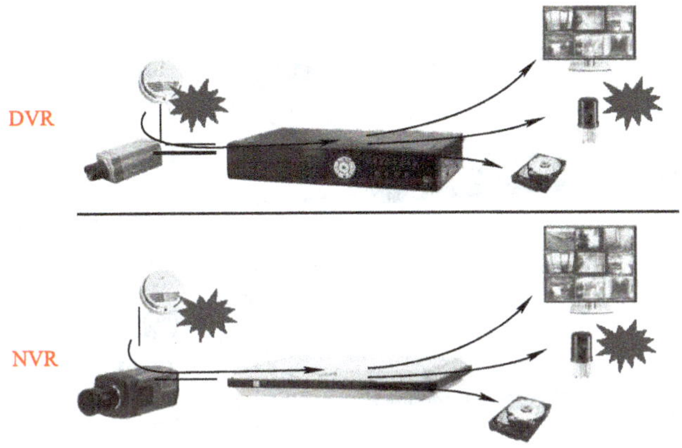

图2-106　NVR与DVR对比（四）

NVR自身也有一些优于DVR的特点。

1）部署简单。NVR只需一根网线接入网络，大大降低线材和人工费用，如图2-107所示。

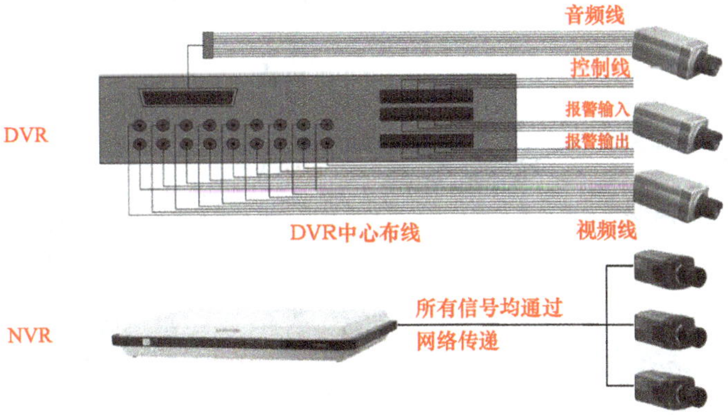

图2-107　部署简单对比

2）部署灵活。DVR因为采用模拟信号传输，在一定区域内效果很不错，但距离受限，而NVR有网络就可以部署，不受地域限制，如图2-108所示。

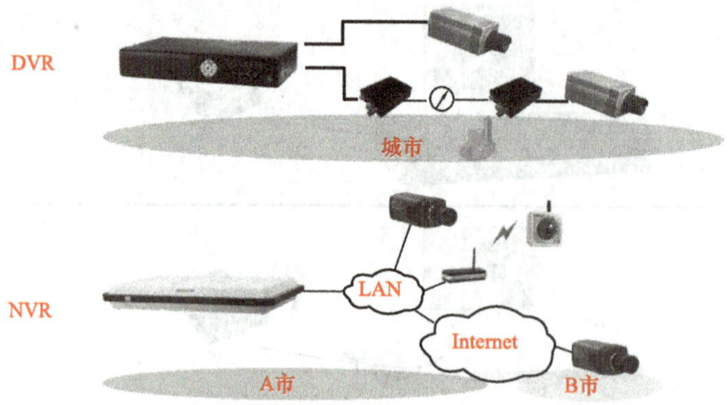

图2-108　部署灵活对比

3）扩容方便。DVR的扩容意味着全新布线，而NVR的扩容只要将网络前端接入网络即可，如图2-109所示。

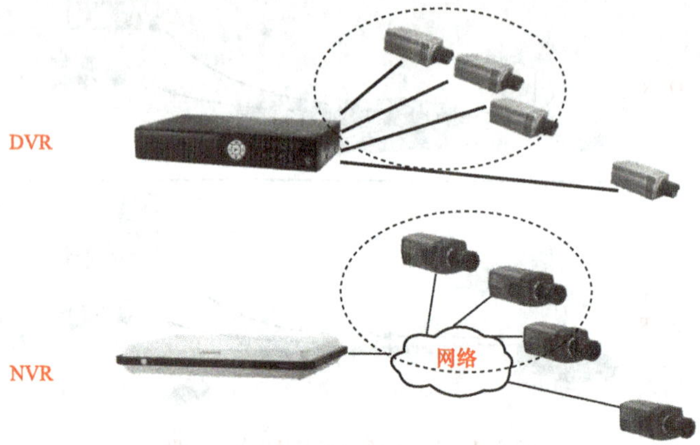

图2-109　扩容方便

4）远程浏览。DVR的网络支持功能弱，不能适应复杂的网络场景；NVR可通过网络访问NVR，更有双码流技术保证最佳视频效果，如图2-110所示。

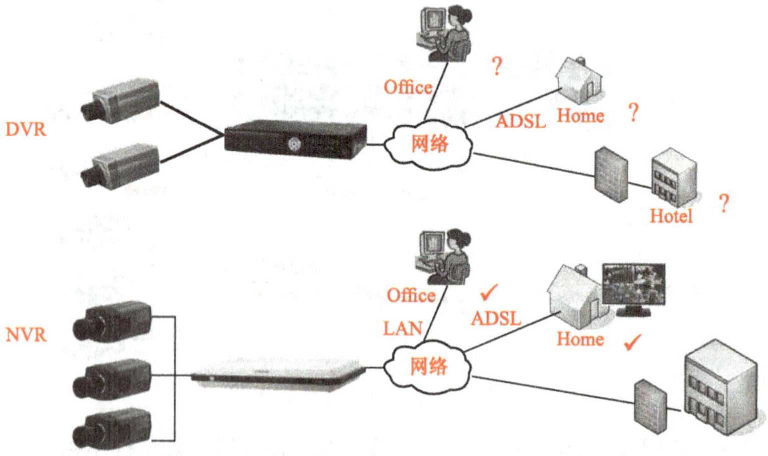

图2-110　远程浏览对比

5）同步回放。DVR一般只能做到一路回放；NVR可实现四路同步回放，全景展现事件过程，如图2-111所示。

6）电视墙应用。它是智慧监控建设可视化效果非常重要的环节。DVR通过模拟线连接到矩阵，切换信号上墙，一般要求就近部署，通过外接键盘控制；NVR通过网络连接解码器，方便进行异地部署，并可由NVR统一控制，如图2-112所示。

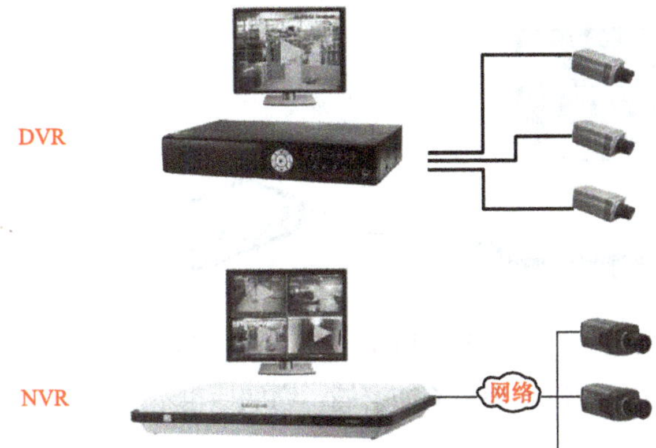

图2-111　同步回放对比

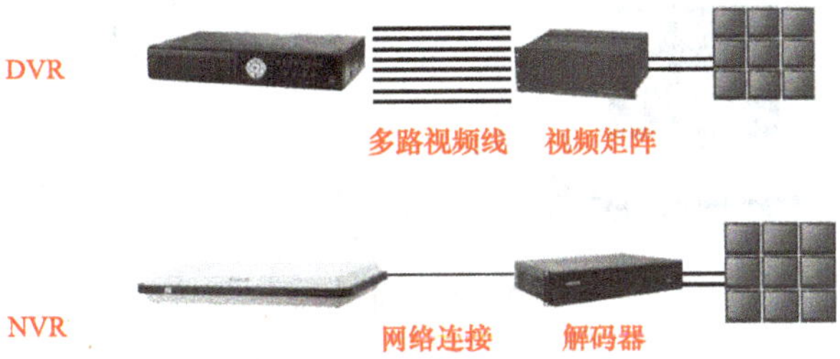

图2-112　电视墙应用对比

心得体会

典型案例

叶同学，2015级学生。非常灵活，思路清晰，专长监控，在校期间多次参加技能节比赛，获一等奖，2018年市赛首次将DVR替换成NVR，在距离市赛还有10天的时间潜心研究，最终取得市赛第三名的好成绩。

叶同学：“我操作比较熟悉的是海康威视的NVR，这里不再作详细介绍，同学们可以自己查阅相关资料。

生活案例

你们对网络监控有顾虑吗？

传统的DVR需要专业的安装施工方进行安装调试，开通极为不方便，而NVR实现“零配置”开通，即使不懂网络知识也能配置NVR网络，如图2-113所示。

只需3步：

1）接上网线和电源线。

2）NVR自动搜索前端。

3）观看图像。

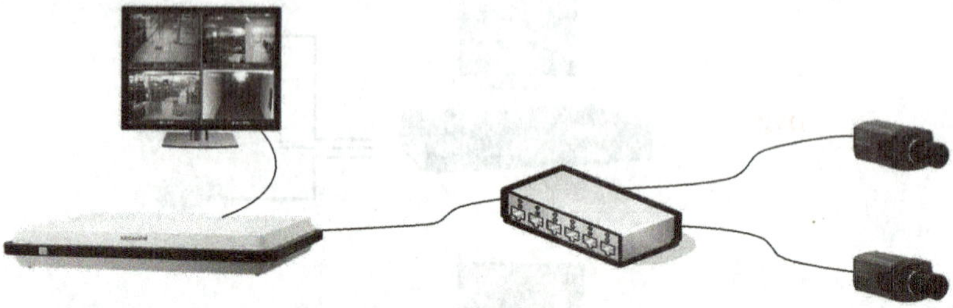

图2-113　家用NVR配置

在安全性上，NVR是可以实现码流加密的，窃取后也不能观看，如图2-114所示。

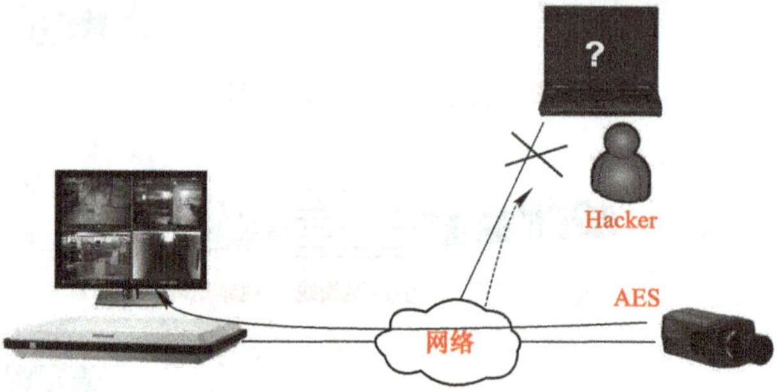

图2-114　加密状态

在可靠性上，网络出现故障后，可以自动启动前端录像，利用丢包重传和智能包恢复技术保证视频流畅传递，如图2-115所示。

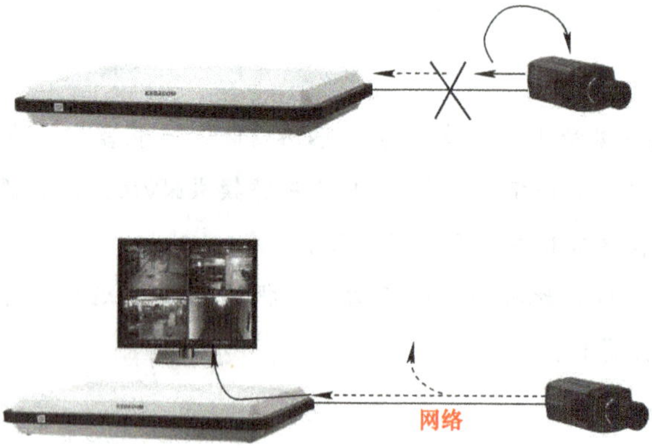

图2-115　故障恢复

在前端设备选择上，NVR配有丰富的网络摄像机，可通过视频适配器接入各种模拟摄像机，和人们经常接触的VGA转HDMI类似，如图2-116所示。

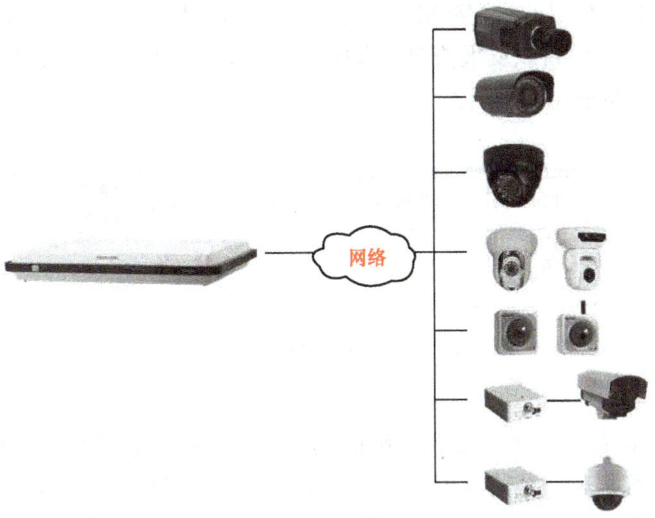

图2-116　前端设备

因此，可以预见NVR将全面取代DVR，带用户进入全网络化监控时代。但是目前，也有人将基于PC的视频管理软件与NVR混为一谈，这种观点并不正确。NVR是不同于管理软件的，见表2-6。

表2-6　NVR与PC软件对比

	NVR	PC软件
系统架构	嵌入式系统，稳定可靠	Windows平台，可靠性较差
抵抗病毒	无病毒侵扰	易受病毒侵扰
录像	专用文件系统，支持硬盘休眠	通用文件系统，不支持硬盘休眠
安装	开机即用	需安装软件、配置工作环境
易用性	专用设备，高效便捷的操作	通用系统，操作不灵活
功耗	低	高

思考拓展

学会DVR和NVR的监控系统的安装与调试方法。

2.3.3　测一测我的“视力”——摄像头的选取与运用

知识储备

关键词：摄像机分类；摄像机运用

视频安防监控系统一般由前端设备、传输设备、控制设备、显示设备和存储设备5个主要部分组成。前端设备是信号的最初源泉，也是监控系统最基础的部分。一般的前端设备包括视频采集设备、音频采集设备以及报警信号采集设备。本节就从视频采集设备—— 摄像机的知识开始。监控系统结构框图，如图2-117所示。

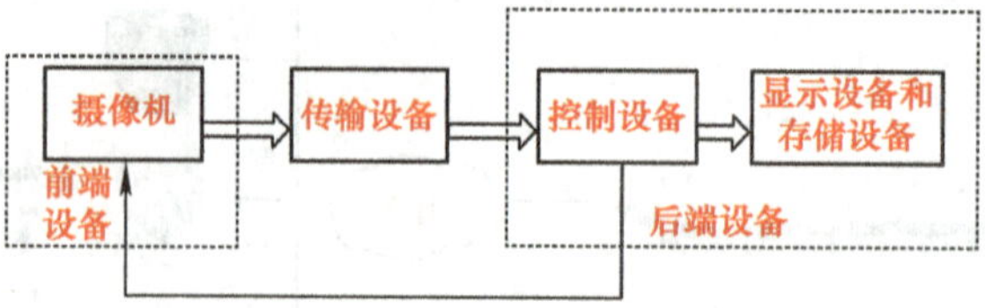

图2-117　监控系统结构框图

1. 摄像机分类

摄像机的配套设备有镜头、云台、解码器、支架和护罩。其中支架的作用是固定摄像机；护罩可保护摄像机和镜头使其工作稳定并延长其使用寿命；云台可固定摄像机，更重要的是扩大摄像机的视野范围；解码器是接收控制中心的控制命令并驱动云台、镜头和摄像机工作。

目前常用的摄像机有半球形摄像机、云台摄像机、一体化球形摄像机、枪式摄像机等，如图2-118所示。

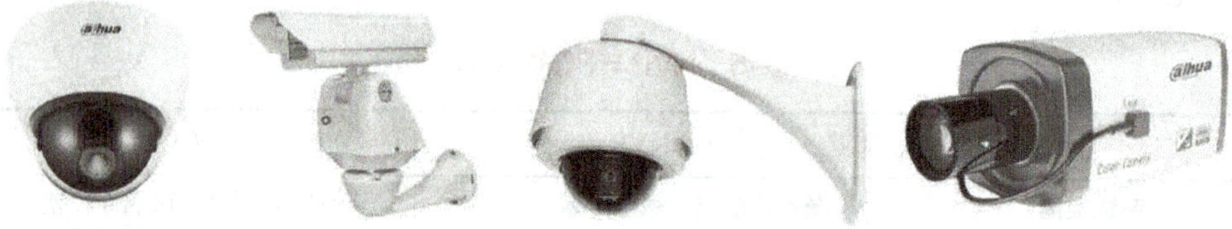

图2-118　常用摄像机

2. 摄像机运用

枪式摄像机安装方式主要有壁装（或立杆安装）、吊装、嵌入式安装。

半球形摄像机安装方式主要有吸顶、壁装、吊装。

球形摄像机以及云台摄像机常采用壁装、吊装。

不同场合选择不同的安装方式，如图2-119～图2-122所示。

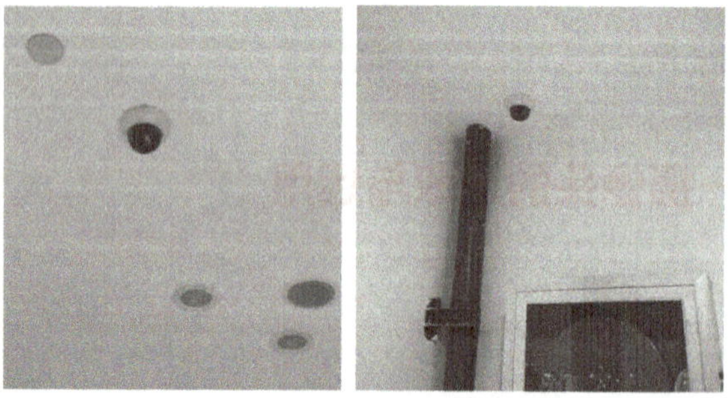

图2-119　半球形摄像机的吸顶安装

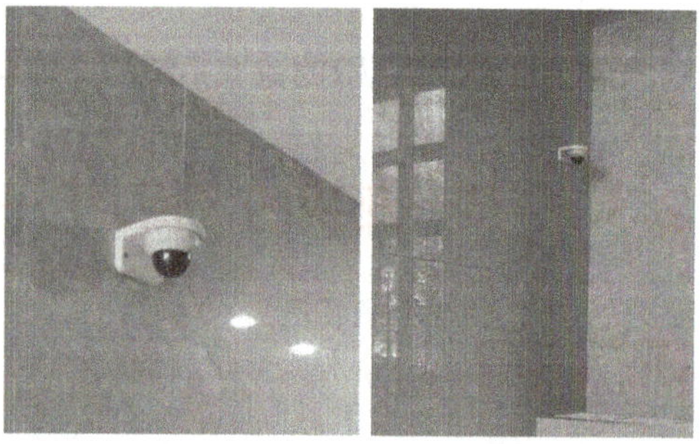

图2-120　半球形摄像机的壁装安装

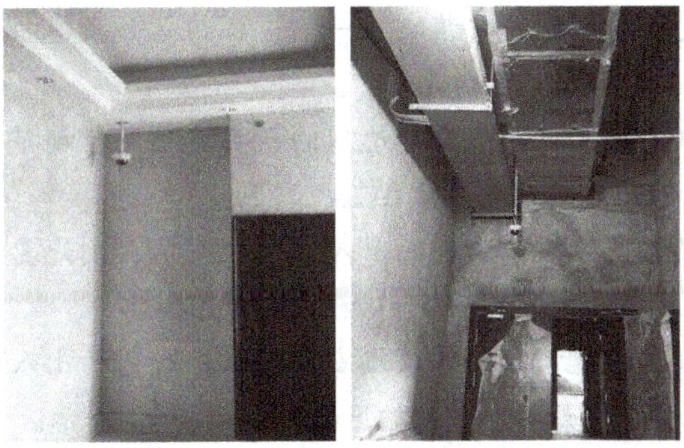

图2-121 半球形摄像机的吊装安装

图2-122 球形摄像机和云台摄像机壁装（立杆安装）

半球形摄像机与枪式摄像机的区别：

1）半球形摄像机美观，隐蔽性好。枪式摄像机可扩展性强。

2）半球形摄像机直接带防护罩，而枪式摄像机根据现场需要另搭配防护罩。

3）半球形摄像机的变焦范围一般都不太大，其镜头也不能灵活地更换。枪式摄像机的监控范围则取决于镜头，可以换成几倍或几十倍变焦镜头，镜头容易更换。

4）半球形摄像机较不容易改变其监视范围，而枪式摄像机由于其支架护罩的原因，较容易更改监视范围。

5）半球形摄像机由于其自身结构原因，相对于枪式摄像机而言自身较短，相对监视范围较大。

经验之谈：

1）半球形摄像机因其自身特点以及室内建筑结构特点，相对于枪式摄像机而言更适合用于一般室内民用环境（有防爆、防静电、防电磁波等环境除外）。

2）半球形摄像机相对于枪式摄像机，更适合用于各类室内出入口、走廊过道、楼梯口、电梯厅、电梯轿厢内等各类室内环境。

3）枪式摄像机更适合用于室外环境。

心得体会

典型案例

任同学，2014级学生。曾参加全国职业院校技能大赛物联网应用技术赛项获三等奖，训练期间学习了硬件安装的工艺基础知识，毕业后进入安防公司从事工程施工，主要进行监控摄像机的安装。

任同学：“结合以前比赛训练以及实习期的摄像机安装要求，和大家一起讲讲摄像机安装的事。”

一般摄像机的安装步骤：安装准备→摄像机组装→摄像机通电检查与粗调→摄像机的固定与安装→后续保护。

安装于出入口的摄像机数量及其选用的镜头要确保监视范围能覆盖整个出入口，使出入口的边界或门的边框都能显示在监视器上。

对于由多个摄像图像拼接出来的出入口监控图像，则还要注意图像之间的相互衔接，图像与图像之间不应有监视盲区，如图2–123所示。

如果摄像机监看的是消防门等顶端安装有红外对射的出入口，摄像机不仅要相互衔接，还要能监视整个红外对射防护的区域，如图2–124所示。

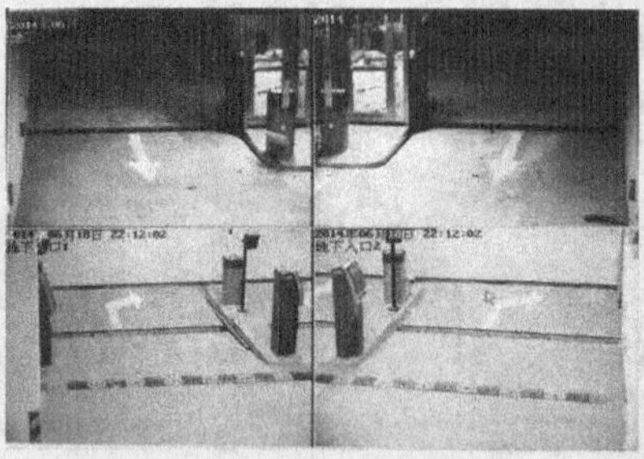

图2–123　出入口监控图像

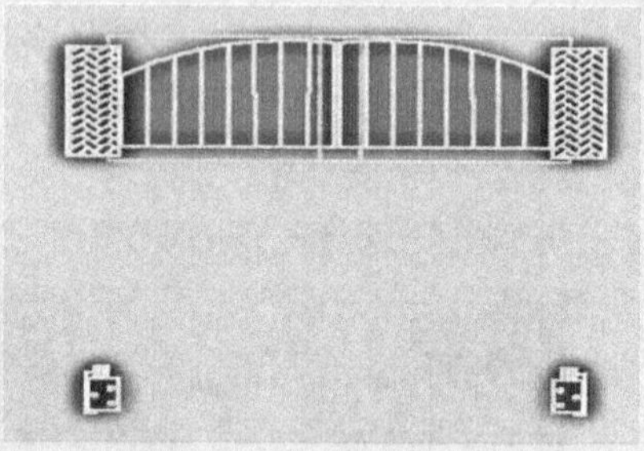

图2–124　消防门出入口

目前出入口安装的摄像机，大多数为了避免逆光问题发生，将其顺着阳光朝向室内且安装在门框上方。如果摄像机前方是一块较开阔的区域，而不是窄通道，则应在门框上方两侧分别安装摄像机，通过各自对方的摄像机补充自身摄像机下方的视角盲区。

遇到较宽的出入口，为获得良好的图像监控效果，一方面可适当增加摄像机的数量，另一方面摄像机以监视距离建筑物出入口最近的内部通道口为好（守住核心筒）。另外，也需要安装一些摄像机对大厅区域进行监视。

摄像机对出入口进行图像监视时，需要获得进出人员的正面图像，在窄通道内，可以把摄像机安装在通道的中间位置，监视通道出入人员的正面图像，在大开间的出入口，可以把摄像机安装在人员行进方向的正面。

摄像机捕捉的图像在监视器中呈现出来，保证监视目标水平或垂直于监视画面中。

有效画面的要求不仅要保证目标图像的大小，还要保证目标图像的景深和监视目标在画面中出现的时间，如图2–125所示。

同时需要保证所有画面在同一垂直面上，主要是各类大门出入口，可以以出入口的减速带、道闸等为参照物，使所有衔接的图像在同一垂直面上，如图2–126所示。

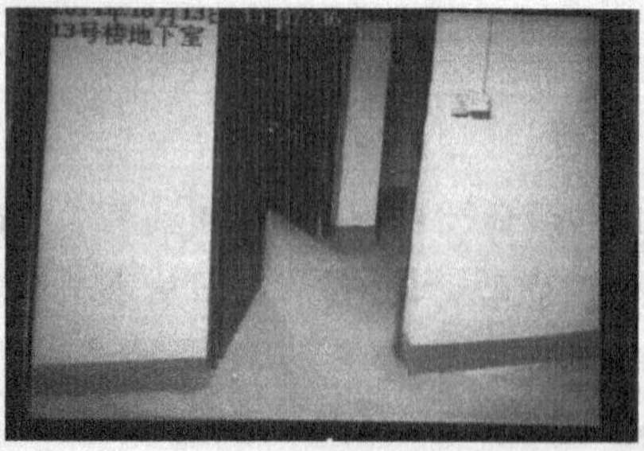

图2–125　监控画面

图2–126　出入口距离画面

摄像机安装应避免俯视，顶层平台出入口摄像机安装时应与红外入侵探测器联动，并且红外探测器应前置于摄像机，如图2-127所示。

图2-127 小区应急通道

生活案例

浙江省已计划建设国内第一条自动驾驶高速公路。这条“超级公路”最显著的四大特点是：智能交通管制、快速出行、环保和高安全标准，如图2-128所示。

图2-128 超级公路场景

据悉，“超级公路”的关键是要为司机、车辆和交通管制开发一个协同和完全集成的传感系统，并建立一个完整的道路网络监测和预警系统，以便在不影响安全标准的情况下实现高速交通。因此，全方位的摄像头将成为整条“超级公路”的核心。

浙江省交通运输厅表示，未来将在整条高速公路上支持自动驾驶，这在国际上目前也是领先的。它将采用大数据驱动的“云控制”平台，在平均车流运行于90km/h的基础上提高20%～30%。

为促进可持续交通和电动化汽车出行，“超级公路”将配备太阳能和光伏发电设施以及电动车辆的插电式充电桩。长远目标是提供无线充电，让用户在驾驶时充电。

由于实现了人、车、路的高度协同，事故危害有望降为零。根据规划，超级高速公路将于2022年杭州亚运会前建成。

思考拓展

某小区物业需要对小区安装一套专门监控汽车停放的摄像头，数量为30个左右，将摄像头的信息点填入图2-129中，并做简单说明。

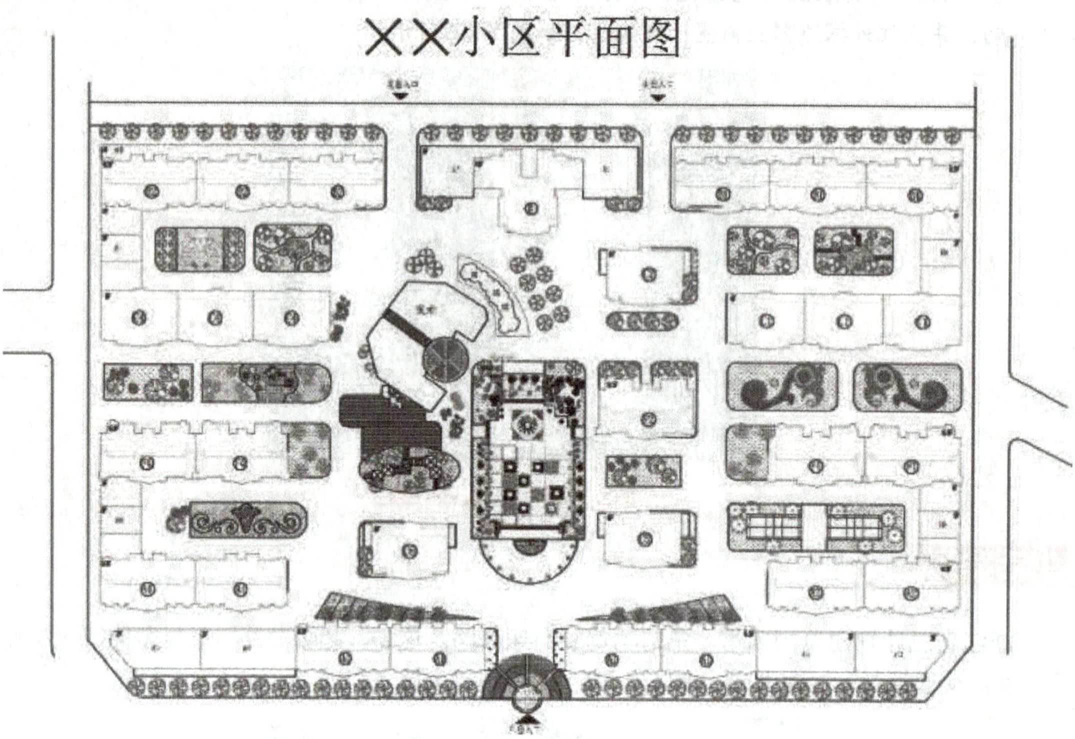

图2-129　××小区平面图

2.3.4　给我一个完整的“身躯”——视频监控辅助设备

知识储备

关键词：视频监控辅助设备

视频监控辅助设备

在前面的章节学习了视频监控系统的基本组成，详细介绍了前端设备。

拾音器属于前端设备，如图2-130所示，俗称监听头、拾音头，分为有源和无源两类。外置拾音器有有源、无源两类，内置拾音器一般为有源，智能摄像头的拾音器基本为内置型。拾音器主要用于监听监控区域内的声音，多用于银行、探监、审讯、服务性行业。

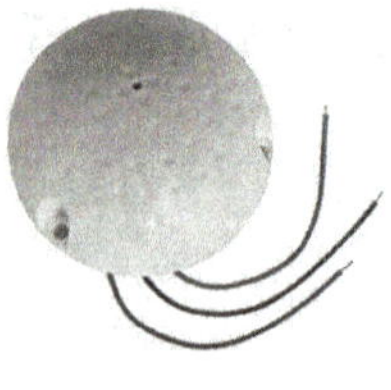

图2-130　拾音器

拾音器的主要指标详见表2-7。

表2-7　拾音器的主要指标

工作电压	DC6~24V	频率响应	2.5dB
消耗电流	4~6mA	输出阻抗	600Ω左右
频率范围	100~10 000Hz	灵敏度	≥0.2V/AUPAR

无论是视频信号、音频信号还是控制信号，都必须借助媒体才能进行传输。承担传输的媒体可归结为两类：无线和有线。视频监控系统一般采用有线传输方式。基于有线传输方式的传输系统有双绞线缆传输系统、同轴电缆传输系统、光纤传输系统和网络传输系统。视频监控系统传输部分的功能就是传输图像信号。这些都在前面做了详细介绍。

这里主要介绍光纤传输系统。

光纤传输系统属于传输设备。光纤传输就是以光导纤维为传输媒介、以光波为载波进行信息传输的方式。光纤传输系统由3部分组成，分别是激光发送、光接收和光传输，如图2-131所示。

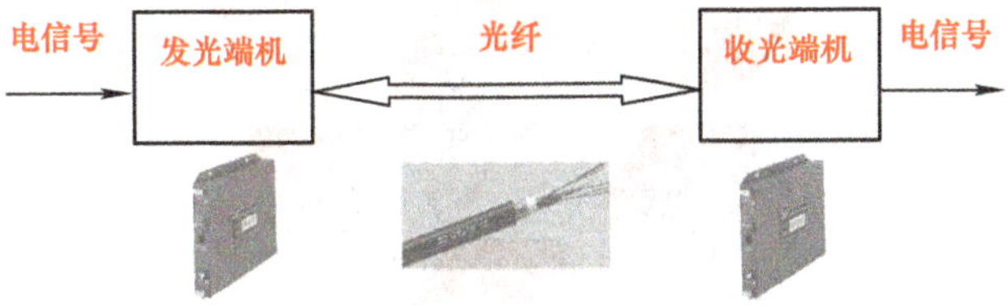

图2-131　光纤传输系统工作原理

光纤的主要优点是传输容量大、传输损耗小、抗干扰能力强、单模传输距离可达10~20km，其结构如图2-132所示。

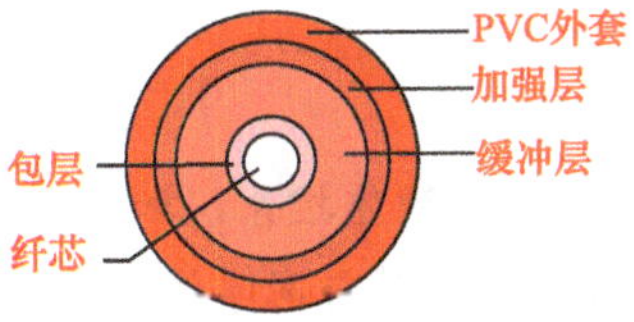

图2-132　光纤结构

光纤传输系统分为单模光纤和多模光纤，如图2-133所示。单模光纤纤芯细，光线能够直接发射到中心，传输距离为10~20km；多模光纤的光信号通过多个通路传播，建议在距离1~2km时使用。

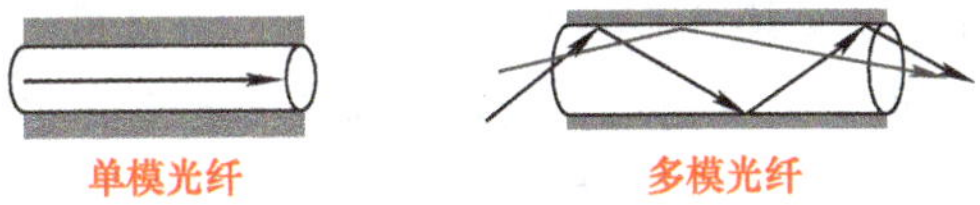

图2-133　光纤传输系统分类

针对双绞线系统、同轴电缆系统、光纤系统进行了详细的对比，见表2-8。

表2-8 三种传输系统对比

	双绞线系统	同轴电缆系统	光纤系统
综合布线	布线简单 无须专业人员	布线困难 容易老化	布线困难 需专业人士
分支接线	可分支用电话接线端子	不能有接点 一点一线	不能有接点 一点一纤
一条线传输多路视频	一条可传输4路视频	只能传输一路	能传输多路
线管、线材成本	低	较高	昂贵
施工成本	低	较高	昂贵
传输距离	1.2km	0.3km	2~100km
抗干扰能力	消除电源、磁场、脉冲、电场	较差	好
受气候变化影响	很小	图像质量受较大影响	很小

视频安防监控系统设计原则，如图2-134所示。

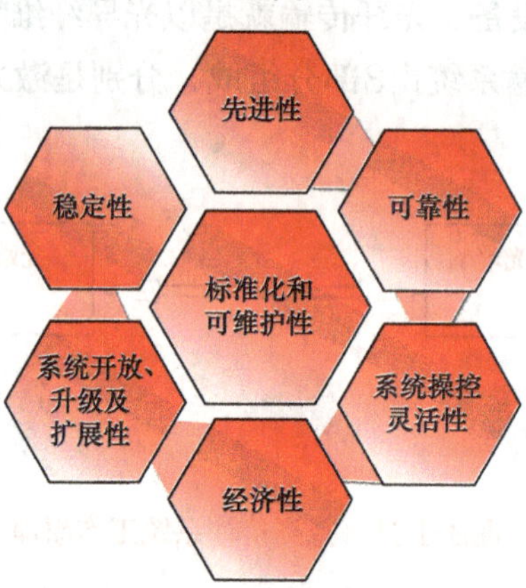

图2-134 视频安防监控系统设计原则

心得体会

典型案例

郑同学，2015级学生，主要接触监控系统和防盗报警系统，研究较为深刻，是训练队中认真刻苦的学生。2018年郑同学与同学组队代表学校参加市职业学校技能大赛，获得三等奖第一名。

郑同学："和大家一起聊聊前沿技术——PoE供电。"

PoE供电指的是在不改变原有网络架构的情况下，给网络设备传输数据的同时进行电力传输，载体就是网线。正确部署的PoE是非常安全可靠的，也能节省成本。这是一项比较新的网络技术，如果能谨记以下5个要诀，就能确保成功部署PoE，如图2-135所示。

如果购买或者升级了交换机后要部署PoE设备，却发现购买的交换机不是PoE的，怎么办？PoE的一个巨大好处就是这项技术可以在不更改现有的网络结构和设施的情况下，也能享受其带来的便利。在这种情况下，推荐使用中间接入法，在原有的交换机和受电设备之间接入PoE供电模块，这同样也是802.3af兼容的，只需略增加成本，问题就能得到很好地解决。

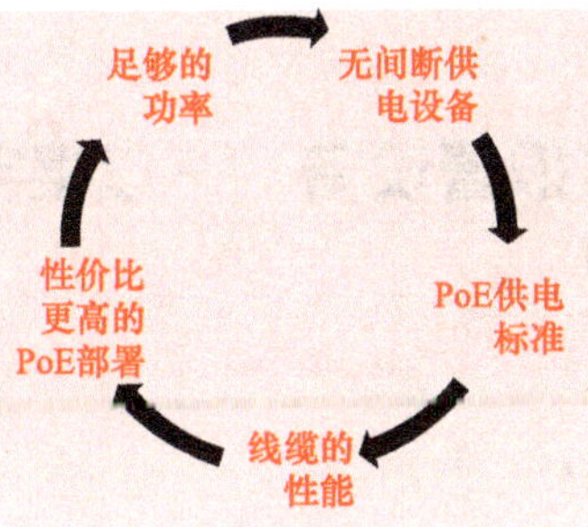

图2-135　PoE供电部署5个要诀

生活案例

城市摄像头升级：配备面部识别技术。

闭路电视摄像头很快将配备面部识别技术，对公众的面部进行自动扫描和识别。这项技术是由半导体巨头英伟达和安全创业公司AnyVision合作完成的。

英伟达的芯片将为AnyVision研发的身份识别平台提供支持。配备了面部识别技术的摄像头能够自动识别和追踪户内或者户外的个体。实时信息将被发送回计算机，并且通过算法和监视系统进行分析，随后图像信息将与数据库进行样貌对比。

AnyVision公司并未说明将对哪些社会媒体网络数据进行收集。AnyVision宣称，这项技术能够以超过99%的准确率探测、追踪和识别摄像头拍摄到的任何人。这家以色列创业公司希望配备面部识别技术的摄像头能够用于发现恐怖分子、罪犯和失踪人口，打造更加安全的城市环境。

AnyVision在一篇博客中称："通过借力英伟达技术，城市中现存的闭路电视摄像系统能够转变成为一个由智能摄像头构建的复杂网络，让我们借助实时数据增强城市居民安全。"AnyVision也提出，公司会致力于保护摄像头收集的个人数据。AnyVision也推出一款能够在手机和平板计算机上操作的App，为安全团队提供位置和照片等信息。

这项技术也被应用于ATM机上的摄像系统。它能够通过实时影像与账户所有人的面部进行对比，防止银行诈骗和非法的ATM机取现行为。AnyVision提出，这项技术也能够用于对安全有高要求的地方，例如，监狱和校园，系统会对没有授权的人进行识别并且自动向管理人员发出警告。

思考拓展

1）监控系统由哪几大部分组成，说明各自的功能。

2）简要说明摄像机的分类。

3）光纤视频传输系统的环节有哪几个?

4）简述视频传输的方式。

5）简述监控系统的控制方式。

6）试比较无线视频监控与有线视频监控的异同点。

2.4 防盗报警设备——以楼宇智能安防布线实训系统为例

情景故事

朱老师课上留给大家一个问题：为什么人们会选择用小狗来防盗呢？大家都畅所欲言，小安率先回答因为动物都是有圈地为王的习性，狗一般生活在哪个范围，就会认为那个范围是它的，当陌生人走近时，它会以为有人要侵犯它的领地，所以就会叫，警告那个人此地有主。传统的防盗，如图2-136所示，安全性能较低，很容易就被打开了。“那现在的人用什么来防盗呢？”“智能安防技术”，大家异口同声。

图2-136　情景故事

学习目标

1）能够辨别生活中有哪些防盗报警系统。

2）明确防盗报警的概念，学会如何应用防盗报警系统。

2.4.1　从电影《偷天换日》来看防盗报警——关键技术：红外探测

知识储备

关键词：红外探测器

今天为大家介绍红外线防盗报警器的一些概念。大家都知道在电影《偷天换日》或其他电影、电视剧中常可以看到这样的场景，如图2-137所示。神偷在偷取宝物时，总会有一个把风的在外面用计算机监测着。计算机屏幕上面显示着神偷周围有一根根红线，如果神偷不小心

“触”到了这根红线，那么红外线防盗报警器就会响。

图2-137　电影《偷天换日》中展示的红外线探测技术

红外线防盗报警器分主动式和被动式两种。主动式红外线防盗报警器是报警器主动发出红外线，红外线遇到障碍物就会反射回来，被报警器的探头接收。

如果探头监测到红外线是连续的，也就是不断发出红外线又不会反射，那么报警器就不会报警。当有会动的物体阻挡了这根看不见的“红线”的时候，探头检测到有异常就会报警，如图2-138所示。

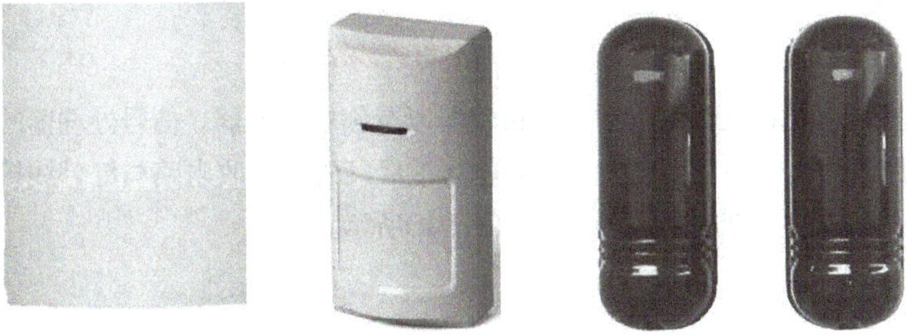

图2-138　各类红外线探测器

被动式红外线防盗报警器少了一项功能，就是发射红外线。当物体的温度高于绝对0度的时候就会发出红外线，换句话说任何物体都能发出红外线。被动式红外线防盗报警器和主动式红外线防盗报警器的原理是一样的。

小知识

红外线探测器（Infrared Detector）是将入射的红外辐射信号转变成电信号输出的器件。红外辐射是波长介于可见光与微波之间的电磁波，人眼察觉不到。要察觉这种辐射的存在并测量其强弱，必须把它转变成可以察觉和测量的其他物理量。一般来说，红外辐射照射物体所引起的任何效应，只要效果可以测量而且足够灵敏，均可用来度量红外辐射的强弱。现代红外线探测器所利用的主要是红外热效应和光电效应。

红外线报警器对温度敏感，温度越高的物体辐射出的红外线越强，当感应到环境中存在高出背景强度的辐射时，就触发报警。

1. 红外线探测器的产品结构

一个红外线探测器至少有一个对红外辐射产生敏感效应的物体，称为响应元，也叫电红外传感器，还有可以让红外线透过并划分区域的介质也叫菲涅尔透镜。此外，还包括响应元的支架、密封外壳。有时还包括制冷部件、光学部件和电子部件等。

2. 红外线探测器的作用原理

无线红外线探测器是采用国际先进的数字处理技术开发而成的智能型双元式探测器，它主要采用双元被动红外热释电传感器和特殊的光辑分析判断，带微计算机数字信号处理，完善的温度补偿，独有的防误报算法，低功耗，性能稳定，抗干扰性强，是一种高性价比的无线红外线防盗探测器，如图2-139所示。

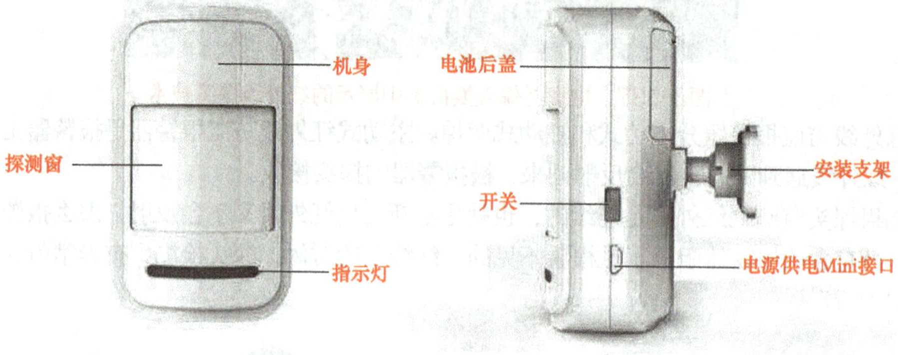

图2-139　无线红外线探测器

该红外线探测器包括红外线发射器、接收器以及信号处理器。信号处理器的信号输出端经红外线发射电路与红外线发射器连接；信号输入端经红外线接收电路与红外线接收器连接，其反馈信号输出端与外围控制电路连接，如图2-140所示。

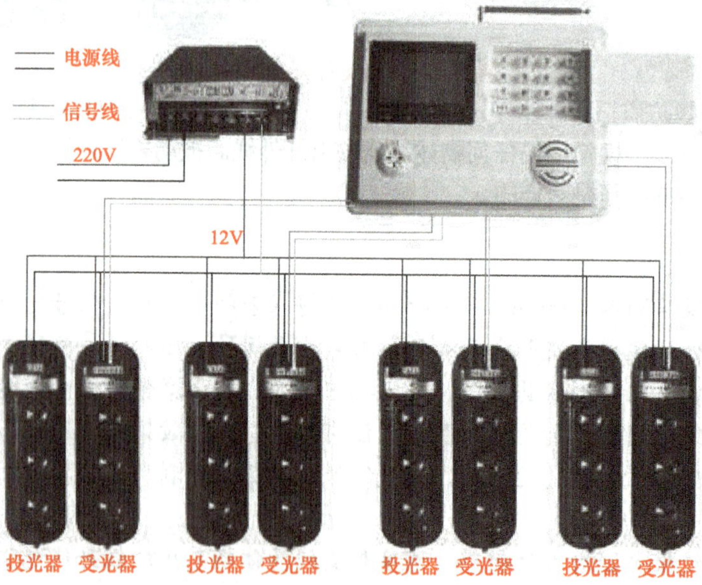

图2-140　红外线防盗报警器

3．红外线探测器的产品特点

不同种类的物体发射出的红外光波段是有其特定波段的，该波段的红外光处在可见光波段之外。因此人们可以利用这种特定波段的红外光来实现对物体目标的探测与跟踪。将不可见的红外辐射光探测出并将其转换为可测量的信号的技术就是红外探测技术应用。红外探测有如下几个优点：环境适应性优于可见光，尤其是在夜间和恶劣天气下的工作能力。隐蔽性好，一般都是被动接收目标的信号，比雷达和激光探测安全且保密性强，不易被干扰。由于是对目标和背景之间的温差和发射率差形成的红外辐射特性进行探测，因而识别伪装目标的能力优于可见光。与雷达系统相比，红外系统的体积小，重量轻，功耗低。探测器的光谱响应从短波扩展到长波，探测器从单元发展到多元、从多元发展到焦平面。发展了种类繁多的探测器和系统，从单波段探测向多波段探测发展，从制冷型探测器发展到室温探测器。红外线防盗报警器安装示意图，如图2-141所示。

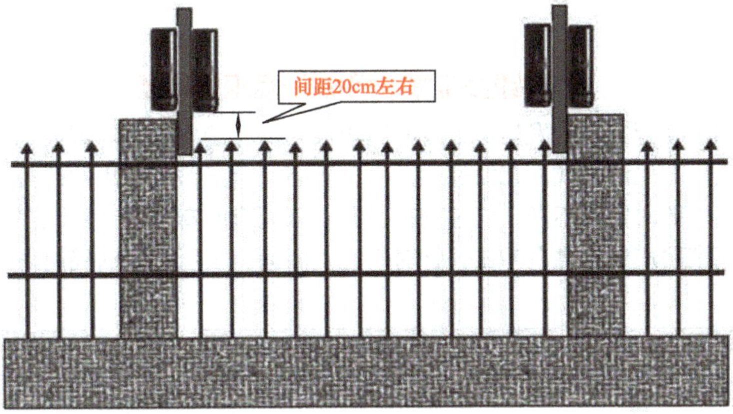

图2-141　红外线防盗报警器安装示意图

心得体会

典型案例

上官同学，2011级学生。第一批智能楼宇班学生，是家里的小帮手，在家里安装了很多防盗报警系统，让身边的人非常羡慕。2014年6月上官同学与同学组队代表我市参加全国职业院校技能大赛物联网应用技术赛项，获得二等奖。

上官同学："因为对红外线探测器安装有很大兴趣，了解了很多技术规范，这里就结合训练和家里安装的实际情况聊一聊被动式红外线探测器的安装注意事项。"

红外线探测器是一种信号微弱的探测设备，安装时的注意事项和方法相对应的也比较多。那么，如何才能正确地安装好被动式红外线探测器呢？

在此大致归纳了以下4点：

1）严格按照说明书来确定正确的安装角度和安装高度，否则会影响报警器的灵敏度和防宠物的效果。例如，一个报警探测器装在室内2m高度的位置和2.5m高度的位置，那么它对物体移动所切割的明区和暗区的频率是不一样的。要充分利用万向调节支架调节角度，由远到近做移动物体横切红外线，确定报警探测器的角度。

2）报警探测器不能面对玻璃门窗，如果正对的是玻璃门窗，就会出现两个问题：第一，门窗外移动的人群和车辆等因素带来干扰；第二，玻璃门窗反射后干扰白光，红外线对于白光具有非常强的抑制功能。

3）不能正对冷热通风口或冷热源（如空调出风口、暖气片等）。报警红外线探测器感应的是温度的变化，比较接近人体体温，如果正对安装在冷热通风口和冷热源都有可能引起报警器的误报。

4）不能正对易摆动的物体。摆动的物体容易引起报警探测器起作用造成误报（如窗帘、门帘等）。因此，一定要尽量避开易摆动的物体，降低报警器的误报率。

生活案例

智能家居彻底引爆防盗报警市场

近几年，随着智能家居的发展，家庭安防也成为新的消费热点。家庭安防不仅是一种产品，更是一种全新的生活方式。在家庭生活中，防盗安全是首要考虑的任务，虽然家庭防盗系统真正派上用场的时候并不多，但它的存在像一张无形的安全网，默默守护。近年来，随着互联网和智能家居产业的融合冲击，针对家庭、商铺、工厂企业的民用防盗报警市场也正在崛起。

防盗报警器作为一种主动防御工具，能避免很多事故发生，例如，撬门窗入室、火灾、燃气泄漏、一氧化碳中毒等，为人们的生命财产和家居环境保驾护航，给人们带来安全保障，如图2-142所示。

图2-142　防盗报警探测技术的融合和创新

思考拓展

列举生活中遇到的红外线探测器的运用案例。

上官同学家住在一个十年前建造的小区，安防系统比较落后。近期小区里发生了几起入室盗窃案件，让小区里的居民都很担心。上官同学因为是智能楼宇班的学生，自己对智能安防系统十分感兴趣，于是在家里安装了被动式红外探测器防盗报警系统进行安全防范。一天上官同学的父亲像往常一样上班，突然手机收到防盗报警系统的警报。上官同学的父亲在第一时间通知保安前往查看并赶回家中，成功将入室盗窃的犯案人员抓获。上官同学装的被动式红外探测器防盗报警系统立了大功。

2.4.2 还有哪些传感设备——解读其他常用防盗报警传感器的工作原理

知识储备

关键词：防盗报警传感器

防盗报警传感器是用物理方法或电子技术，自动感应发生在布防感应器区域内的侵入行为，产生报警信号，并提示值班人员发生报警的区域部位，显示可能采取的对策。

防盗报警传感器有多种，常见的除了红外式的外，还有感应式的、振动式的和玻璃破碎式的。

小知识

传感器是能感受规定的被测量并按照一定的规律转换成可用输出信号的器件或装置。传感器有许多种，在先进测量技术这门课中提到了许多传感器，在现代工业生产尤其是自动化生产过程中，要用各种传感器来监视和控制生产过程中的各个参数，使设备工作在正常状态或最佳状态，并使产品达到最好的质量。因此，可以说没有众多优良的传感器，现代化生产也就失去了基础。许多基础科学研究的障碍，首先就在于对象信息的获取存在困难，而一些新机理和高灵敏度的检测传感器的出现，往往会导致该领域内的突破。

1. 感应式防盗报警传感器

超市商品一般都设有两种防盗装置：一种是小型电子标签，俗称“软标”；另一种是扣针式的带磁装置，俗称“硬标”，它们都是利用磁性感应原理来防盗的。超市门口的报警装置又称“防损门”，里面装有磁性感应器。如果商品没有经过消磁而通过防损门则会报警。顾客挑选完商品在收银台付款后，收银员就会对带“软标”和“硬标”的商品进行消磁或取扣，如果是“软标”则在收银台面的消磁器上进行消磁，如果是“硬标”则会用一种专用工具将“硬标”与商品解开。这样顾客所购买的商品就可以安全地通过“防损门”了。

检测器一般由发射器和接收器两个部分组成。其基本原理是利用发射天线将一个扫描带发射出去，在发射天线和接收天线之间形成一个扫描区，而在其接收范围内利用接收天线将这个频带接收还原，再利用电磁波的共振原理来搜寻特定范围内是否有有效标签，当该区域内出现有效标签时即触发报警，如图2-143所示。

图2-143　超市防盗磁感应门

电子标签内部是一个LC振荡回路，以特殊方式安装在商品上，只有经过专用解码器、开锁器才能将其解除。市场上出现的电子标签有软标签、硬标签、酒瓶保护器、奶粉防盗标签、CD/磁带保护盒等，如图2-144所示。

图2-144　超市防盗标签、磁扣

解码器是使软标签失效的装置。市面上常用的是非接触式解码器，只要营业员将标签放在解码器上方20cm以内便可解码。解码器可配合POS激光收银平台使用。开锁器是快速、方便、简单地将各种硬标签取下的装置，如图2-145所示。

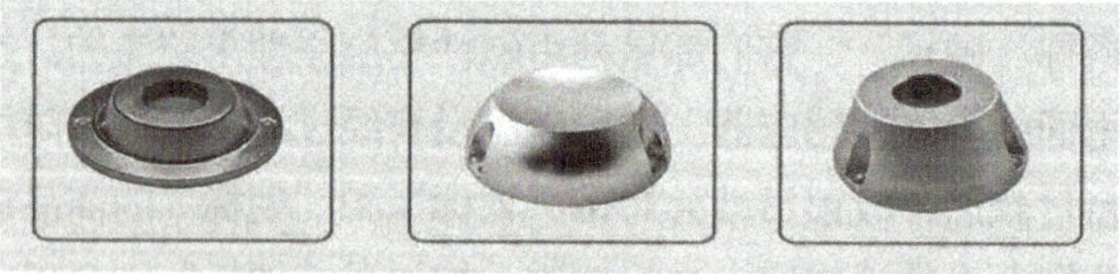
图2-145　超市防盗磁扣开锁器

2. 振动式防盗报警传感器

振动探测器是以探测入侵者的走动或进行各种破坏活动时所产生的振动信号来作为报警依据的，例如，入侵者在进行凿墙、钻洞、破坏门、窗、撬保险柜等破坏活动时，都会引起这些物体的振动，以这些振动信号来触发报警的探测器就称为振动探测器，如图2-146所示。

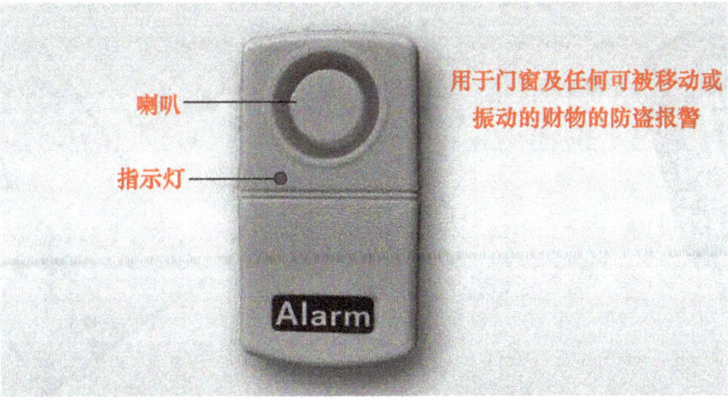

图2-146　振动式防盗报警器

汽车报警器是一种常见的振动式防盗报警器。如果有人击打、撞击或移动汽车，传感器就会向控制器发送信号，指示振动强度。根据振动的强度，控制器会发出表示警告的声音或者全面拉响警报，以此来震慑偷盗者，并提示通知车主，如图2-147所示。

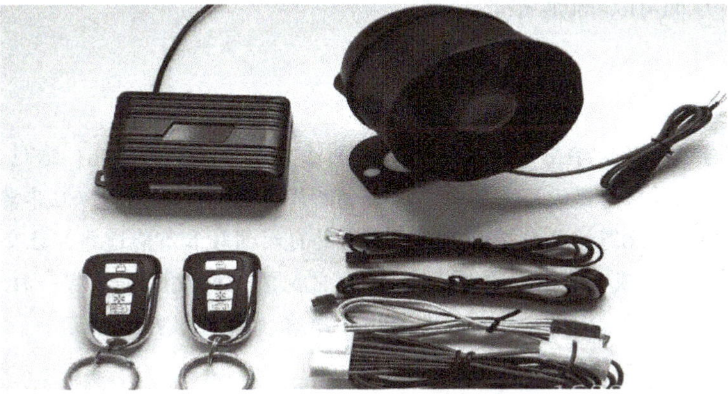

图2-147　汽车防盗报警器

当有人敲击或晃动汽车使传感器振动时，小球就会在缸室内滚动。当它滚离一个较小的二级电接触元件时，这个二级电接触元件与中央电接触元件所形成的回路就会断开。这时，开关就会打开，提示控制器小球发生了位移。当小球继续滚动经过其他二级电接触元件时，电路会不断闭合又断开，直到小球最终停止滚动。如果传感器受到的振动加剧，小球滚动的距离就更长，在停止滚动前，将经过更多的二级电接触元件。如果发生这种情况，控制器将接收到所有单独电路的短时脉冲电流。控制器可以根据接收到的脉冲电流量及持续时间来测量振动强度。如果有人撞到车上引起较大位移，车辆可能发出警报信号：喇叭响一下或大灯闪一下。如果小球滚动距离较长，控制器就会全面拉响警报。

3. 玻璃破碎式防盗报警传感器

玻璃破碎探测器是专门用来探测玻璃破碎情况的探测器。当犯罪分子打碎玻璃试图入侵作案时，即可发出报警信号。

玻璃破碎探测器其实属于次声波—玻璃破碎高频声响双技术探测器，因此它也是一种双鉴探测器，此种类型的探测器比普通的声控型单技术玻璃破碎探测器或声控—振动型双技术玻璃破碎探测器的性能有了进一步的提高，是目前较好的一种玻璃破碎探测器，如图2-148所示。

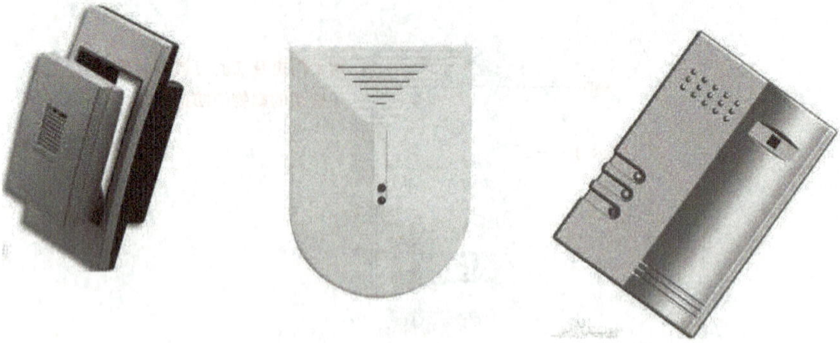

图2-148 玻璃破碎防盗报警器

探测玻璃破碎高频声响的原理：玻璃破碎时发出的响亮刺耳的声音频率处于大约10～15kHz的高频段范围内，将带通放大器的带宽选在10～15kHz的范围内，就可将玻璃破碎时产生的高频声音信号取出，从而触发报警。但对人的脚步声、说话声、雷雨声等却具有较强的抑制作用，从而可以降低误报率。

心得体会

典型案例

孙同学，2015级学生，物联网班，特别注重对传感器的研究，通过使用Arduino自己也组装过很多传感器设备，其中参加省创新设计比赛获二等奖，他非常喜欢研究新技术，其参加创新比赛的题目是：布满传感器的自动驾驶和智能道路，让交通不堵塞。

孙同学："我非常喜欢传感器，因为它就像人的皮肤等感官一样能够感知外界很多信息，这里就分享我比较喜欢的一些内容，现在很热的话题——自动驾驶。"智能道路场景，如图2-149所示。

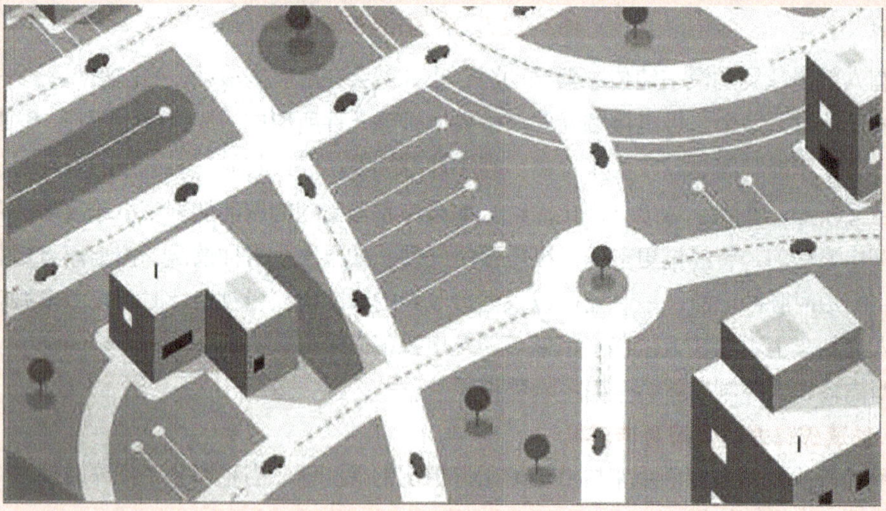

图2-149 智能道路场景

布满传感器的自动驾驶汽车开启全新的共乘模式，配合智能交通管制系统，将彻底改变城市的运输形态，成为没有红绿灯与不需要停车位的快乐天地。

生活案例

截至2016年8月，Alphabet自动驾驶汽车团队有近60辆汽车在美国4个州的公路上进行测试，以获得在现实世界行驶的经验，如图2-150所示。

谷歌认为，其自动驾驶汽车在城市行驶的经验要远比在公路上重要，提供了学习如何通过建筑工地、识别自行车用户手势和为警车让行的机会。谷歌自动驾驶汽车还收集了大量详细数据。

谷歌自动驾驶汽车项目软件负责人德米特里·多尔戈夫（Dmitri Dolgov）在一次采访中说“对无人驾驶汽车进行测试的目的不是积累行驶里程和时间，而是它们与周围世界‘互动’的次数以及‘互动’的多样性和复杂性。”智能汽车道路运行模式，如图2-151所示。谷歌无人驾驶汽车测试里程由100万英里（约161万km）增加到200万英里历时一年多。在这期间，自动驾驶汽车领域发生了巨变，表明运输行业即将迎来一个新时代。

图2-150　智能汽车路试场景

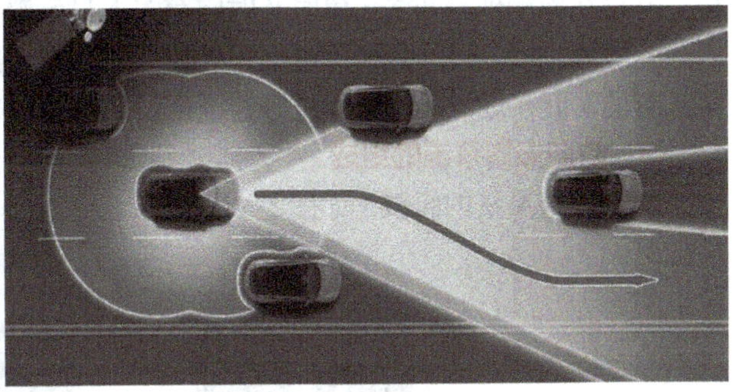

图2-151　智能汽车道路运行模式

思考拓展

购置一套Arduino套装，全面掌握传感器技术的应用。

① 先购买Arduino套件，做完基础例子，熟悉语法。②Arduino IDE里面的例程有条件也都可以做，熟悉各类扩展的库。③开始做一些复杂的项目，例如，Arduino小车。④最后根据自己的兴趣做想做的项目。

2.4.3　核心主机速记、软件编程少不了——防盗报警系统连接测试

知识储备

关键词：防盗报警系统

小知识

防盗报警系统的设备一般分为：前端探测器和报警控制器。前端探测器有：红外探测器、感应探测器、振动探测器、玻璃破碎探测器、紧急呼救按钮等。报警控制器是一台主机（如计算机的主机一样），用来控制包括有线/无线信号的处理、系

统本身故障的检测、电源部分、信号输入/输出、内置拨号器等几个方面。一个防盗报警系统中报警控制器是必不可少的。

1. 防盗报警的种类

① 电话报警器；
② 红外线报警器；
③ 声光报警器；
④ 监控摄像机；
⑤ 红外探测器；
⑥ 门磁窗磁探测器；
⑦ 变压器防盗报警器；
⑧ 彩信报警器；
⑨ 移动侦测报警器；
⑩ 烟感报警器；
⑪ 指纹报警器；
⑫ 3G防盗报警器。

2. 防盗报警系统的作用

防盗报警系统是指当有人非法侵入防范区时引起报警的装置，它是用来发出危险情况信号的。防盗报警系统就是用探测器对建筑内外重要地点和区域进行布防。它可以及时探测非法入侵，并且在探测到有非法入侵时及时向有关人员示警。例如，门磁开关、玻璃破碎报警器等可有效探测外来的入侵，红外探测器可感知人员在楼内的活动等。一旦发生入侵行为，能及时记录入侵的时间、地点，同时通过报警设备发出报警信号。

3. 防盗报警系统的组成

防盗报警系统的组成，如图2-152所示。

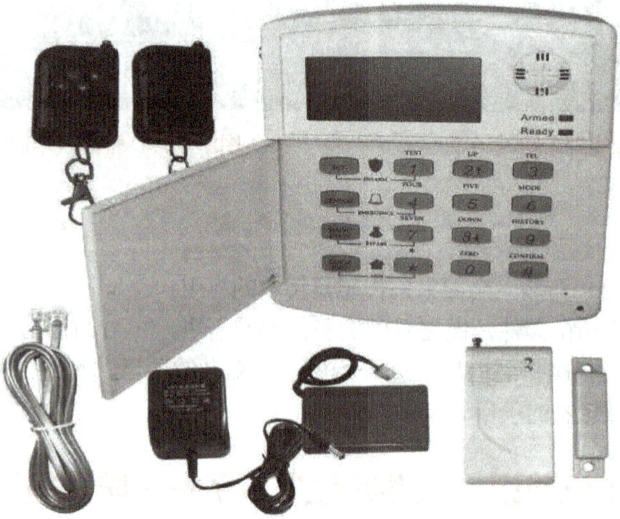

图2-152　防盗报警系统

（1）周界防范报警系统。第一道安全防线：由周界防范报警系统构成，以防范翻围墙和周边进入社区的非法入侵者。采用感应线缆或主动红外线对射器。

（2）社区监控系统。第二道安全防线：由社区监控系统构成，对出入社区和主要通道上的车辆、人员及重点设施进行监控管理。配合小区报警系统和周界防护系统对现场情况进行监控记录，提高报警响应效率。

（3）巡逻管理系统。第三道安全防线：由保安巡逻管理系统构成，通过住宅区保安人员对住宅区内的可疑人员、事件进行监管。配合电子巡更系统，确保保安人员的巡逻到位，实现对小区物业的严格管理。

（4）可视对讲系统。第四道安全防线：由联网型楼寓可视对讲系统构成，可将闲杂人员拒之楼梯口外，防止外来人员四处游窜。

（5）家庭防盗报警系统。第五道安全防线：由家庭防盗报警系统构成，这也是整个安全防范系统最重要的一环，也是最后一个环节。当有窃贼非法入侵住户家或发生（如煤气泄漏、火灾、老人急病等）紧急事件时，通过安装在户内的各种电子探测器自动报警，接警中心将在数十秒内获得警情消息，为此迅速派出保安或救护人员赶往住户现场进行处理。

作为小区安全防范系统的最后一道也是最重要的一道防线，家庭防盗报警系统是利用全自动防盗电子设备，在无人值守的地方，通过电子红外探测技术及各类磁控开关判断非法入侵行为或燃气泄漏，通过控制箱喇叭或警灯现场报警，同时将警情通过共用电话网传输到报警中心或业主本人。同时，在家中有人发生紧急情况时，也可通过各种有线、无线紧急按钮或键盘向小区联网中心和业主发送紧急求救信息。

防盗报警主机判断接收各种探测器传来的报警信号，接收到报警信号后即可以按预先设定的报警方式报警。例如，启动声光报警器、自动拨叫设定好的多组报警电话，若与小区报警中心联网即可以将信号传送至小区报警中心。报警主机配有遥控器，可以对主机进行远距离控制。

红外线防盗探测器采用微计算机数字信号技术、高稳定度探测器件创新设计而成，具有温度补偿、抗强白光、防电磁干扰，并消除多种误报的因素。当闯入者穿过红外线探测器时，红外线探测器即向报警主机发出信号，报警主机随即报警，如图2-153所示。

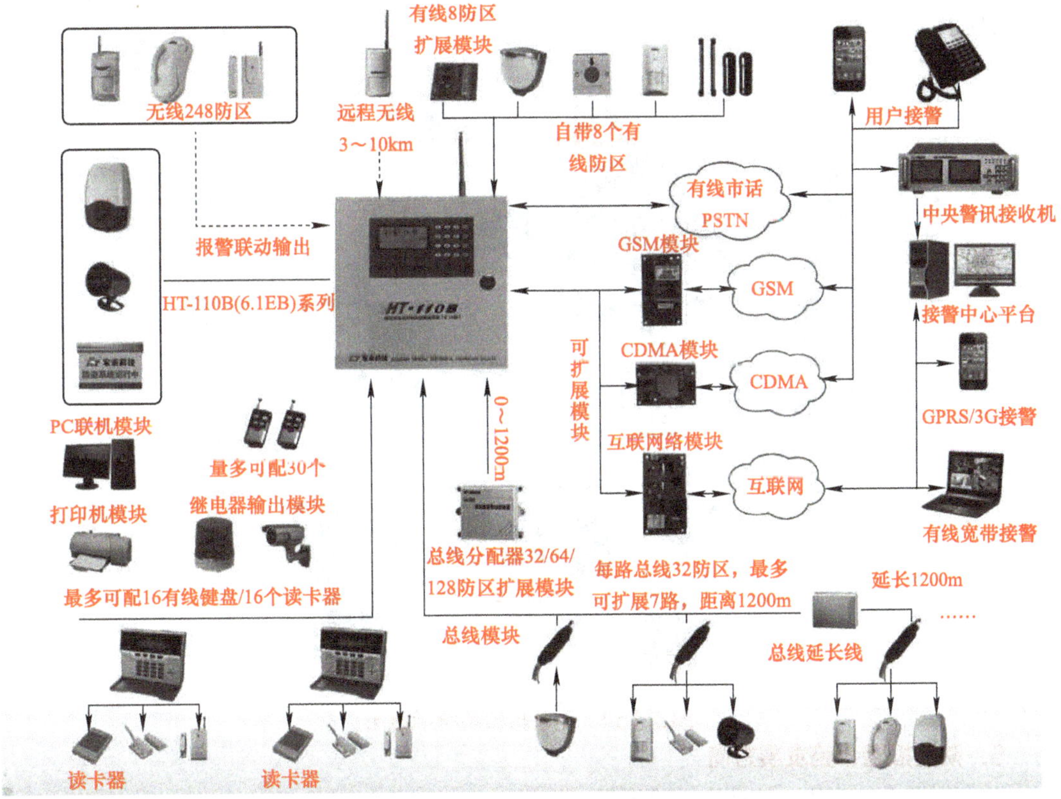

图2-153　防盗报警系统组成

4. 防盗报警系统发展历史

第一代防盗报警器是开关式报警器，它防止破门而入的盗窃行为，这种报警器安装在门窗上。

第二代防盗报警器是安装在室内的玻璃破碎报警器和振动式报警器。

第三代防盗报警器是空间移动报警器（如超声波、微波、被动红外报警器等），这类报警器的特点是：只要所警戒的空间有人移动就会引起报警。这些防盗报警系统在报警探测器方面有了较快的发展。

5. 防盗报警系统应用现状

使用产品更稳定可靠，如提升产品抗破坏、抗雷击浪涌、抗干扰等性能。增加更多的功能，方便安装调试与使用，如探测器可调频率、可设置探测区域、可防遮挡、防破坏、探测器与主机无线连接等。

方便安装与调试，探测器与主机之间使用无线连接，简化安装施工工作量，适应各种家庭用户需求。朝更智能化的方向发展，如增加区域管理、语音提醒、生物识别技术布撤防、报警自动发彩信图片、远程控制等技术。

更多的联网方式，如由以前单一的电话组网扩展到可以IP网络联网、无线化的GSM/GPRS联网、VPN专线联网等。通过网络加密技术可以保障数据更加安全，并可以通过有线与无线互相之间的主从备份功能使警情传送更快、更可靠。

更强大的集成与扩展性，多种报警内容的命令输出，联动其他设备如视频监控、门禁等实现各系统之间的协调统一，使得报警安防更自动化、智能化，安全防范进一步得到提高，如图2-154所示。

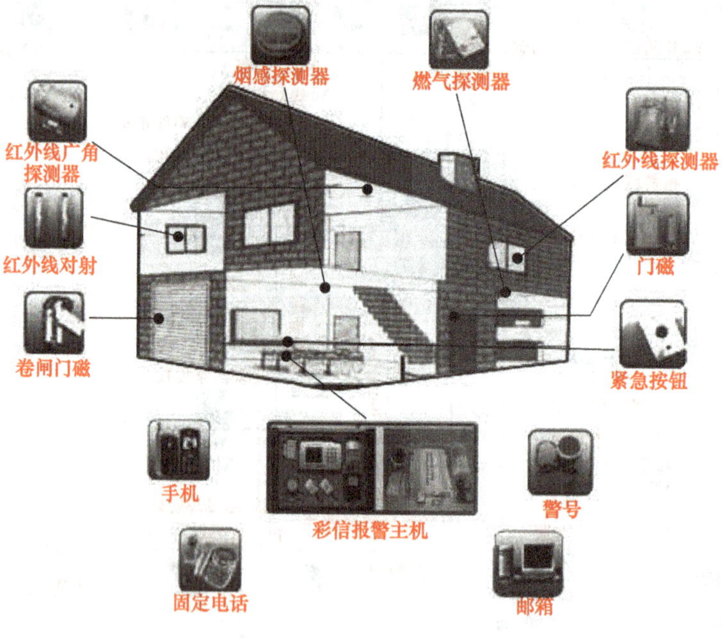

图2-154　防盗报警系统示意图

6. 防盗报警系统发展方向

防盗报警系统应用，如图2-155所示。

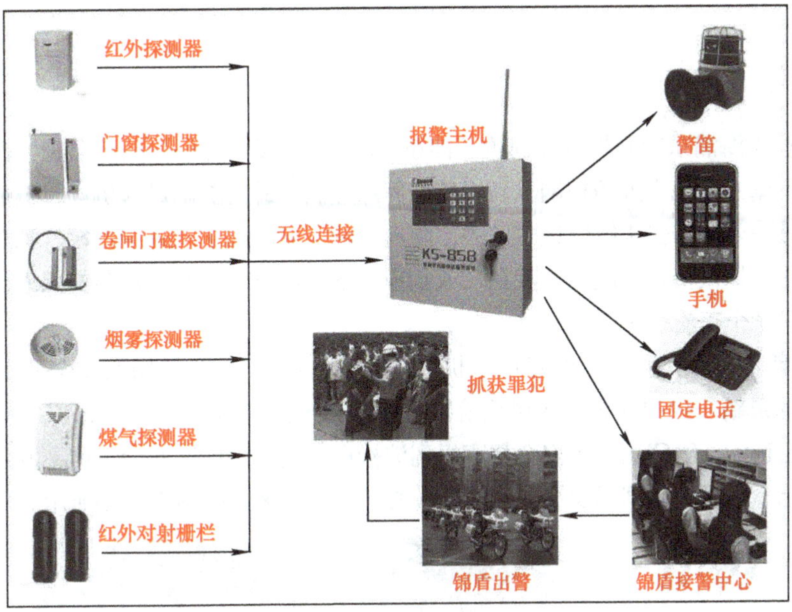

图2-155　防盗报警系统应用

1）报警系统设备的厂家要提高设备易用性：简化到像日常家电一样容易使用，用户只要设置此探测器的位置，程序便设置好对应的专业编程设置。

2）增加语音导航功能，可以不用看屏也能知道如何设置和使用系统，方便各类人群操作使用。提高系统设计与施工安装人员的专业水平：杜绝因产品设计、选型的不适与设备安装位置不正确而造成系统不正常运行。

3）提高产品的售后服务水平，例如，集中组织用户的使用培训。让用户了解防盗报警系统的一些原理，减少因使用不当造成的误报。

对于防盗报警系统还有一种自动安装技术可以迅速提高布置报警系统的能力，可以大大节省工程商的时间和调试难度，并且系统中的所有键盘都可以通过总线方式连接到控制器上，节省了布线的成本、大大提高了控制器间的距离。

因此，这种新型的防盗报警系统更加引人注目。如果防盗报警系统发生故障，则可以通过检测来确定故障发生的诱因从而大大提高工作人员的效率。

心得体会

典型案例

陈同学，2015级学生。在训练中陈同学绝对是队内对防盗报警系统最擅长的同学，曾在校技能节智能楼宇项目中防盗报警系统安装第一名。2018年6月陈同学组队代表我市参加全国职业院校技能大赛智能楼宇（安防布线）赛项，获得二等奖。

陈同学：“随着现在生活的日益智能化，防盗和监控系统也日趋成熟，大大小小的街巷都开始安装了防盗报警系统。防盗报警系统可以对布防区域的周边、空间、环境及人进行整体防护。”

生活案例

某日，在上海浦东国际机场（简称“浦东机场”）某段围界外，两名全副“武装”的“飞行爱好者”鬼鬼祟祟地走近防护网，商量着如何翻越高高的防护网进入机场，但他们还未靠近防护网，就被一阵阵警告声给吓退了回去。随后，两人又尝试了从外围挖掘、翻越旁边的防护墙等各种方法，均被警告声制止，就在二人犹豫着下一步行动之时，几名安保人员突然出现，将他们“擒”了个正着……

上述场景并非真实发生，而是浦东机场向来自全国20多个机场的安全技术人员演示其新投入使用的最新一代的围界防入侵系统。也就在当天，中国民用航空局（Civil Aviation Administration of China）安全督察组到沪检查民航华东地区安全工作，发生在浦东郊外的这一幕展示了我国机场围界安全在“技防”方面的新突破，如图2-156所示。

图2-156 机场

2.5 消防报警设备——以楼宇智能安防布线实训系统为例

情景故事

休息日小安去逛街，看见店铺的顶上都装了盒子，有些店铺上面都有钢管暴露出来。他十分不解，回到学校后就向朱老师请教：“朱老师，为什么商场的房顶上都装有一个盒子而且还有管路铺设？”朱老师面对满脸好奇心的小安微笑着说：“你知道消防吗，消防要以‘防’为主，以‘消’为补救措施，那些商店上面安装的就是预防火灾的消防报警设备，这节课我给你仔细讲讲什么是消防报警系统。”

第1篇 第2篇 第3篇 第4篇 第5篇

学习目标

1）能够辨别生活中有哪些消防报警系统。

2）明确消防报警系统的概念，提高学生对本专业的认可度。

2.5.1 触目惊心的火灾——初识消防报警系统

如图2-157所示的火灾救援动画，消防员在保护人们的生命财产安全。如何提升消防安全呢，让我们一起了解消防报警系统。

图2-157 火灾救援

知识储备

关键词：消防报警系统

小知识

消防报警系统又称火灾自动报警系统，是由触发装置、火灾报警装置、联动输出装置以及具有其他辅助功能的装置组成的，它具有能在火灾初期将燃烧产生的烟雾、热量、火焰等通过火灾探测器变成电信号，传输到火灾报警控制器，并显示出火灾发生的部位、时间等，使人们能够及时发现火灾，及时采取有效措施，扑灭初期火灾，最大限度地减少因火灾造成的生命和财产损失，是人们同火灾做斗争的有力工具。

1. 消防报警系统简介

消防报警系统又称火灾报警系统、消防自动报警系统。由火灾报警主机、火灾特征或火灾早期特征传感器、人工火灾报警设备、输出控制设备组成。

传感器完成对火灾特征或火灾早期特征的探测，并将相关信号传送到火灾报警主机。报警主机完成对信号的显示、记录，并完成相应的输出控制。

火灾自动报警系统是人们为了早期发现、通报火灾并及时采取有效措施控制和扑灭火灾而设置在建筑物中或其他场所的一种自动消防设施，是人们同火灾做斗争的有力工具。

行业知名品牌：霍尼韦尔、西门子、云安（上海松江）、海湾、利达、能美、安舍、泛海三江、北大青鸟、依爱。

2. 消防报警系统组成

消防报警系统是由触发器件、火灾警报装置以及具有其他辅助功能的装置组成的火灾报警系统，如图2-158所示。一般火灾自动报警系统和自动喷水灭火系统、室内消火栓系统、防排烟系统、通风系统、空调系统、防火门、防火卷帘、挡烟垂壁等相关设备联动，自动或手动发出指令、启动相应的装置。

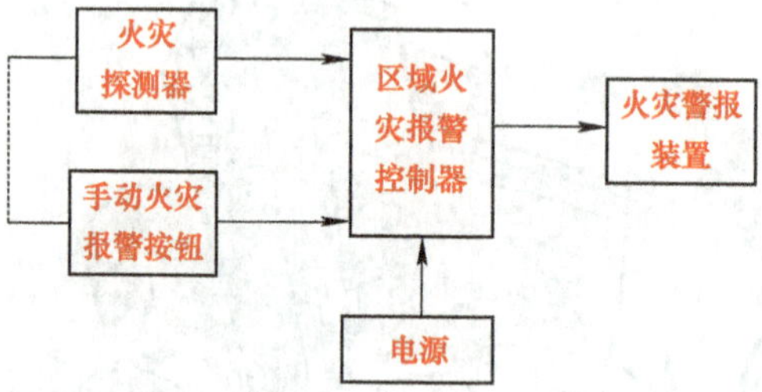

图2-158 消防报警系统组成

1）触发器件。在火灾自动报警系统中，自动或手动产生火灾报警信号的器件称为触发件，主要包括火灾探测器和手动火灾报警按钮。火灾探测器是能对火灾参数（如烟、温度、火焰辐射、气体浓度等）响应并自动产生火灾报警信号的器件。

按响应火灾参数的不同，火灾探测器分成感温火灾探测器、感烟火灾探测器、感光火灾探测器、可燃气体探测器和复合火灾探测器5种基本类型，如图2-159所示。不同类型的火灾探测器适用于不同类型的火灾和不同的场所。手动火灾报警按钮是手动方式产生火灾报警信号、启动火灾自动报警系统的器件，也是火灾自动报警系统中不可缺少的组成部分之一。

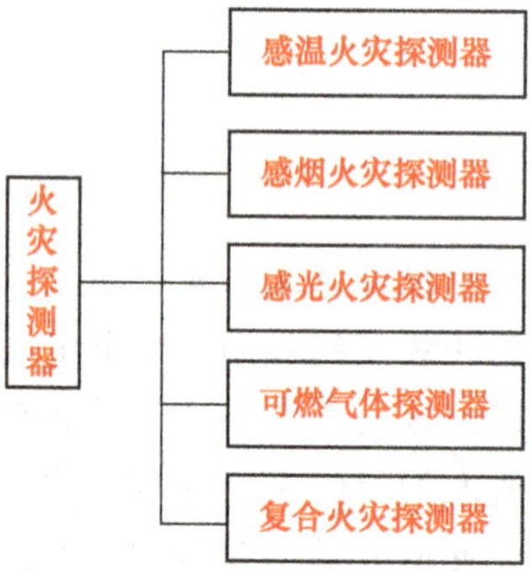

图2-159 火灾探测器类型

2）报警装置。在火灾自动报警系统中，用以接收、显示和传递火灾报警信号，并能发出控制信号和具有其他辅助功能的控制指示设备称为火灾报警装置。

火灾报警控制器就是其中最基本的一种。火灾报警控制器担负着为火灾探测器提供稳定的工作电源，监视探测器及系统自身的工作状态，接收、转换、处理火灾探测器输出的报警信号，进行声光报警，指示报警的具体部位及时间，执行相应的辅助控制等诸多任务。火灾报警控制器是火灾报警系统中的核心组成部分。

在火灾报警装置中，还有一些（如中断器、区域显示器、火灾显示盘等）功能不完整的报警装置，它们可视为火灾报警控制器的演变或补充。在特定条件下应用，与火灾报警控制器同属于火灾报警装置。

火灾报警控制器的基本功能主要有：主电、备电自动转换，备用电源充电，电源故障监测，电源工作状态指示，为探测器回路供电，探测器或系统故障声光报警，火灾声、光报警和火灾报警记忆，时钟单元，火灾报警优先报故障，声响报警音响消音及再次声响报警。

3）警报装置。在火灾自动报警系统中，用来发出区别于环境声、光的火灾警报信号的装置称为火灾警报装置。它以声、光音响方式向报警区域发出火灾警报信号，以警示人们采取安全疏散、灭火救灾措施。

4）控制设备。在火灾自动报警系统中，当接收到火灾报警后，能自动或手动启动相关消防设备并显示其状态的设备称为消防控制设备。它主要包括火灾报警控制器，自动灭火系统的控制装置，室内消火栓系统的控制装置，防烟排烟系统及空调通风系统的控制装置，常开防火门，防火卷帘的控制装置，电梯回降控制装置，以及火灾应急广播、火灾警报装置、消防通信设备、火灾应急照明与疏散指示标志的控制装置等装置中的部分或全部。消防控制设备一般设置在消防控制中心，以便实行集中统一控制。也有的消防控制设备设置在被控消防设备所在现场，但其动作信号必须返回消防控制室，实行集中与分散相结合的控制方式。

5）消防电源。火灾自动报警系统属于消防用电设备，其主电源应当采用消防电源，备用电源采用蓄电池。系统电源除为火灾报警控制器供电外，还为与系统相关的消防控制设备等供电，如图2-160所示。

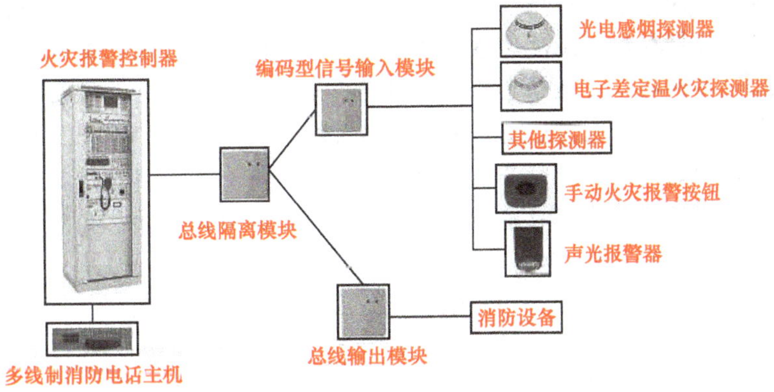

图2-160 消防报警系统

心得体会

典型案例

刘同学，2015级同学。物联网集训队成员，平时比较关注社会时事，自己制作了一个多功能消防报警系统，申报成功国家实用新型专利，2017年6月刘同学与同学组队代表我市参加全国职业院校技能大赛建筑智能化设备安装与运行赛项，获得二等奖。

刘同学："火灾的发生是大家都不希望的，所以消防报警设备及时地探测非常重要，这里就介绍我自己做的一个发明——多功能消防报警系统。"

我的作品提供了一种具有模块化结构的消防报警设备，解决了消防报警装置的处理核心小型化、智能化、数据处理信息化的问题，实时地对消防设备的电源进行监控，通过检测消防设备电源的电流、电压和开关量，判断电源设备是否有断路、短路、过压、欠压、过流以及缺相、错相、过载等故障并报警、记录，从而有效地避免了火灾发生时消防设备无电可用的情况，最大限度地保障了消防联动系统的安全性。其技术方案如下：

一种具有模块化结构的消防报警设备，包括处理器模块和与其相连接的电源模块，电源模块包括与处理器模块分别相连接的交流供电模块、交流转直流模块、UPS电源模块，处理器模块包括电源转换模块、通信接口模块、显示模块和I/O口驱动电路模块，采集火灾信号的输入输出采集模块连接到I/O口驱动电路模块，电源模块设置有交流供电模块和UPS电源模块的切换模块，所述切换模块和通信接口模块相连接。

处理器模块和交流供电模块之间设置有电源监控传感器。电源监控传感器包括电源状态监控器、电压传感器、电流传感器，用于检测连接到消防设备电源的电压/电流和开关量状态。通信接口模块包括网口、CAN接口、USB接口、数据串口。交流转直流模块为AC 220V转DC 24V的转换模块。交流转直流模块和处理器模块直接连接，为处理器模块供电。交流供电模块和UPS电源模块都连接到消防装置，为消防装置提供电能。通信接口模块外部设置有接口保护电路模块。I/O口驱动电路模块还连接控制阀，包括排烟阀、送风阀、防火阀。输入输出采集模块包括烟雾传感模块、声光报警模块、温度传感模块。通信接口还设置有无线发送装置，用于在出现问题通过有线接口发送信息的一定时间内没有回应时启动，将处理器模块检测到的不正常供电信息发送到无线接收装置，无线发送装置包括Wi-Fi、SMS短信。

作品提供的消防报警设备采用模块化设计，有利于产品的开发，可以不同的人同时开发不同的模块，可对不同模块分开测试。模块化设计也有利于产品的组装及售后维护，如图2-161所示。

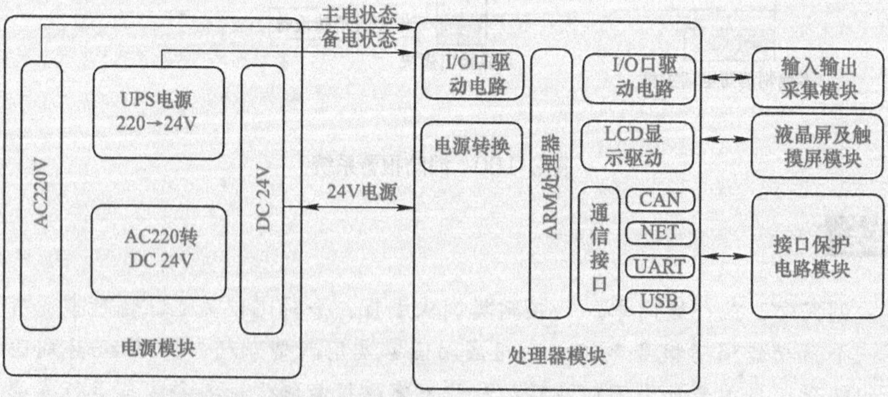

图2-161 具有模块化结构的消防报警设备结构示意图

生活案例

随着社会的不断进步、城市规模的扩大、人口密度的增加，消防安全变得越来越重要。近年来，我国发生了很多重大火灾，主要集中在人员密集场所、仓储物流及高大建筑物内，造成了极大的人员和经济损失，社会影响也越来越大。火灾发生的主要原因之一就是现有的建筑消防设施不够完善，老化，维护更新不及时。针对这种情况，公安部天津消防研究所和国家消防工程技术研究中心组织有关专家共同研发了一款“火眼”视频图像火灾探测软件（以下简称“火眼”探测软件）。它利用各种建筑内已普遍安装的视频监控系统，通过计算机图像识别技术，识别监控区域内可能出现的火焰和烟雾。该系统可在相应场所单独使用，如图2-162所示，也能在传统火灾报警系统发生损坏或维修时作为其有效的补充手段。“火眼”探测软件具备探测速度快、火灾定位准确等多个特点，与传统火灾报警系统同时使用，可以最大限度地减少火灾造成的损失，做到早发现早预警。

图2-162　火灾设备场景

思考拓展

学会一套基本的消防报警系统的原理，了解火警探测器编码器的功能及使用方法。

2.5.2　一箱在手，火灾全走——消防报警主机简介

知识储备

关键词：消防报警主机

小知识

消防报警主机即火灾报警控制器，是火灾自动报警系统的心脏，可实现集中控制，可向探测器供电，具有用来接收火灾信号并启动火灾报警装置、能通过火警发送装置启动火灾报警信号或通过自动消防灭火控制装置启动自动灭火设备和消防联动控制设备、自动监视系统确保其正确运行和对特定故障给出声、光报警等功能。

1. 消防报警主机简介

火灾报警控制器是火灾自动报警系统的心脏，可实现集中控制，可向探测器供电，并具有下述功能：

1）用来接收火灾信号并启动火灾报警装置。该设备也可用来指示着火部位和记录有关

信息。

2）能通过火警发送装置启动火灾报警信号或通过自动消防灭火控制装置启动自动灭火设备和消防联动控制设备。

3）自动监视系统确保其正确运行和对特定故障给出声、光报警。

选择消防报警主机应考虑这些条件：工作电压、报警电流、使用环境、编码方式、外形尺寸、控制器容量。

2. 消防报警主机种类

火灾报警控制器按监控区域分可分为区域型和集中型两种。区域报警控制器是负责对一个报警区域进行火灾监测的自动工作装置，如图2-163所示。一个报警区域包括很多个探测区域（或称探测部位）。一个探测区域可有一个或几个探测器进行火灾监测，同一个探测区域的若干个探测器是互相并联的，共同占用一个部位编号，同一个探测区域允许并联的探测器数量视产品型号的不同而有所不同，少则五六个，多则二三十个。

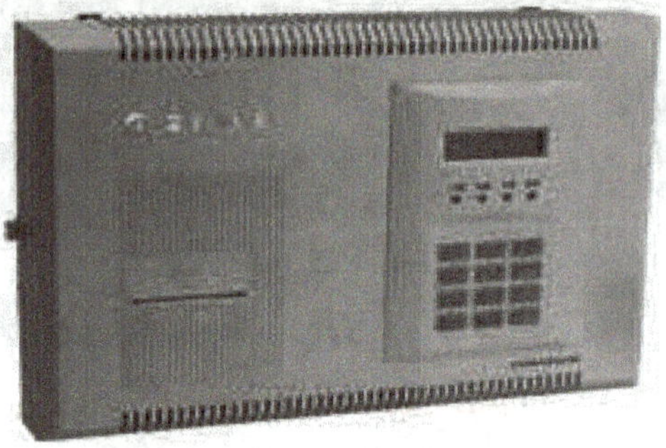

图2-163　消防报警主机

一台区域报警控制器的容量（即其所能监测的部位数）也视产品型号的不同而不同，一般为几十个部位。区域报警控制器平时巡回检测该报警区内各个部位探测器的工作状态，发现火灾信号或故障信号，及时发出声、光警报信号。如果是火灾信号，在声、光报警的同时，有些区域报警控制器还有联动继电器触点动作、启动某些消防设备的功能。这些消防设备有排烟机、防火门、防火卷帘等。如果是故障信号，则只是声、光报警，不联动消防设备。区域报警控制器接收到来自探测器的报警信号后，在本机发出声、光报警的同时，还将报警信号传送给位于消防控制室内的集中报警控制器。自检按钮用于检查各路报警线路故障（短路或开路）发出模拟火灾信号检查探测器功能及线路情况是否完好。当有故障时便发出故障报警信号（只进行声、光报警，而记忆单元和联动单元不动作）。

信号选择单元又称为信号识别单元。火灾信号的电平幅度值高于故障信号的电平幅度值，可以触发导通门级输入管（而低幅度的故障信号不会使输入管导通），使继电器动作，切断故障声、光报警电路，进行火灾声、光报警，时钟停走，记下首次火警时间，同时经过继电器触点，联动其他报警或消防设备。电源输入电压为220V，交流频率为50Hz，内部稳压电源输出24V直流电压供给探测器使用。

现代火灾报警控制器为了减少误报、方便安装与调试、降低安装与维修费用、减少连接线数、及时准确地知道发出报警的火灾探测器的确切位置（部位编号），都普遍采用脉冲编码控制系统，组成少线制的总线结构，由微型电子计算机或单片计算机作为主控核心单元，配以存储器和数字接口器件等。因此，现代报警控制器有较强的抗干扰能力和灵活应变的能力。

这种区域报警控制器不断向各探测部位的编码探测器发送编码脉冲信号。当该信号与某部位的探测器编码相同时，探测器响应，返回信息，判断该部位是否正常。若正常，主机（CPU）继续巡检其他部位的探测器；若不正常，则判断是故障信号还是火警信号，发出对应的声、光报警信号，并且将报警信号传送给集中报警控制器，如图2-164所示。

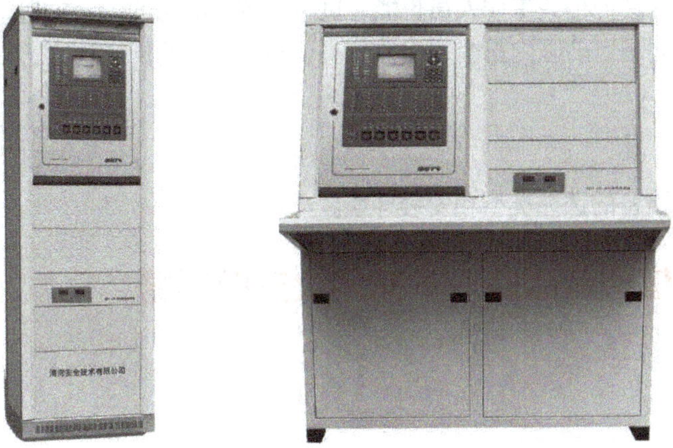

图2-164　消防报警主机

心得体会

典型案例

刘同学，2015级同学，物联网集训队成员，平时比较关注社会时事，自己平时喜欢DIY，制作了一个多功能消防报警设备，成功申报国家实用新型专利，2017年6月刘同学与同学组队代表我市参加全国职业院校技能大赛物联网应用技术赛项，获得二等奖。

刘同学："消防报警主机就相当于人的大脑，接收和反馈各种信息。"

生活案例

在杭州江干区彭埠街道御道家园小区，一套小区智慧消防系统正在试点启用中。通过这套系统，消防安全通道、消防水压等情况都能被监控到，一旦发生变化还能及时发出预警。与智慧消防系统同时启用的还有社区消防工作站。

消防工作站里除了微型消防车、灭火器、手套、消防水带等基本设施工具外，还增加了不少实体体验区域。例如，可以练习打结的结绳自救体验区、可以身临其境模拟火灾现场自救逃生的VR体验区等。

御道社区副主任赵国红介绍，之所以能迅速识别火情，是因为小区里安装了"火眼"探测系统，这套系统又叫火灾探测软件，通过对火灾初期的火光及燃烧烟雾进行图像分析报警，能直观快速通过图像的方式呈现报警区域，方便管理人员和值班室核实火灾情况，最大限度地控制初期火灾。

不过，"火眼"探测系统仅是智慧消防系统的其中一个部分。这个智慧消防系统还包括了消防生命通道监测、无线烟感报警、消防水压检测、燃气检测、电动车智能充电等分系统。例如，消防生命通道监测，通过在御道家园小区内部11幢共18个单元楼道内安装网络智能摄像机，自动采集封闭、堵塞、占用等消防通道异常信息，一旦发现情况，同样也会发出警报。例如，消防水压检测，通过对小区的建筑楼顶最不利点的消火栓、喷淋安装压力传感器、增压泵全实时检测等方式，保障消防末端水压的稳定。

“其实就是利用物联网技术将各个设备的监控检测数据都连接反馈到这个智慧消防平台上，不仅在监控室，其他相关工作人员也能通过下载智慧消防的App实时接收警报信息。”赵国红表示，御道家园是目前国内首个采用消防安全共享平台的街道社区。

思考拓展

简述消防报警设备的选择类型和安装环境。

2.5.3 火灾信息有哪些——常用火灾探测器

知识储备

关键词：火灾探测器

小知识

火灾探测器是消防火灾自动报警系统中对现场进行探查发现火灾的设备。火灾探测器是系统的“感觉器官”，它的作用是监视环境中有没有火灾发生。一旦有了火情，就将火灾的特征物理量，例如，温度、烟雾浓度、气体浓度和辐射光强等转换成电信号，并立即向火灾报警控制器发送报警信号。

1. 火灾探测器概述

火灾探测器是火灾探测系统最重要的组成部分之一，它至少含有一个能连续或以一定频率周期探测物质燃烧过程中所产生的各种物理、化学现象的传感器，并且至少能向控制和指示设备提供一个适合的信号。其基本功能就是对物质燃烧过程中产生的各种气、烟、热、光（火焰）等表征火灾信号的物理、化学量作出有效响应，并转换为计算机可接收的电信号供计算机分析处理。火灾探测器一般由敏感元件传感器、处理单元和判断及指示电路组成，其中敏感元件传感器可以对一个或几个火灾参量起监视作用，作出有效响应，然后经过电子或机械方式进行处理，并转换为电信号。

2. 火灾探测器分类

火灾探测器类型，如图2-165所示。

1）按对现场的信息采集类型分为：感烟探测器、感温探测器、火焰探测器和特殊气体探测器。

2）按设备对现场信息采集的原理分为：离子型探测器、光电型探测器和线性探测器。

3）按设备在现场的安装方式分为：点式探测器、缆式探测器和红外光束探测器。

4）按探测器与控制器的接线方式分为：总线制、多线制。其中总线制又分为编码的和非编码的。而编码的又分为电子编码和拨码开关编码，拨码开关编码的又叫拨码编码，它又分为二进制编码、三进制编码。

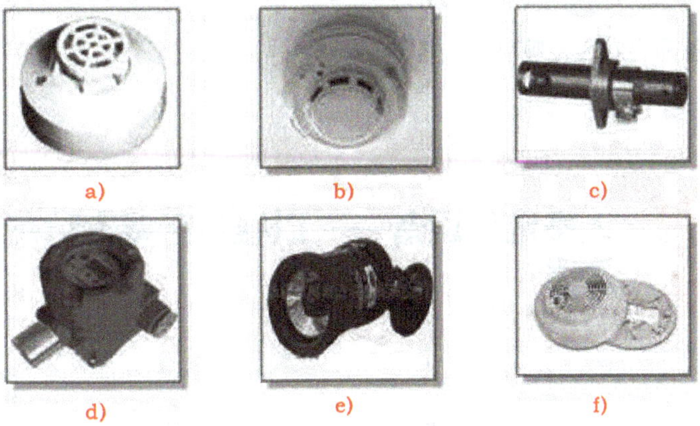

图2-165　火灾探测器类型

a）感温探测器　b）感烟探测器　c）火焰探测器　d）可燃气体探测器

e）感光探测器（红外火焰探测器）　f）光电感烟探测器

心得体会

典型案例

刘同学，2015级同学，曾参与2017、2018年全国职业院校技能大赛，将消防控制技能传授给同学。2019年参加浙江省高职高专创新设计比赛获二等奖。

刘同学：“消防预警很关键。”

生活案例

重庆市渝北区消防支队防火监督人员在开展消防安全监督检查时，发现位于龙溪街道松牌路附近的宾馆火灾自动报警系统瘫痪，存在严重的消防安全隐患，依法采取了临时查封措施。

据介绍，该宾馆实用面积超过1000m^2，共有房间40多个，配备有室内消火栓系统、火灾自动报警系统等消防设施。

当天，监督执法人员在对该宾馆进行消防监督检查时发现，该场所火灾自动报警系统处于瘫痪状态。

针对此隐患，监督执法人员立即进行了临时查封，责令该场所整改。该场所负责人也表示，一定严格按照法律法规整改，争取早日恢复营业。消防宣传图，如图2-166所示。

图2-166　消防宣传图

思考拓展

消防报警设备都会安装在哪些地方?

2.6 人员定位设备——以楼宇智能安防布线实训系统为例

情景故事

午饭过后，朱老师走在回办公室的路上遇到了小安，发现小安好像有什么心事，于是上前问道：“小安同学你怎么了，你是不是有什么问题不明白了？”小安回过神来发现是朱老师，就把自己的疑问告诉了他：“朱老师，我昨天看了一部古装电影，发现里面出现一个打更人，他就像现在的保安一样，但是他巡到哪里了别人都不知道，那怎么知道打更人有没有巡完全部路线呢？”朱老师回答道：“你这个问题问得很好，把老师都给难住了，但我们现在可以防止这种事情发生，这就是巡更系统，我来仔细给你讲讲。”

学习目标

1）熟悉人员定位设备。
2）学会使用巡更系统。

2.6.1 小区保安好服务——走近小区巡更系统

知识储备

关键词：巡更系统

小知识

巡更系统是门禁系统的一个变种，是一种对门禁系统的灵活运用。它主要应用于小区、大厦、厂区、库房和野外设备、管线等有固定巡更作业要求的行业中。它的工作目的是帮助各企业的领导或管理人员利用本系统来对巡更人员和巡更工作记录进行有效地监督和管理，同时系统还可以对一定时期的线路巡更工作情况做详细记录，深受用户的喜爱。

1. 巡更系统发展历程

电子巡更系统不管是作为安防产品还是作为办公产品都是边缘化的产品，但同时又是不可缺失的。大家可能在自己的小区见过，一个保安员手持巡更器在小区里巡视，这是很贴近大家生活的，给人很贴心的感觉。电子巡更产品更多是起到一种监管的作用，监管巡逻人员是否在按要求巡视，严格来说是脱离于安防产品之外的产品。在最近几年，电子巡更设备更是推出了一些生物识别、远距离监控等技术的应用。

传统巡更只能告诉管理者什么人在什么时间去过哪些地方巡查，而巡查信息是否实时地回传，能否马上反映问题等，这些都是设备所需要的。因此，新产品与旧产品主要的区别也在于产品实时性的提高。对于新系统来说，当其脱离于门禁系统工作时，好处是可以做到实时关注巡视人员的位置，读完卡之后信息会马上回到管理中心，管理者会马上看到。而对于传统设备来说，它的安装比较困难，需要布线，而且在传输上也会受到环境以及距离的影响，造成了应用领域相对狭窄。

后来，国内企业和国外企业逐渐地摒弃了布线巡更的方式，采用了离线巡更，可以不受周边环境的影响，因为这是属于移动采集，所以不需要布线。不过，这样的配置也同样具有缺陷：即无法完成在线巡更的实时性，离线巡更时必须巡更人员巡更结束之后回来领导才能看记录，变成了事后的监察。这对于比较重要的场合，例如，部队、公安、消防、武警等比较重要的部门无疑是很难接受的。

于是，为了完成实时性，通过CDMA或者GPRS可以实时回传，这也是当前新型电子巡更的最大优势。当然，新设备的应用也对巡视人员提出了更高的要求。对于一些技术上的漏洞或缺陷，也要使控制者具有更高的敏感度。巡更系统，如图2-167所示。

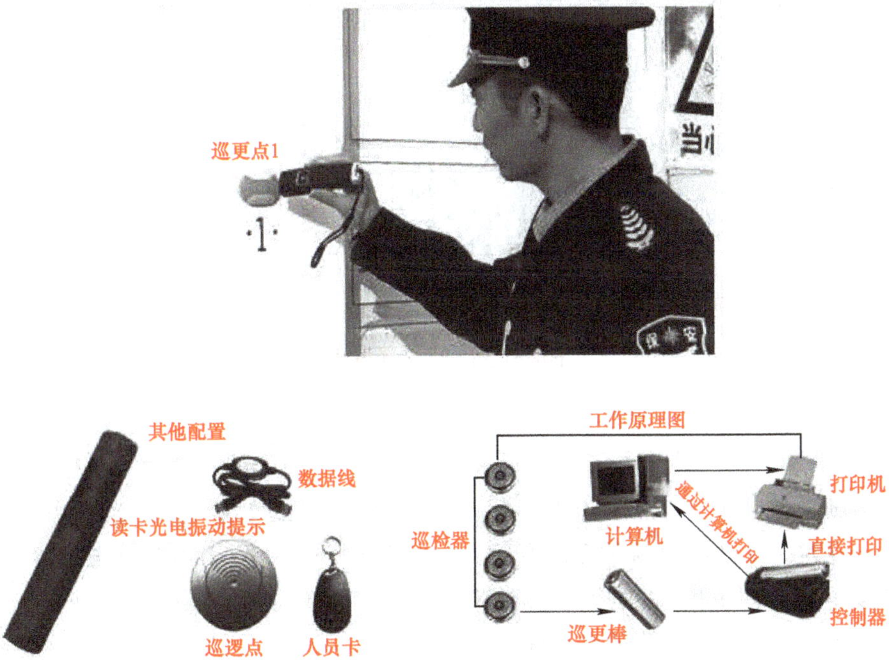

图2-167　巡更系统

2. 巡更系统工作原理

将巡更点安放在巡逻路线的关键点上，保安在巡逻的过程中用随身携带的巡更棒读取自己的人员点，然后按线路顺序读取巡更点，在读取巡更点的过程中，如果发现突发事件可随时读取事件点，巡更棒将巡更点编号及读取时间保存为一条巡逻记录。定期用通信座（数据线）将巡更棒中的巡逻记录上传到计算机中。管理软件将事先设定的巡逻计划同实际的巡逻记录进行比较，就可得出巡逻漏检、误点等统计报表，通过这些报表可以真实反映巡逻工作的实际完成情况。

3. 巡更系统作用与效果

巡更机操作简便，作为治安巡逻的基本配置，普及度日渐升温；巡检将巡更功能丰富化后，特别适合为客户量身定做。当前，电子巡更巡检系统广泛服务于社会，通过近几年市场销量的显示，呈现出稳中走高的趋势。

传统的巡更制度的落实主要依靠巡逻人员的自觉性，管理者对巡逻人员的工作质量只能做定性评估，容易使巡逻流于形式，因此亟需加强工作考核，改变传统手工表格对巡逻人员监督不力的管理方式。巡更系统可以很好地解决这一难题，使人员管理更科学化和准确，如图2-168所示。

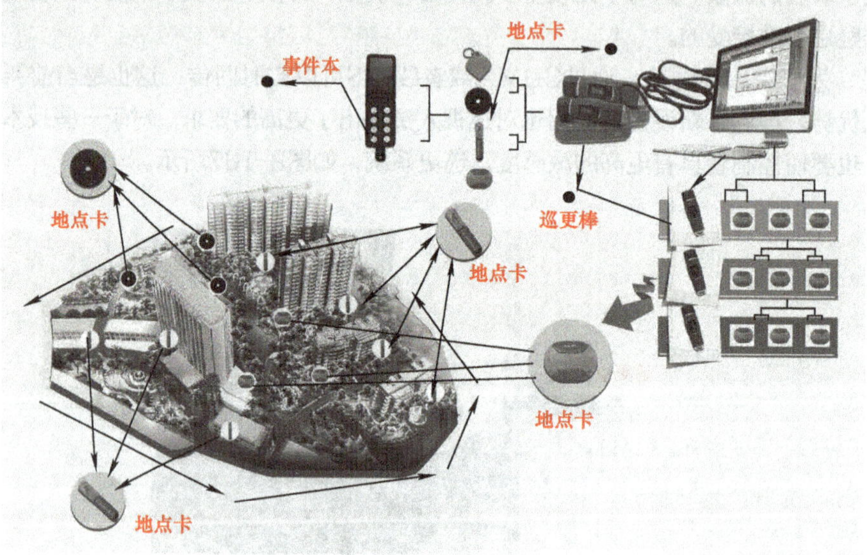

图2-168　电子巡更系统

心得体会

典型案例

杨同学，2015级同学。智能楼宇集训队成员，在校期间多次参加技能节比赛，获一等奖，主要接触监控系统和防盗报警系统，2017年6月杨同学与同学组队代表市参加全国职业院校技能大赛物联网应用技术赛项，获得二等奖。

杨同学："信息化的巡更效率更高。"

生活案例

即使在安装了最先进技防设施的小区里，居民们还是会担心：无论多先进的设备，也要有合格的保安人员来使用才会发挥作用，如图2-169所示。但是，如果在巡逻的时候保安们却在睡觉，有哪个居民会知道？中国国际社会公共安全产品博览会上，一种新式巡更巡检系统倒是让保安们断了偷懒的念头。

图2-169　使用技防设备

在展台前，各种各样“保安睡觉”的照片令人忍俊不禁：趴桌子的、坐椅子上低着头的、仰面朝天张大嘴把设备扔一边的……“相信很多人都见过这种场景。保安是否尽责经常是居民们关心又无能为力的事情。”据工作人员介绍，这种巡更巡检系统主要由一个手电筒大小的巡检器和多个钮扣般的“地点卡”组成。地点卡安装在需要保安巡逻的地点上，事先输入时间、地点等数据，正在巡逻的保安必须在规定时间内用巡检器在地点卡上感应一下。相应的记录会出现在计算机存储器内，由物业或业委会人员检查。

思考拓展

了解自己小区物业的巡更方式。

2.6.2　定位关键有两个——认识巡更点和巡检器

古装电视剧里经常会看到夜晚的打更人，他们用到了什么设备呢？巡更卡通图，如图2-170所示。

图2-170　巡更

知识储备

关键词：巡更点和巡检器

1. 巡更点

小知识

巡更点（俗称地点卡）是保安在巡更中必不可少的电子巡更系统配件，其主要用途是安放在保安巡更巡检的主要路线上，保安通过巡更棒按照指定的路线依次巡检所有巡更路线上的巡更点来达到管理保安正常工作的一种考勤检查系统。

（1）巡更点产品简介，如图2-171所示

巡更点卡为非接触式TI-ID卡，可在雨、雪、冰、尘等恶劣条件下可靠使用，高灵敏度，在保证刷卡距离的同时减少巡更机电源消耗，使用时间可超过20年，具有防水、防磁、防振功能，可安装于任何地方，不受环境影响，为一种无源存储仪，内置巡查点，无须供电，安装方便。

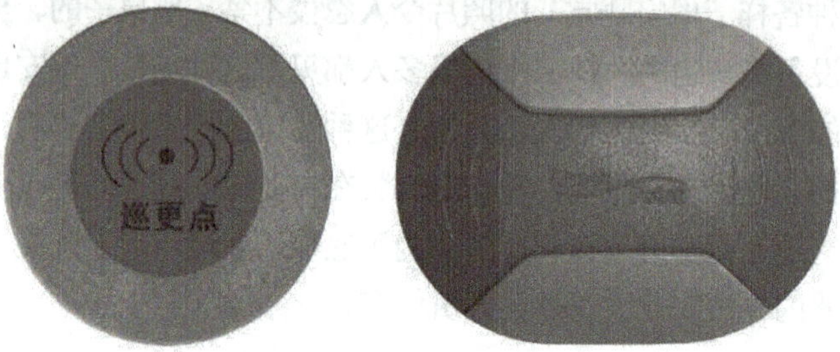

图2-171　巡更点

（2）巡更点安装

1）首先确定安装点的位置，打开巡更点的封盖，再钻好对应的3个孔，嵌入胶塞，将自攻螺钉固定，封上封盖即可。

2）记录好每个巡更点所对应的安装地点（所有的安装点应与计算机系统里巡更点的设置相对应）。

（3）巡更点标准安装方案

1）根据巡更路线的长短设计巡更点的布置方案：例如，每视线范围一个、每一百米一个，重要或复杂地段地点必须埋设巡更点，根据自己的情况而设，可密可稀，巡更点将来也可以随时增加或减少。

2）巡更器的配置：原则上每条巡更路线分三班巡逻，一个班次一条线路配一套感应巡更器，该设置可根据实际情况决定。

3）正确安装软件，将巡更路线上的每个巡更点的八位号码所对应的实际地点描述在软件中一一对应设置好（注意一定不要设置错误，否则将来统计查询会出错）。

4）使用过程中，最好规定在一定的周期内下载数据，例如，一个星期或一个月，如果一个星期或一个月的数据大于2000条，则可缩短周期。

5）由专门的管理人员处理数据，对巡更数据进行存储备份，将有关查询和统计报表提交给管理部门。

2. 巡检器

小知识

巡检器也叫巡更棒，属于巡更棒的演化产品。巡更棒最初用来记录保安人员的巡更信息，对巡更人员监督管理，使其电子化、科学化。

（1）巡检器概述

随着越来越多的行业需要巡更系统，巡更棒也由原来的只能单一记录巡更信息发展到现在需要记录事件、经纬度坐标、现场图片等信息并可要求做到实时管理，也被广泛应用在电力巡检、光缆巡检、石油天然气管道巡检、邮政巡检、铁路巡检、林业巡检等，如图2-172所示。

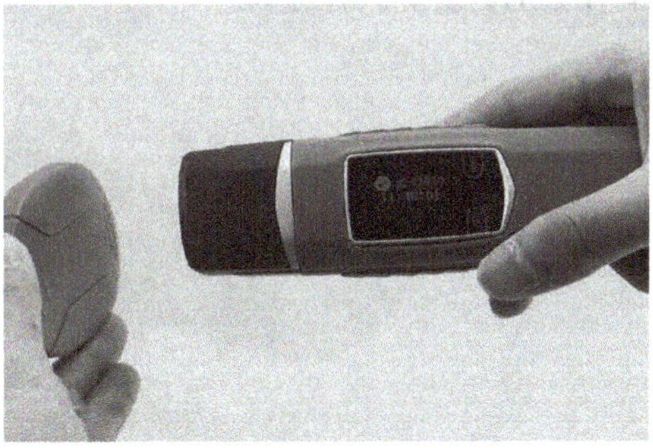

图2-172 巡检器

（2）巡检器的分类

1）接触式巡检器。

2）感应式巡检器。

3）在线式巡检器。

4）GPS巡检器。

心得体会

典型案例

陈同学，2015级同学。智能楼宇集训队成员，在校期间多次参加技能节比赛，获一等奖，主要接触监控系统和防盗报警系统，2017年6月与同学组队参加全国职业院校技能大赛物联网应用技术赛项，获得二等奖。

陈同学：“技术的进步改变工作的方式。现在智能手机这么发达，将来计算机或许可以完全被手机替代。”

生活案例

春节来临，铁路运输将迎来新的挑战。“这边有旅客需要轮椅。”进站口处的客运员手持巡更仪呼叫，仅2s后台便迅速回应，3min后就将轮椅送到了旅客面前。这部与手机差不多的巡更仪成了合肥南站依靠科技服务春运登上中央电视台的“法宝”。站在10万平方米的合肥南站候车大厅，面对汹涌的春运大军，只需60名客运人员便可保障日均7.5万名旅客出行。

据合肥南站工作人员介绍，手机大小的巡更仪被称作系统的“传输神经”，可以实现点对点、点对群、群对群和面对面视频等多种呼叫模式，克服了原本对讲机有效半径小、频率单一易占线的不足。该系统在合肥南站被称为“网格化客运管理系统”，就是将站区主站经营单位在候车层、站台层、出口层等分类之下进一步划分成为89个网格区。客运员每小时检查一遍各自负责小单位的设备设施，使用巡更仪扫描固定巡更点的二维码上传故障报修信息至综合控制和维修方。

思考拓展

还有什么巡更设备，请列举。

Part 3

第3篇

系统实现篇

3.1 环境监测系统开发初体验

情景故事

基于大数据的智能控制已经成为国家战略，成为各家大企业竞相争夺的下一个高地，而如何充分利用传感器采集到的数据，还需要进一步学习。

智能家居概念火热，各种智能产品也层出不穷，各种资本蜂拥而入这个行业，表面上抢夺的是硬件市场，实际上，他们抢夺的是信息的入口。

1. 以家庭燃气报警器为例

燃气报警器，如图3-1所示，时时刻刻采集着燃气泄漏的数值，并上传到网络。饭点时间采集到燃气泄漏：数据有两种，数值正常，则安全；数值超标，则可能是燃气具老化或者损坏。

20：00～23：00采集到燃气泄漏：数据有两种，数值正常，则安全；数值超标，则可能是燃气热水器具老化或者损坏。

00：00～05：00采集到燃气泄漏：数据有两种，数值正常，则安全；数值超标，则可能是燃气管道老化或者损坏。

图3-1　燃气报警器

2. 智能家居的大数据应用案例

假如报警器里含有GPS定位信息，例如，中山路11号天骄大厦19栋1单元，燃气异常数据对燃气灶具厂家及燃气公司就有直接价值了，可以精准地定位客户需求，推送产品或者推送服务。例如，数据卖给灶具销售商，对方就会提着燃气灶去你家敲门，“客户，您好，您家的燃气灶老化泄漏燃气了，这关系到您家人的生命安全，我们可以免费给您检测一下……”

每一个物联网产品（包含智能家居）都会采集、传送对应的信息，这些信息组成了各种各样的大数据，外行不知道这些数据有什么价值，但这些对于内行来说就很有价值。目前各种大数据无法形成商用，不是技术上不可行，而是涉及隐私，如果国家出台了相关法规，非常利于大数据应用。

学习目标

1）能够按照接线原理图正确连接硬件设备。
2）能够说明传感器采集数据的原理。
3）理解弱电控强电的原理。
4）知道“联动控制”名词的含义。
5）能够开发基本的基于C#语言的简易小程序。

3.1.1 关注空气质量——空气质量监测系统

CINEMA大楼（见图3-2）主要用于接待客户，对楼体内的空气质量要求比较严格，为此给大楼安装空气质量监测系统，可实时看到楼内的空气质量情况，以便对空气质量进行精细化管控。

图3-2　CINEMA大楼卡通图

知识储备

空气质量监测系统安装与维护，操作流程详见表3-1。

表3-1　操作流程

操作流程	操作说明
1	设备说明
2	正确阅读、理解系统安装接线图
3	根据接线图和接线端口说明正确安装设备
4	使用“空气质量检测系统”进行数据采集和验证
5	如有数据采集不正常，请查验，直至系统运行正常
6	填写实验报告

1. 设备认知

设备说明见表3-2。

表3-2 设备说明

部分设备说明		
设备名称	图片	备注
空气质量传感器	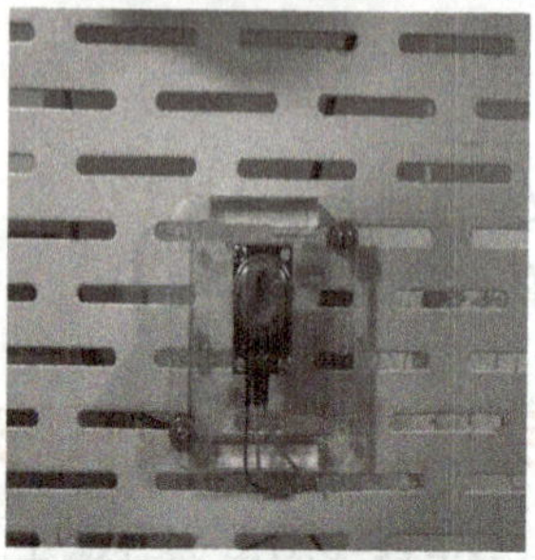	采集空气质量数据，输出为电压数据 接线端子从左向右依次是电源+、电源-、信号线
电压电流转换器		将电压数据转换成电流数据传输给ADAM 4017+
ADAM 4017+采集器		Vin0～Vin7 8路模拟量数据采集 Data+ Data- 数据线 Vs+ 电源+ GND 接地
RS485—RS232转接头	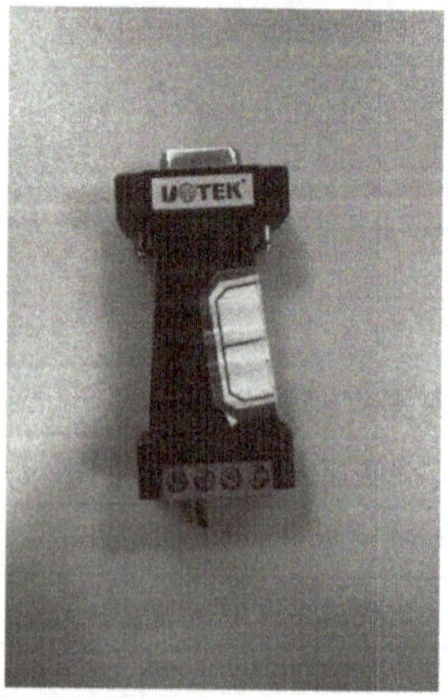	将RS485数据转换成RS232数据 接收数据使用1、2号接口

2. 认识系统设备连线图

系统设备连线图，如图3-3所示。

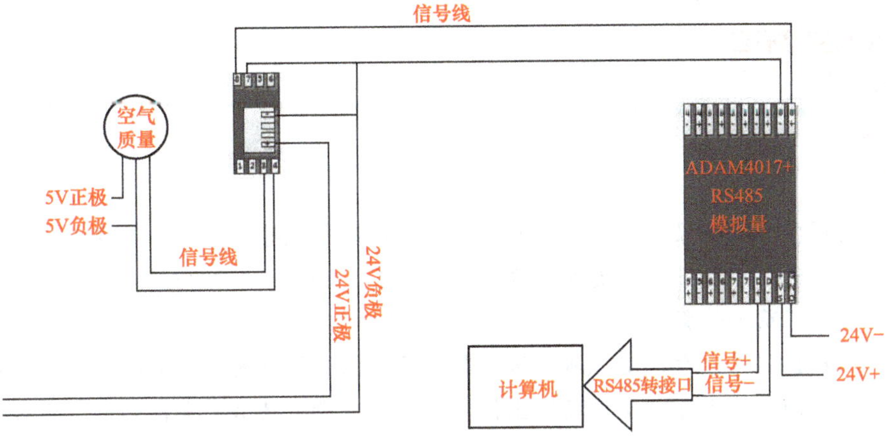

图3-3 系统设备连线图

3. 根据接线图和接线端口说明正确将设备安装

部分设备接口及说明，见表3-3。

表3-3 设备接口及说明

设备（端口）名称	接口
ADAM 4017+采集器的Vin0+口	空气质量信号线（黄色）
ADAM 4017+采集器+Vs	24V电源+
ADAM 4017+采集器GND	24V电源-
ADAM 4017+采集器DATA+	RS485—RS232转接头1口
ADAM 4017+采集器DATA-	RS485—RS232转接头2口

4. 使用“空气质量检测系统”进行数据采集和验证

系统界面设计（未采集状态），如图3-4所示。

系统界面设计（采集运行状态），如图3-5所示。

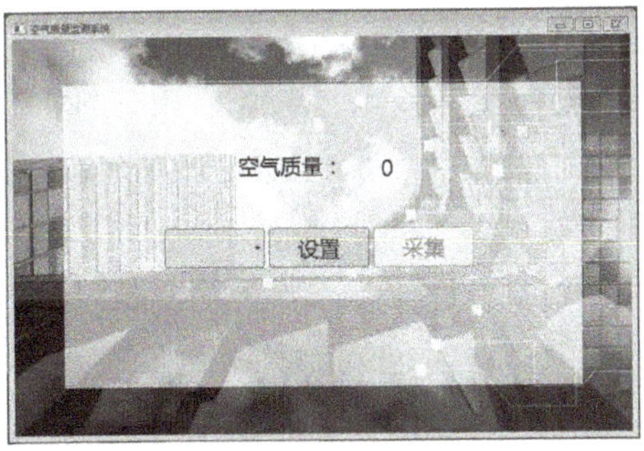

图3-4 系统界面设计（未采集状态）

图3-5 系统界面设计（采集运行状态）

5. 异常处理

如果数据采集不正常，请查验，直至系统运行正常（数据采集范围0～100，教室内一般为个位数）。

6. 填写实验报告

详见附录。

心得体会

典型案例

马同学，2018级智能控制专业学生。在训练中能够在老师的指导之外自己琢磨新技术，是训练队中思想更新速度最快的选手。2019年参加全国职业院校学生技能作品交流赛获一等奖。

从输出形式上看，空气质量传感器属于模拟量传感器，即其输出数据是在一个固定的范围内，且可以发生连续变化。如果把其输出显示在坐标轴上，横轴代表时间，那么纵轴显示为当前采集的数据，如图3-6所示。

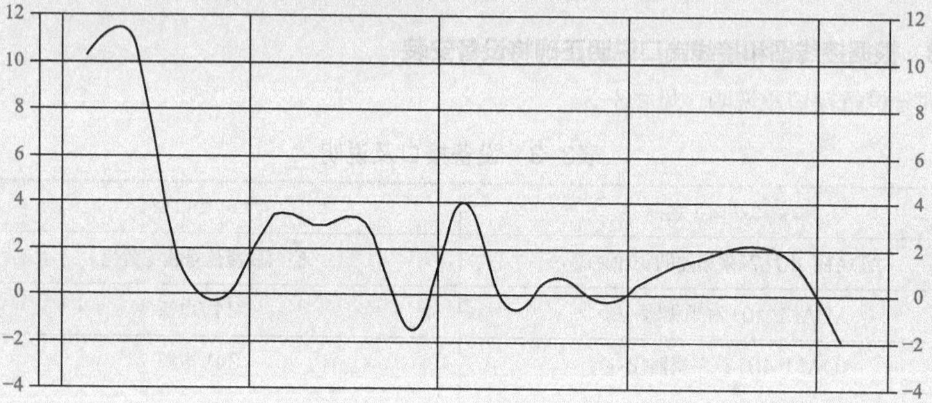

图3-6　传感器输出数据显示

ADAM 4017+模块是一款16位、8通道的模拟量输入模块，可编程输入通道的输入范围。这些模块在工业测量和监控应用方面是一项经济的解决方案。它能够在模拟量输入通道与模块之间提供3000V DC的光隔绝保护，以避免模块和周边设备被输入线上的高压损坏。使用这套系统可以采集很多模拟量传感器采集到的数据，并显示在程序界面上。

其部分参数为：

16位分辨率；

8路差分输入；

输入类型：mV、V、mA；

隔离电压：3000V DC；

支持Modbus/RTU控制；

支持4～20mA。

生活案例

案例一：空气质量监测平台

空气质量监测预警云计算平台由前端的大规模空气特征因子采集设备（包括PM2.5）和后端的大数据处理平台组成，它突破传统的监测方法，运用创新的设计理念，使环保与大数据技术有机结合，架构海量数据处理平台。部署空气质量监测预警云计算平台、前端的大规模采集设备，配合现有的环境监测站点，可及时反映空气特征因子现状及发展趋势，为空气质量监测和执法提供技术支撑，为环境管理、污染源控制、环境规划等提供科学依据。

案例二：空气质量在哪里监测

空气质量监测站又称空气站。空气站的功能是对存在于大气、空气中的污染物质进行定点、连续或者定时的采样、测量和分析。为了对空气进行监测，一般在一个环保重点城市设立若干个空气质量自动监测点，如图3-7所示，站内安装多参数自动监测仪器做连续自动监测，将监测结果实时存储并加以分析后得到相关数据。空气质量监测站是空气质量控制和对空气质量进行合理评估的基础平台，是一个城市空气环境保护的基础设施。

图3-7　省空气质量自动监测点

空气质量监测站的功能主要是对空气中的常规污染因子和气象参数进行24h连续在线监测，将分析出的数据提供给环保局作为空气质量好坏的参考，并辅助环保决策，其中待监测因子包括：污染极细颗粒物（PM2.5、PM10）、臭氧、二氧化硫、一氧化碳、硫化氢、氮氧化物、挥发性有机污染物、总悬浮颗粒物、铅、苯、气象参数、能见度等。

1）位于各城市的建成区内，并相对均匀分布，覆盖全部建成区。

2）采用城市加密网格点实测或模式模拟计算的方法，估计所在城市建成区污染物浓度的总体平均值。全部城市点的污染物浓度的算术平均值应代表所在城市建成区污染物浓度的总体平均值。

3）城市加密网格点实测是指将城市建成区均匀划分为若干加密网格点，单个网格不大于2km×2km（面积大于200km^2的城市也可适当放宽网格密度），在每个网格中心或网格线的交点上设置监测点，了解所在城市建成区的污染物整体浓度水平和分布规律，监测项目包括GB 3095-2012中规定的6项基本项目（可根据监测目的增加监测项目），有效监测天数不少于15天。

4）模式模拟计算是通过污染物扩散、迁移及转化规律，预测污染分布状况进而寻找合理的监测点位的方法。

5）拟新建城市点的污染物浓度的平均值与同一时期用城市加密网格点实测或模式模拟计算的城市总体平均值估计值相对误差应在10%以内。

思考拓展

1）传感器的输出数据是怎样的？

2）系统采集的数据最后可以显示在哪些平台？

3）数据采集是否可以分为有线采集和无线采集两种？

4）在你的生活区域中是否见过相关空气监测的监测站？

3.1.2 消防重中之重——烟雾、火焰监测系统

位于市区中心的DINER西餐餐饮店，如图3-8所示。为响应安全、文明城市建设需要，现针对大厅区的烟雾和火焰进行即时监测，以防止有烟和明火的危害，同时也防止有人在公共区域抽烟，给顾客创造良好的空气环境。

图3-8 DINER西餐餐饮店卡通图

知识储备

烟雾、火焰系统安装与维护的详细操作流程见表3-4。

表3-4 详细操作流程

操作流程	操作说明
1	设备说明
2	正确阅读、理解系统安装接线图
3	根据接线图和接线端口说明正确安装设备
4	使用“烟雾、火焰监测系统”进行数据采集和验证
5	如有数据采集不正常请查验，直至系统正常运行
6	填写实验报告

1. 系统硬件认知

设备详情见表3-5。

表3-5 设备详情

设备名称	图片	备注
烟雾传感器	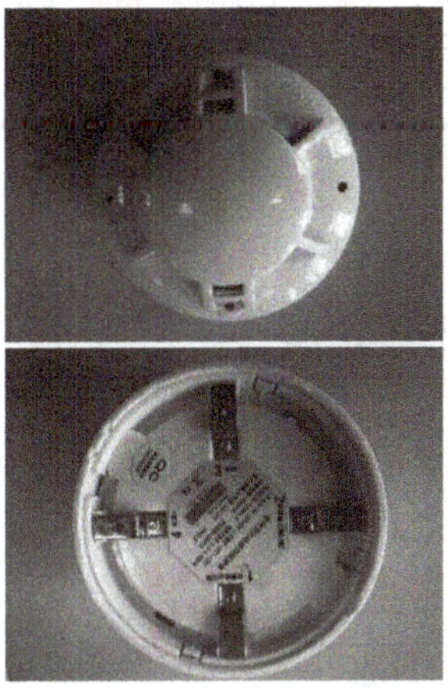	采集烟雾判断是否有烟雾信号，输出为高低电平 接线端子: 4电源+ 3电源- 2信号线（NO/NC） 1 GND
火焰传感器	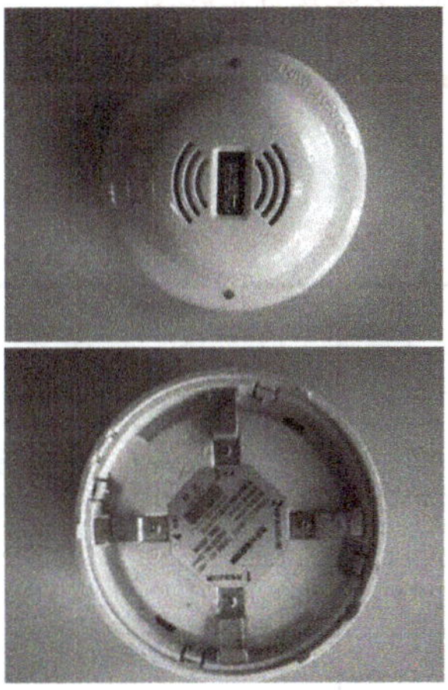	判断是否有火焰信号，输出为高低电平 接线端子: 4电源+ 3电源- 2信号线（NO/NC） 1 GND
ADAM 4150 采集器	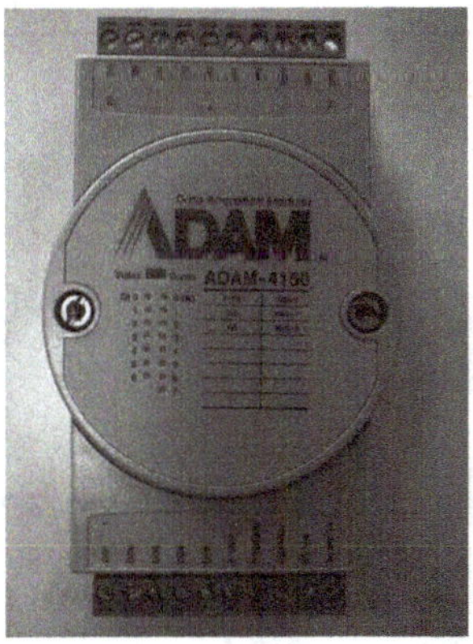	DI（7路数据输入口、采集口） DO（8路数据输出口、控制口） Data+ Data- 数据线 Vs+ 电源正 GND 接地

2. 认识系统设备连线图

系统拓扑连线图，如图3-9所示。

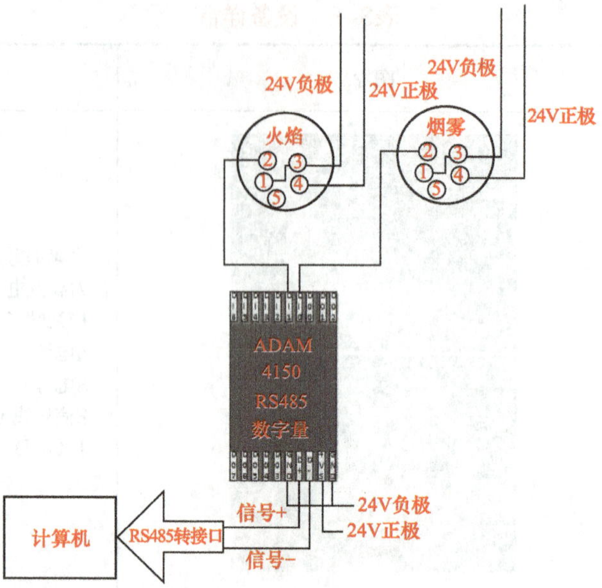

图3-9　系统拓扑连线图

3. 根据接线图和接线端口说明正确安装设备

部分设备接口说明，见表3-6。

表3-6　设备接口说明

设备（端口）名称	接口
4150采集器的DI2口	火焰传感器信号线
4150采集器的DI1口	烟雾传感器信号线
4150采集器+Vs	24V电源+
4150采集器GND	24V电源-
4150采集器DATA+	485/232转接头1口
4150采集器DATA-	485/232转接头2口

4. 使用“烟雾、火焰监测系统”进行数据采集和验证

系统界面设计（未采集状态），如图3-10所示。

系统界面设计（采集运行状态），如图3-11所示。

图3-10　系统界面设计（未采集状态）

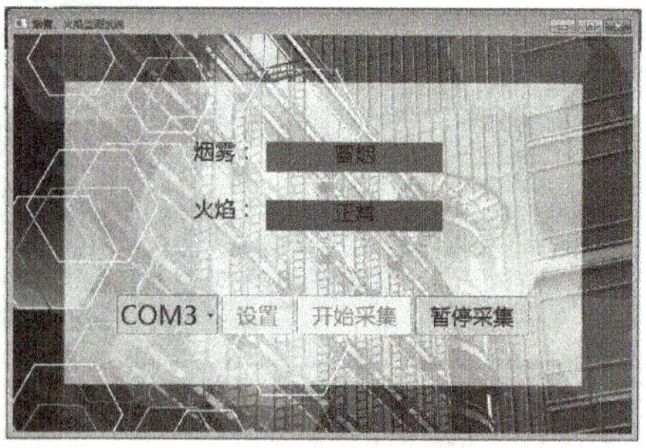

图3-11　系统界面设计（采集运行状态）

5. 异常排查

如果有数据采集不正常，请查验安装情况，直至系统运行正常。

6. 填写实验报告

心得体会

典型案例

小江，2017级智能控制专业学生。在训练中能够在老师的指导之外自己琢磨新技术，是训练队中思想更新速度最快的选手。2018年参加全国职业院校学生技能作品交流赛获一等奖。

通过ADAM 4150采集控制器可以采集开关量传感器传来的数据，并显示在界面中。

1. 开关量传感器

例如，烟雾传感器传出的信号就是数字电路中的高电位与低电位，即输入输出的信号就是通电与断电状态。就是接受或者采集有序的0/1开关状态，输出所对应的标准信号或者RS485信号，供后端设备采集器4150处理。

2. 设备采集器4150上的DI / DO口

DI——数字输入端口（Digital In）即数据采集口。

DO——数字输出端口（Digital Out）即输出控制口。

3. 开关量传感器NO/NC

在开关量传感器的内部一般可以通过拨码调节传感器的NO/NC状态。

NO（normal open，常开）触点，继电器线圈未通电时断开。

NC（normal close，常闭）触点，继电器线圈未通电时导通。

生活案例

案例一：传感器介绍

在工业领域内，火焰、烟雾检测器广泛应用在大型企业中，红外线、紫外线火焰检测器在企业质量和消防、火焰、烟雾检测及温度检测方面应用非常广泛。充分认识火焰检测器（见图3-12）的应用，必须了解火焰检测基本原理。

图3-12　烟雾检测器

火焰由各种燃烧生成物、中间物、高温气体、碳氢物质以及无机物质为主体的高温固体微粒构成。火焰的热辐射具有离散光谱的气体辐射和连续光谱的固体辐射。不同燃烧物的火焰辐射强度、波长分布有差异，但总体来说，其对应火焰温度的近红外线波长域及紫外线波长域具有很大的辐射强度，根据这种特性可制成火焰传感器，如图3-13所示。

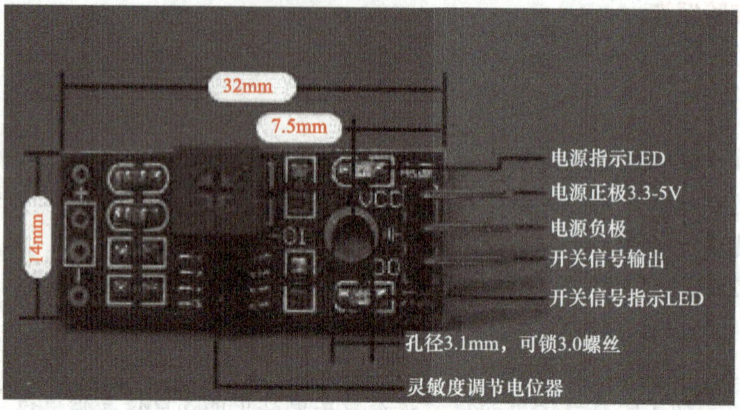

图3-13　火焰检测器

远红外火焰传感器可以用来探测火源或其他一些波长在700～1000nm范围内的热源。在机器人比赛中，远红外火焰传感器起着非常重要的作用，它可以用作机器人的眼睛来寻找火源或足球。利用它可以制作灭火机器人、足球机器人等。

原理介绍：远红外火焰传感器能够探测到波长在700～1000nm范围内的红外光，探测角度为60°，其中红外光波长在880nm附近时，其灵敏度达到最大。远红外火焰探头将外界红外光的强弱变化转化为电流的变化，通过A—D转换器反映为0～255范围内数值的变化。外界红外光越强，数值越小；红外光越弱，数值越大。

MQ—2烟雾传感器（其参数详见表3-7）所使用的气敏材料是在清洁空气中电导率较低的二氧化锡（SnO_2）。当烟雾传感器所处环境中存在可燃气体时，烟雾传感器的电导率随空气中可燃气体浓度的增加而增大。使用简单的电路即可将电导率的变化转换为与该烟雾传感器气体浓度相对应的输出信号。

MQ—2气体烟雾传感器对液化气、丙烷、氢气的灵敏度高，对天然气和其他可燃蒸汽的检测也很理想。这种气体传感器可检测多种可燃气体，是一款适合多种应用的低成本烟雾传感器。

表3-7　MQ—2烟雾传感器参数

产品型号			MQ—2烟雾传感器
产品类型			半导体气敏元件
标准封装			胶木（黑胶木）
检测气体			可燃气体、烟雾
检测浓度			300～10 000ppm（可燃气体）
标准电路条件	回路电压	V_C	≤24V DC
	加热电压	V_H	5.0±0.2V AC / DC
	负载电阻	R_L	可调
标准测试条件下气敏元件特性	加热电阻	R_H	31±3Ω（室温）
	加热功耗	P_H	≤900mW
	敏感体表面电阻	R_S	2kΩ～20kΩ（in 2000ppm C_3H_8）
	灵敏度	S	Rs（in air）/RS（1000ppm异丁烷）≥5
	浓度斜率	α	≤0.6（$R_{3000ppm}/R_{1000ppm}C_3H_8$）

（续）

标准测试条件	温度、湿度	20±2℃；65%±5% RH
	标准测试电路	V_C:5.0±0.1V；V_H:5.0±0.1V
	预热时间	不少于48h

案例二：赫马烟气报警器，要开启智能家居的免费模式

说到智能家居，无论如何都避不开被谷歌收购的Nest，这家有着苹果基因的明星创业公司推出了第二款产品：Nest Protect智能烟雾报警器，如图3-14所示。尽管发生过召回事件，且价格高达99美元，但依然被消费者抢购，甚至国内也有大量拥趸者。

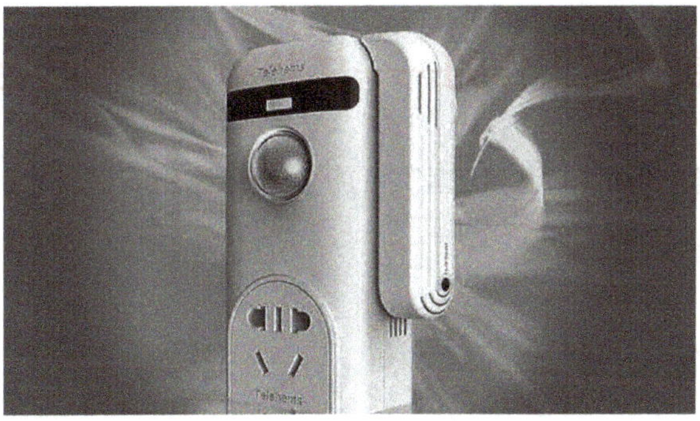

图3-14 Nest Protect智能烟雾报警器

近期国内最大的智能硬件首发预售平台点名时间上新出的一款智能烟气报警器引起了用户的关注。刚上线预热就吸引了近千人关注，有望成为又一个明星项目。

那么这款智能烟气报警器有哪些亮点吸引了点名时间的用户呢？根据点名时间上的产品介绍，该产品将传统的烟雾、煤气、天然气、一氧化碳检测全部集成在一起，比Nest Protect还多了煤气和天然气检测。同时，Nest Protect所具备的远程报警功能它也一样具备，通过Wi-Fi连接网络，手机可远程收到推送和短信报警。

推出这款烟气报警器的赫智电子是杭州的一家智能家居初创企业，2014年初推出过赫马Wi-Fi智能插座，主打远程遥控空调、热水器等大功率电器和能源管理。

这款赫马烟气报警器相比Nest Protect，产品外观有天壤之别，Nest Protect是家中的艺术品，而赫马烟气报警器更像是超市的耐用品。另外，这款烟气报警器是一个配件，需要和赫马Wi-Fi智能插座配合使用，这既是它的优势也是劣势。劣势是，这款烟气报警器无法单独使用，只能和赫马的烟气报警器绑定使用；优势是，配件的设计让其节约了成本，而且插座的功能依然不受影响，一机两用，可谓物尽其用。

仅有这些还不足以吸引眼球，该产品在点名时间上的第一档预售价竟然只有10元，最贵的一档也只有29元。10元是点名时间规定的预售最低价，只够支付邮费。京东一款普通的烟雾报警器售价在50元左右，一款智能烟气报警器竟然比传统产品售价更低，也难怪用户趋之若鹜了。

智能硬件自面世以来，一贯以“高大上”的形象示人，价格高高在上，然而国内的消费水平不比欧美国家，动辄数千元的智能产品让玩家难以下手，让发烧友放弃了尝试，这也使得智能硬件推广困难，总是停留在很小的圈子里。

有的专家认为，智能硬件未来可以走免费模式，即硬件成本价很低甚至免费，通过其他方式盈利。赫马烟气报警器此番10元预售，大有以免费模式挑战Nest Protect、开拓国内市场之意。从了解到的情况来看，赫马也并无收取服务费的打算。这到底是纯粹的一种营销行为还是真正的免费模式呢？恐怕还要拭目以待。

思考拓展

1）火焰传感器的应用领域有哪些？
2）如何理解开关量传感器的NO/NC状态？
3）酒店安装烟雾报警器的意义是什么？

3.1.3　摄像头是如何工作的——体验简易的视频监控系统

为了让家中更安全，随时知道自己家中的状况，给家中安装一个简易视频监控系统，如图3-15所示。

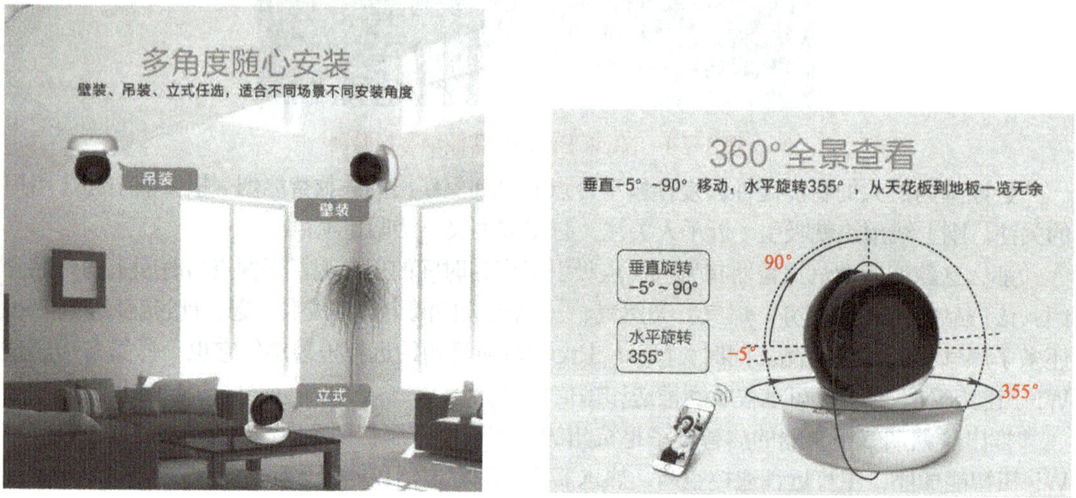

图3-15　家居监控系统

知识储备

简易视频监控系统安装与维护，操作流程说明，见表3-8。

表3-8　操作流程说明

操作流程	操作说明
1	设备说明
2	正确阅读、理解系统安装接线图
3	根据接线图和接线端口说明正确安装设备
4	使用“视频监控系统”进行验证
5	视频不正常，请查验，直至系统运行正常
6	填写实验报告

1. 设备认知

相关设备说明见表3-9。

表3-9 设备说明

设备名称	图片	备注
路由器		WAN口 连接外网 LAN口 内部局域网口
摄像头		

2. 认识系统设备连线图

系统拓扑连线图，如图3-16所示。

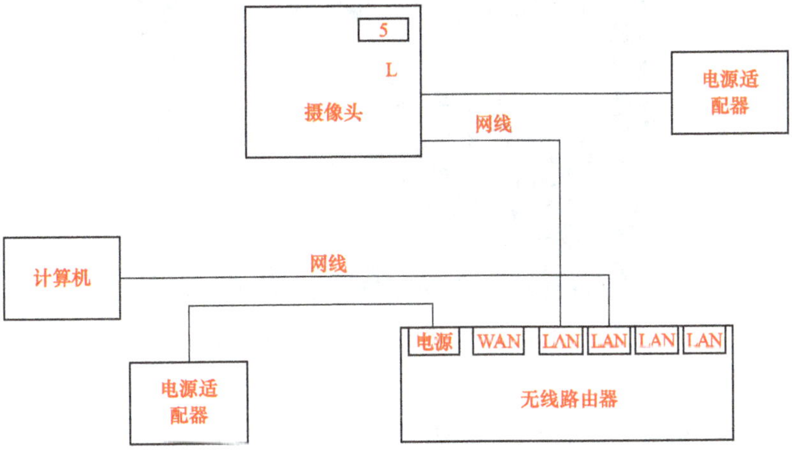

图3-16 系统拓扑连线图

3. 根据接线图和接线端口说明正确将设备安装

部分设备接口说明，见表3-10。

表3-10 设备接口说明

设备（端口）名称	接口
路由器LAN1	计算机
路由器LAN2（或者无线连接）	摄像头

计算机IP设置为192.168.1.1。

摄像头IP设置为192.168.1.2。

路由器IP设置为192.168.1.3。

使计算机和摄像头在同一局域网中，且能够相互通信。

4. 使用“视频监控系统”进行视频采集和验证

系统界面设计（未采集状态），如图3-17所示。

系统界面设计（采集运行状态），如图3-18所示。

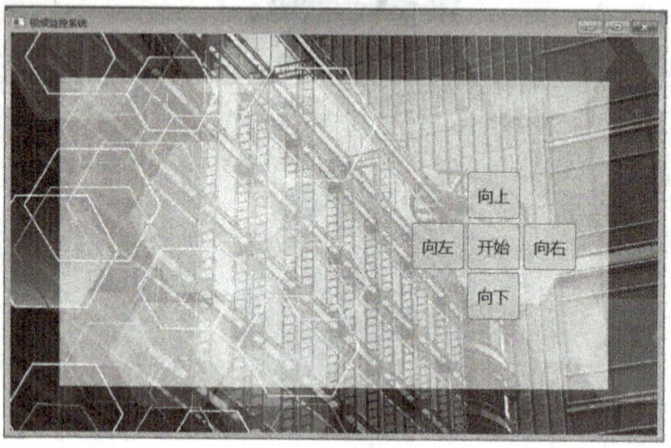

图3-17　系统界面设计（未采集状态）

图3-18　系统界面设计（采集运行状态）

5. 异常排查

如有数据采集不正常，请查验安装情况，直至系统运行正常。

6. 填写实验报告

心得体会

典型案例

小马，2018级智能控制专业学生。在训练中能够在老师的指导之外自己琢磨新技术，是训练队中思想更新速度最快的选手。2019年参加全国职业院校学生技能作品交流赛获一等奖。

下面给大家介绍小米摄像头的使用方法，如图3-19～图3-21所示。

图3-19　小米摄像头的使用1

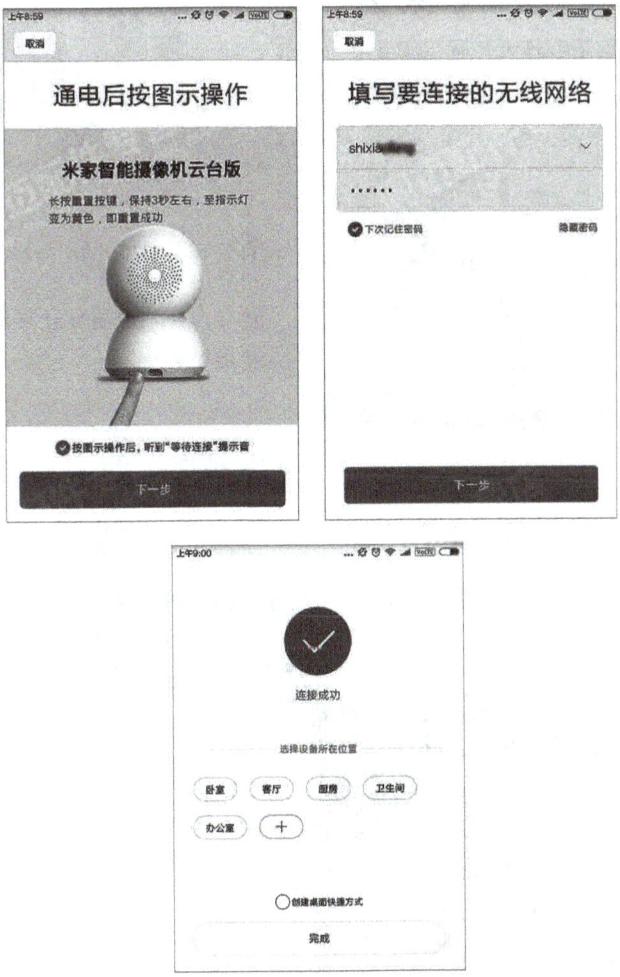

图3-20　小米摄像头的使用2

图3-21　小米摄像头功能说明

生活案例

平安城市治安电子防控系统

目前在城市建设中，平安城市治安电子防控系统建设中的治安视频监控、道路监控、电子警察和电子卡口等视频图像资源，都是几万到几十万个量级的监控点，已覆盖市区主要街道、广场车站、市场商场人流密集的部位，对各类违法犯罪活动形成了强大的震慑力。在平安城市建设过程中积累的海量视频图像基础数据已经成为公安部门工作中最重要的基础性资源，运用数据分析迅速查找嫌犯、寻找丢失儿童等案例屡见不鲜，是视频大数据应用在安防领域落地的关键点，如图3-22所示。

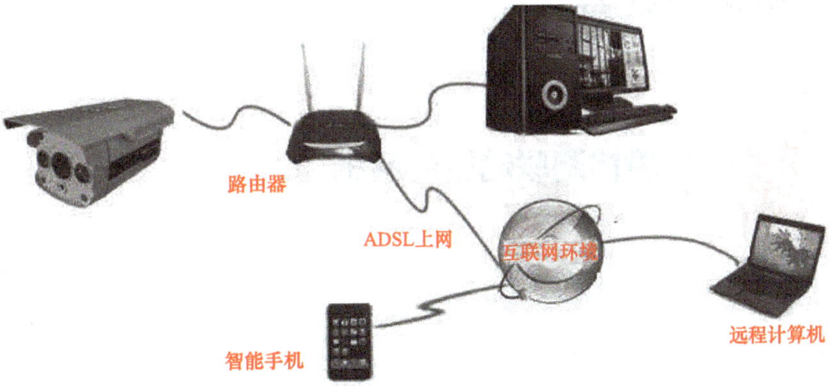

图3-22 城市监控系统

在监控室等环境监看目标时，往往都以小范围的监控为主，这就需要焦距相对较近的镜头进行配置，否则过远的焦距不但对视觉的清晰没有任何的提升，反而还会造成因对不上焦而“发虚”的情况。一般情况下，普通会议室、办公室和电梯间的监控环境下，3～12mm之间的短距定焦镜头即可满足需求。而对于小区内的安防监控或者普通的道路监控来说，6～15mm之间的监控镜头也基本可以满足需求。

对于一般的路口监控来说，由于拍摄的空间较大，清晰度要求较高，因此适用于6～60mm之间的中距离焦距镜头。

在用于城市治安监控的摄像镜头上，由于监控距离与环境的不同，基本上配置10～120mm之间的远距离变焦镜头即可。

在高速路、国道、河道、机场、森林等有大面积监控需求的领域中，监控范围远是这些环境的主要特点，因此一般选配10～1100mm之间的镜头来满足拍摄需求。

此外，在镜头的成像特点中，焦距越大监控得越远，但观测角度就越小；焦距越小监控距离就近，视场角就大，因而这是一种矛盾的关系，距离和角度只可取其一。因此，在选定焦距大小的时候，往往会根据拍摄的视角大小进行衡量。过大或过小的起始焦距都有可能对监控的效果造成一定的不利影响。

思考拓展

1）生活中视频监控的使用场所有哪些？
2）小米智能摄像头能否自行安装？
3）是不是所有摄像头均可以进行远程监控？
4）网络摄像头的IP地址如何设置？
5）路由器如何配置及使用？

3.2 环境检测联动控制系统

情景故事

从浙江天台足浴中心火灾谈智能安防的重要性。2017年2月5日17时26分，浙江天台县一家足浴中心发生严重的火灾，造成18人死亡，18人受伤。

灾难已经发生，在向此次火灾遇难者哀悼的同时，还有更重要的问题值得深思：

应该如何避免此类火灾发生？假如不幸发生了，又该如何让伤害降到最低？

从防火灾到智能安防系统。

进入冬季，天气变得更加干燥，加之气温低，人们习惯长时间关闭门窗，使得这个季节容易引发一氧化碳中毒和火灾。

为避免这类事故的发生，很多消费者购买了门窗报警器、煤气安全报警器、智能摄像头等设备。的确，这些设备能在一定程度上避免安全事故的发生，但与智能安防系统相比，它们缺乏连接，仅可实现初级层面的安防作用，不能系统保障日常生活安全。

以防火为例，传统的防火设备多用温度报警器、烟雾警报器等来起到防火的作用，这是典型的被动防灾，只有业主在的时候才能发挥其作用。

智能安防系统让安防从被动变主动。

传统安防设备都存在“头疼医头、脚疼医脚”的问题，对于安全隐患，它只能发现而不能主动采取行动，智能安防系统则不同，其一旦发现安全隐患就能立刻采取措施，避免损失。

再以防火为例，假设室内发生火灾，联网的温度警报器和烟雾警报器同时发出警报，此时业主可通过智能摄像头观测室内情况，便可及时采取报警、疏散人群等相应补救措施。

智能安防系统安装须尽早做规划。

作为智能家居系统的一个子系统，智能安防系统的安装必须提早规划。

目前国内除了部分高级场所，很少有安装智能安防系统的，因此业主要想使用该系统就要在装修时进行规划，包括智能门锁、智能红外感应装置、智能摄像头的线路如何布局等，否则一旦装修完成，后期再想安装布线，不仅会影响装修的美观，还会影响设备功能的发挥。

当然，对于已经完成装修的业主而言，要想使用智能安防系统也不是完全没有办法，市场上销售的由单独设备联网而成的产品就可以解决问题，不过这类产品需要业主请专业人员进行设置与维护。

水火无情，人们在哀悼痛惜的同时更应该吸取教训，安装智能安防系统已成为各场所及家庭不可或缺的事，在物联网技术发展的助推下，国内外安防产业顺势爆发，与智能家居、智能交通等行业完美融合。

有数据显示，2020年国内安防行业总产值达到8000亿元。显然，在国家大力支持平安城市建设的背景下，国内安防企业即将迎来全新机遇。

学习目标

1）险情监测及预防的原理。

2）理解“联动控制”这一名词。

3）了解传感器数据采集及联动控制的智能化体现。

4）理解继电器原理。

3.2.1 烟火无情，预警有爱——烟火联动报警灯

闹市区的CASINO KTV有包间，如图3-23所示。一般情况下很多客人会在包间中抽烟、喝酒，为了避免因烟火引起火灾情况的发生，CASINO KTV想使用智能化的监测报警系统，当某包间有烟火产生的时候安全办公室会及时在监控界面看到各包间的烟火报警情况并及时听到报警灯的报警，必要时及时查验和通知消防部门，避免火灾发生。

图3-23 CASINO KTV卡通图

知识储备

烟火联动报警系统安装与维护，相关系统设备说明见表3-11。

表3-11 系统设备说明

操作流程	操作说明
1	设备说明
2	正确阅读、理解系统安装接线图
3	根据接线图和接线端口说明正确安装设备
4	使用“烟火联动报警系统”进行数据采集和验证
5	如有数据采集不正常或不联动报警，请查验，直至系统运行正常
6	填写实验报告

1. 硬件设备认知

系统设备说明见表3-12。

表3-12　系统设备说明

设备名称	图片	备注
报警灯		红线接12V电源+ 黑线接12V电源-
继电器		接线端子详见流程2接线图

2. 认识系统设备连线图

系统连接拓扑图，如图3-24所示。

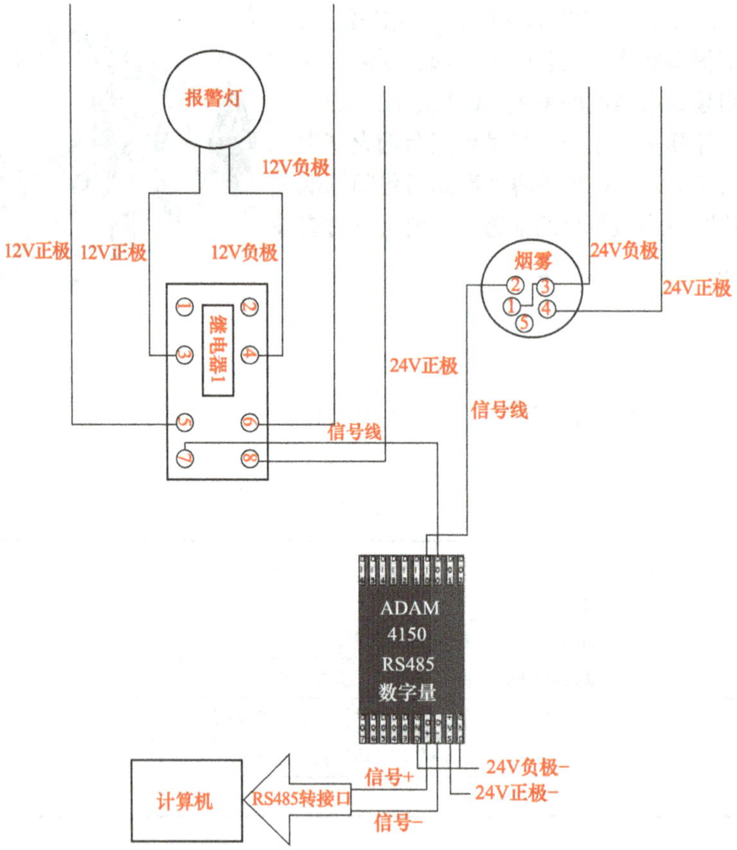

图3-24　系统连接拓扑图

继电器接线原理图，如图3-25所示。

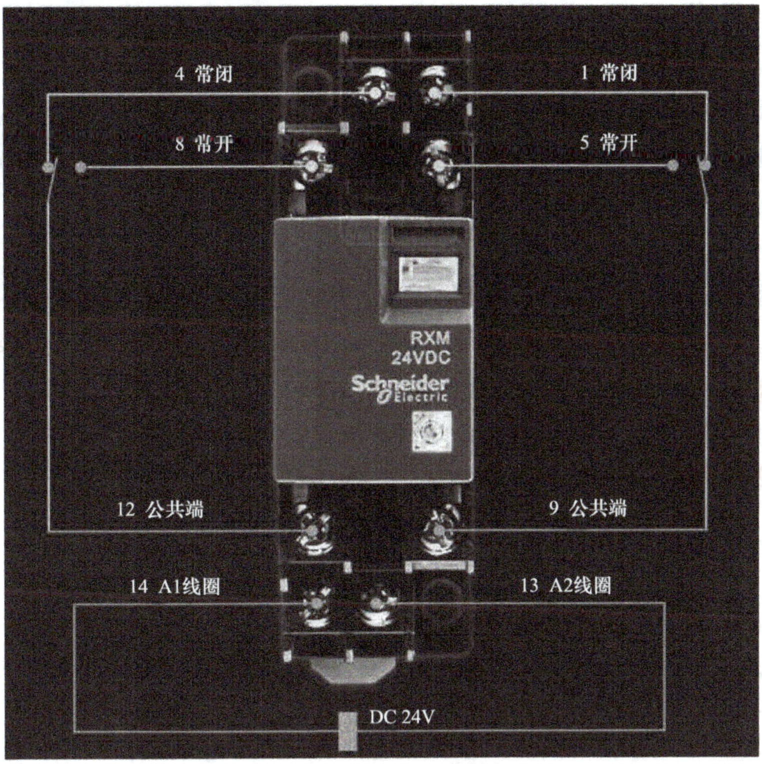

图3-25　继电器接线原理图

备注（实物图可能与该图不一致，记住端子位置即可）：

14接24V电源+

13接ADAM 4150 DO口

12接12V电源+

9接12V电源-

8接报警灯红线

5接报警灯黑线

3. 根据接线图和接线端口说明正确安装设备

部分设备接口说明，见表3-13。

表3-13　设备接口说明

设备（端口）名称	接口
ADAM 4150采集控制器DO0	继电器13口
ADAM 4150采集控制器DI2	烟雾传感器
ADAM 4150采集控制器DI1	火焰传感器

4. 使用“烟火联动报警系统”进行数据采集和验证

系统界面设计（未采集状态），如图3-26所示。

系统界面设计（采集运行状态），如图3-27所示。

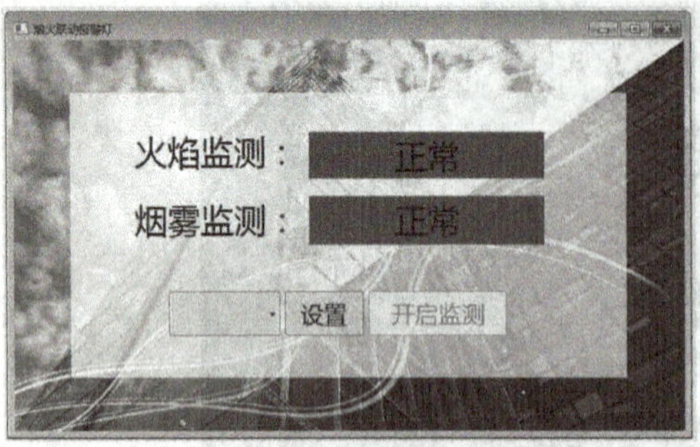

图3-26　系统界面设计（未采集状态）

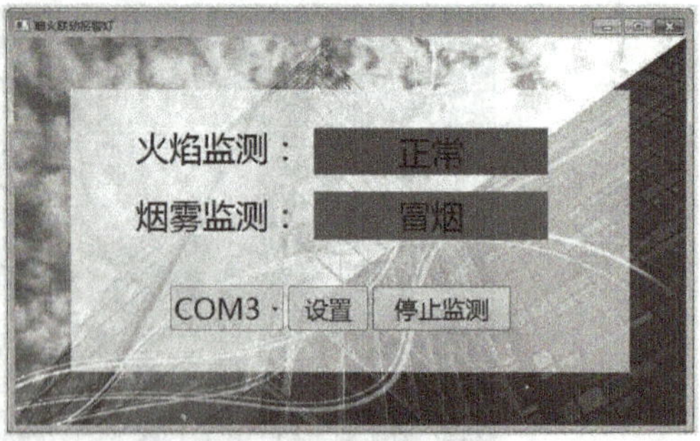

图3-27　系统界面设计（采集运行状态）

5. 异常排查

如有数据采集或联动控制不正常，请查验，直至系统正常运行。

6. 填写实验报告

心得体会

典型案例

大陈，2017级智能控制专业学生。在训练中能够在老师的指导之外自己琢磨新技术，是训练队中思想更新速度最快的选手。2018年参加全国职业院校学生技能作品交流赛获一等奖。

本次实验是在上个项目的基础上进行的拓展，有了数据采集功能，当烟雾传感器或者火焰传感器探测到有烟、火的时候报警灯会自动报警，第一时间通知值班室，以便第一时间灭火，防止经济损失和人员伤亡。

联动控制也称为连锁操作或简单程控，它根据被控对象之间的简单逻辑关系，利用连锁条件和闭锁条件将被控对象的控制电路按要求互相联系在一起，以形成特定的逻辑关系，从而实现自动操作。联动控制适用于控制范围小、操作项目少、操作步骤少的被控制对象。

电磁继电器是一种电子控制器件，它具有控制系统（又称为输入回路）和被控制系统（又称为输出回路），通常应用于自动控制电路中，它实际上是用低电压和弱电流电路的通断来控制高电压和强电流的一种“自动开关”。所以在电路中起着自动调节、安全保护和转换电路等作用。

1）结构：电磁继电器的主要部件有电磁继电器线圈、衔铁、弹簧、动触点和静触点，如图3-28所示。

2）工作电路可分为低压控制电路和高压工作电路两部分。低压控制电路包括电磁继电器线圈、低压电源、开关；高压工作电路包括高压电源、电动机、电磁继电器的触点4、5部分。

3）工作原理——当闭合低压控制电路中的开关时，电流通过电磁铁的线圈产生磁场，从而对衔铁产生引力，使动、静触点接触，工作电路闭合，电动机工作；当断开低压控制电路中的开关时，线圈中的电流消失，衔铁在弹簧的作用下，使动、静触点脱开，工作电路断开，电动机停止工作。

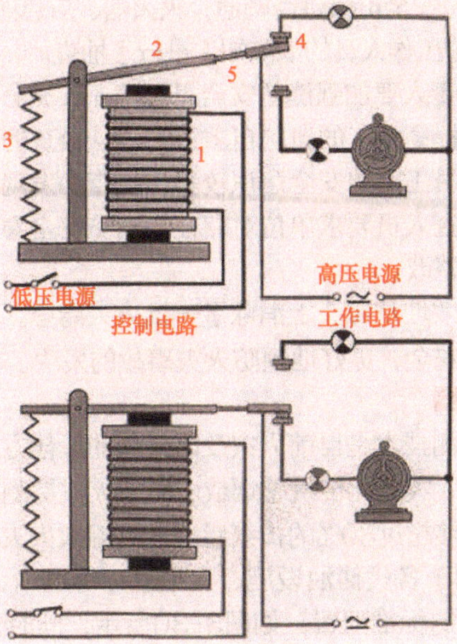

图3-28 继电器原理图

1—电磁继电器线圈 2—衔铁 3—弹簧 4—动触点 5—静触点

只要在线圈两端加上一定的电压，线圈中就会流过一定的电流，从而产生电磁效应，衔铁就会在电磁力的作用下克服返回弹簧的拉力吸向铁芯，从而带动衔铁的动触点与静触点（常开触点）吸合。线圈断电后，电磁力随之消失，衔铁就会在弹簧的反作用力下返回原来的位置，使动触点与静触点（常闭触点）脱开。这样吸合、脱开，从而达到了导通、切断电路的目的。对于继电器的常开、常闭触点可以这样来区分：继电器线圈未通电时处于断开状态的静触点称为常开触点；处于接通状态的静触点称为“常闭触点”。

生活案例

案例一：酒店烟感器失灵，汨罗消防下发通知责令整改

为切实做好今冬明春火灾防控工作，2019年12月12日，湖南省岳阳市汨罗消防大队深入辖区酒店、宾馆等人员密集场所开展火灾隐患排查整治行动，如图3-29所示。

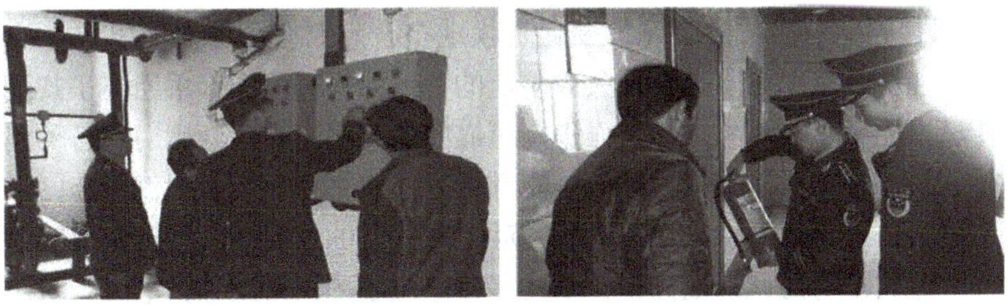

图3-29 执法人员现场抽查、检查图

执法人员先后来到汨罗江大酒店、金碧华府大酒店等场所。每到一处，检查人员分别检查了消防控制室值班人员的在岗在位情况，火灾自动报警系统、排烟系统、手动报警按钮、烟感报警

器运转是否正常，疏散通道、安全出口是否畅通，灭火器、应急照明灯与疏散指示标志等消防设施是否完好等情况，并对单位工作人员的消防知识进行了抽查。

检查人员提醒各单位负责人要加强消防安全思想意识，充分认识当前火灾形势的严峻性，增强员工的消防安全意识，提高员工的自防自救能力。从检查的情况来看，大部分单位能够遵守相关规章制度，负责人及员工消防安全意识较强。检查中发现有一家酒店存在灭火器过期、烟感器失灵等隐患问题，检查人员要求单位对存在的消防安全隐患及时整改，对不能立即整改的单位下发整改通知书限期整改。

通过此次消防检查，有效地从源头上消除了一批火灾隐患，提高了单位负责人的消防安全意识，确保场所内部的消防安全，更好地预防火灾事故的发生。

案例二：其他类型传感器

点型多波段红外火焰探测技术是目前火灾及时预警的最佳方案之一，该技术通过探测火焰所发出的特征红外线来预警火灾，比传统感烟或感温式火灾探测技术响应速度更快，尤其在开放式空间，提前预警时间能够超过80%的传统感烟或感温式火灾探测技术。

该技术现已被广泛应用于各类储油设施、大型仓库等场所，成为石油、化工、造纸、冶炼、核电站等火灾高危领域的标准配置，如图3-30所示，同时也在高端住宅、商业、普通工业等领域逐渐得到普及，为人们的生命财产安全提供更多保障。

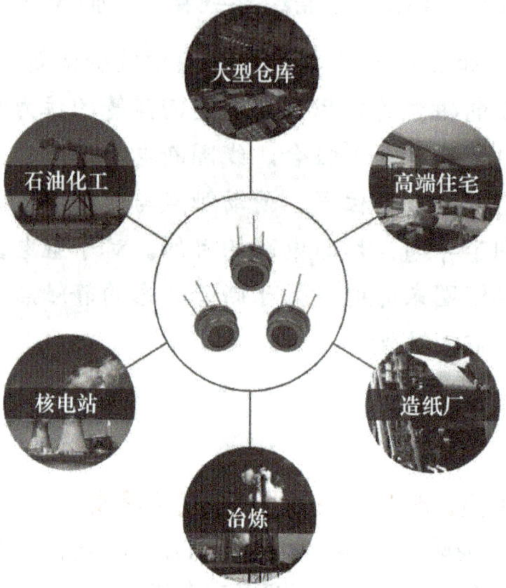

图3-30　探测火焰应用领域

烟雾传感器是将空气中的烟雾浓度变量转换成有一定对应关系的输出信号的装置。烟雾传感器就是通过监测烟雾的浓度来实现火灾防范的，烟雾报警器内部采用离子式烟雾传感器。离子式烟雾传感器是一种技术先进、工作稳定可靠的传感器，被广泛运用到各种消防报警系统中，性能远优于气敏电阻类的火灾报警器。它在内外电离室里面有放射源镅241，电离产生的正、负离子在电场的作用下分别向相反电极移动。在正常的情况下，内外电离室的电流、电压都是稳定的。一旦有烟雾进入外电离室，干扰了带电粒子的正常运动，电流、电压就会有所改变，破坏了内外电离室之间的平衡，于是无线发射器发出无线报警信号，通知远方的接收主机将报警信息传递出去。烟雾传感器广泛应用在城市安防、小区、工厂、公司、学校、家庭、别墅、仓库、资源、石油、化工、燃气输配等。“烟雾报警器”是由两个部分组成：一是一台用于检测烟雾的感应传感器，二是一只声音非常响亮的电子扬声器，一旦发生危险可以及时提醒人们。要维持烟雾报警器正常运行，只需要一块9V的电池就可以了。当今，世界上使用得最为普遍的烟雾报警器当属光电式烟雾报警器和电离式烟雾报警器。随着现代家庭用火、用电量的增加，家庭火灾发生的频率越来越高。家庭火灾一旦发生，很容易出现扑救不及时、灭火器材缺乏及在场人惊慌失措、逃生迟缓等不利因素，最终导致重大生命财产损失。发生家庭火灾的主要原因是麻痹大意，没有及时采取预防措施。在我国的一些大中城市，几乎每天都发生家庭火灾，所以防火是每个家庭必须时刻注意的问题。假如能根据自己家的实际情况预先采取简单的防火措施，一些悲剧是完全可以避免的。

思考拓展

1）继电器的原理是什么？
2）继电器的使用方法是什么？
3）ADAM 4150 DO口的作用是什么？
4）如何理解“联动”这一名词？
5）酒店房顶会安装一个“圆形设备”，这个设备是什么？有什么作用？

3.2.2 厨房安全屏障——可燃气体泄漏联动控制

闹市区的披萨店的卡通图，如图3-31所示，其厨房是安全模块的重点防范区域，因为厨房是使用天然气比较集中的地方且又相对封闭，如果天然气泄漏，那么后果不堪设想。为了避免因燃气泄漏而引发灾难，该店面要安装智能化的燃气泄漏检测系统。

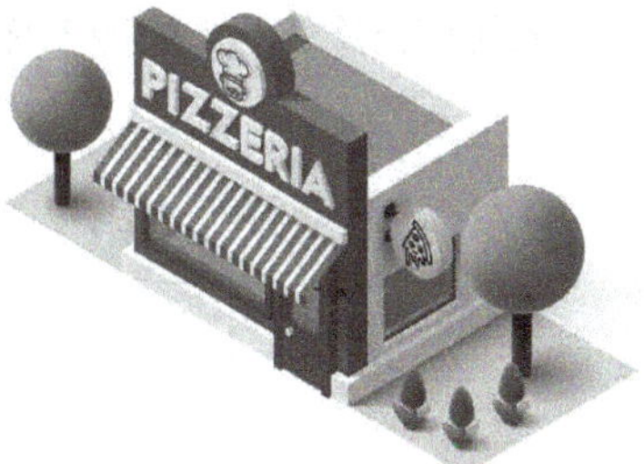

图3-31　披萨店卡通图

知识储备

可燃气体泄漏联动控制系统安装与维护，系统操作流程见表3-14。

表3-14　系统操作流程说明

操作流程	操作说明
1	设备说明
2	正确阅读、理解系统安装接线图
3	根据接线图和接线端口说明正确安装设备
4	使用“可燃气体泄漏联动控制系统”进行数据采集和验证
5	如有数据采集或联动不正常，请查验，直至系统运行正常
6	填写实验报告

1. 认知系统硬件

相关设备说明见表3-15。

表3-15　设备说明

设备名称	图片	备注
可燃气体传感器	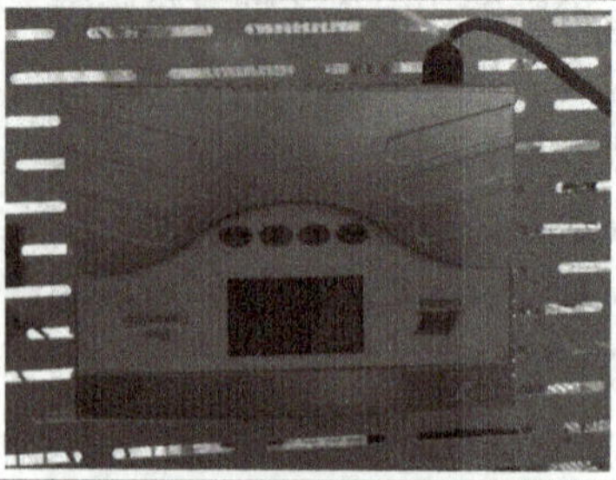	采集空气中可燃气体含量数据，输出为电流型数据 接线端子从左向右依次是电源+、电源-、信号线
排风扇		将电压型数据转换成电流型数据传输给4017+

2. 认识系统设备连线图

系统拓扑连线图，如图3-32所示。

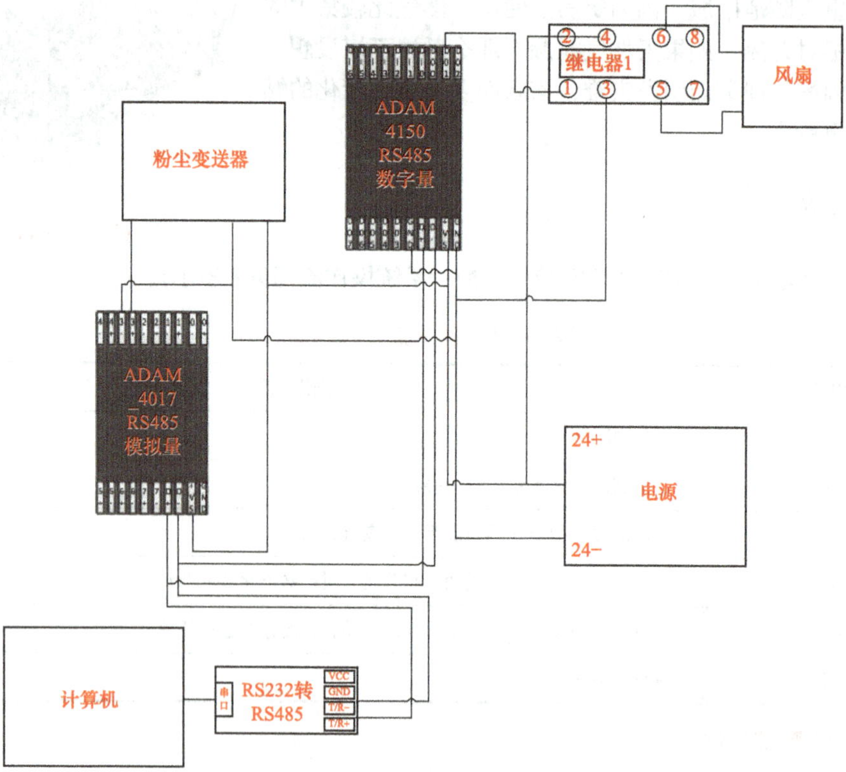

图3-32　系统拓扑连线图

3. 设备安装

根据接线图和接线端口说明正确安装设备。

部分设备接口说明见表3-16。

表3-16 设备接口说明

设备（端口）名称	接口
4017+采集器的VIN3+口	可燃气体传感器信号线（黄色）
4150采集器控制器DO1	继电器1口

4. 软件使用

使用“可燃气体联动控制系统”进行数据采集和验证。

系统界面设计（未采集状态），如图3-33所示。

系统界面设计（采集运行状态），如图3-34所示。

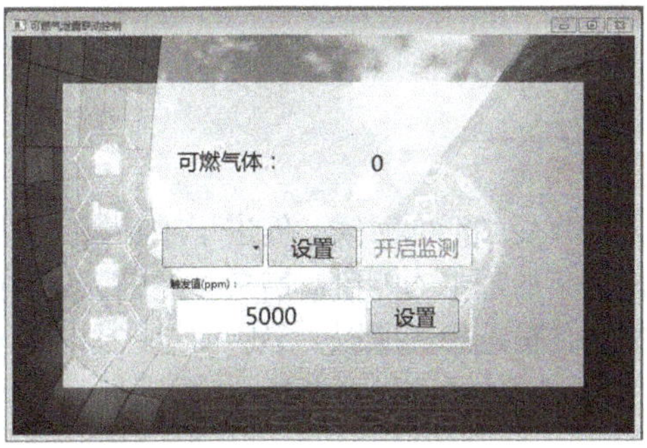

图3-33 系统界面设计（未采集状态）

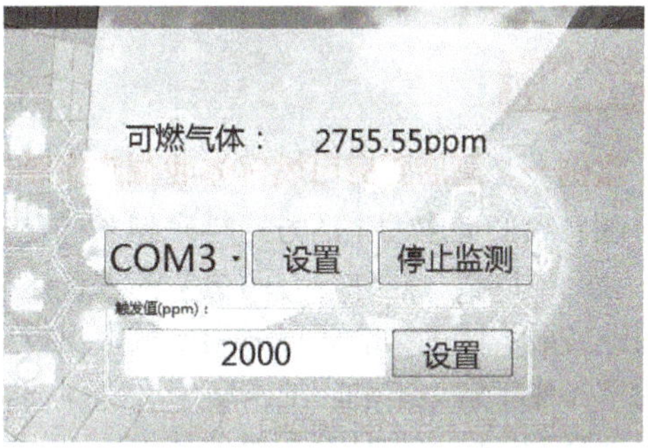

图3-34 系统界面设计（采集运行状态）

5. 异常排查

如有数据采集不正常，请查验，直至系统正常运行。

6. 填写实验报告

心得体会

典型案例

小赵，2017级物联网专业学生。在训练中能够在老师的指导之外自己琢磨新技术，是训练队中思想更新速度最快的选手，2018年参加全国职业院校技能大赛物联网应用技术赛项获二等奖。

火灾：在时间和空间上失去人为控制蔓延而形成的一种灾害性燃烧现象。火灾发生必须同时具备可燃物质、助燃物、着火源且三者之间发生作用，只要消除必要条件中的一个，火灾就不会发生。以吸烟为例，必须有烟、打火机、空气（存在于周围），然后用打火机去点燃烟，吸烟才能发生。

爆炸：物质在瞬间以机械功的形式释放大量气体和能量的现象。

爆炸极限：可燃物质（可燃气体、蒸汽和粉尘）与空气（或氧气）必须在一定的浓度范围内均匀混合，形成预混气，遇着火源才会发生爆炸，这个浓度范围称为爆炸极限或爆炸浓度极限。例如，一氧化碳与空气混合的爆炸极限为12.5%～74%。

可燃性混合物能够发生爆炸的最低浓度和最高浓度分别称为爆炸下限和爆炸上限，这两者有时亦称为着火下限和着火上限。在低于爆炸下限时不爆炸也不着火；在高于爆炸上限时不会爆炸，但能燃烧。这是由于前者的可燃物浓度不够，过量空气的冷却作用阻止了火焰的蔓延；而后者是空气不足导致火焰不能蔓延。

可燃气体检测仪是对单一或多种可燃气体浓度响应的探测器。简易可燃气体检测仪，如图3-35所示。可燃气体检测仪有催化型、红外光学型两种类型。催化型可燃气体检测仪是利用难熔金属铂丝加热后的电阻变化来测定可燃气体浓度。

当可燃气体进入探测器时，在铂丝表面引起氧化反应（无焰燃烧），其产生的热量使铂丝的温度升高，铂丝的电阻率便发生变化。

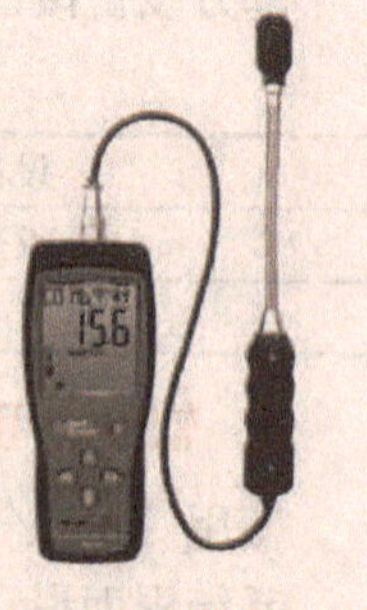

图3-35　简易可燃气体检测仪

生活案例

案例一：酒店厨房可燃气体泄漏应安装什么报警器

随着人们追求的生活方式越来越多样化，当人们享受生活的时候，促进了旅游业的发展，自然会产生饮食、居住等方面更多需求，这样就使酒店的基本功能日益增加，促进了酒店行业的快速发展。因为，酒店已成为多数人出行所必需的住宿选择，所以，酒店安全这个话题也就产生了。先了解一下酒店的厨房怎么确保安全。

酒店厨房会产生什么可燃气体？

酒店厨房会使用液化气、天然气等可燃气体作燃料，但是这些气体有害、易爆炸，隐患事故多，如果气体泄漏时不能及时发现和处理，会给酒店厨房带来灾难性危害。由于气体本身存在扩散性，发生泄漏之后，在外部风力的作用下，可燃气体会沿地表面迅速扩散，扩大危害区域。

怎样保护酒店厨房的安全？

应在酒店厨房安装在线可燃气体报警系统，如图3-36所示。它是由气体探测器和气体控制器两部分组成，气体控制器可放置于值班室内，主要对各监测点进行控制，气体探测器安装于气体最易泄漏的地点，其核心部件为内置的气体传感器。可燃气体探测器将传感器检测到的可燃气体浓度转换成信号，通过线缆传输到气体控制器，气体浓度越高，信号越强。当气体浓度达到或超过报警控制器设置的报警点时，报警器发出报警信号，并启动电磁阀、排气扇等外联设备自动排除隐患。

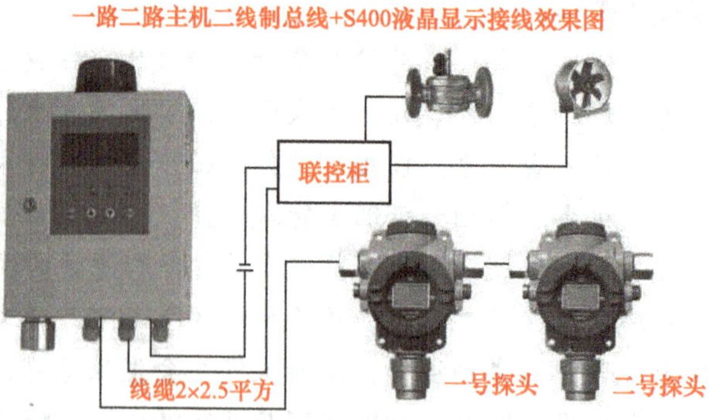

图3-36　可燃气体报警系统

应提前检测和预防可燃气体的泄露，一旦发生可燃气体泄漏事故，及时可靠地检测空气中可燃气体的含量，及时采取有效措施进行补救，采取正确的处置方法，减少泄漏引发的事故，避免造成酒店厨房重大财产和人员伤亡。

案例二：华润大东天然气泄漏爆炸事故

2015年12月30日上午7时40分左右，上海华润某公司船务工程有限公司一在建驳船在船体分段制造过程中，因用于切割作业的橡胶管天然气泄漏，引起施工现场爆炸。事故造成2人死亡2人受伤。巨大的爆炸气浪还将车间方圆50m^{2}内的金属脚手架震倒，车间厂房东侧的玻璃几乎全部被炸碎，现场一片狼藉，车间内的几个施工房也扭曲变形。现场状态如图3-37所示。

图3-37　上海华润某公司船务工程有限公司爆炸现场

思考拓展

1）监测可燃气体的意义是什么？

2）可燃气体传感器是模拟量传感器还是开关量传感器？

3）使用Visio绘图软件绘制ADAM 4150控制排风扇的线路连接图。

4）ADAM 4017+设备上面的Vin0～Vin7是不是平行的数据输入端口？可燃气体传感器是否连接哪一路都可以？

5）排风扇是不是只能连接ADAM 4150 DO1端口？

3.3 走进防盗报警系统

情景故事

为了方便小区的安全建设和系统管理，现在小区多建成封闭型居民住宅小区—— 是指有围墙、栅栏等作为屏障的住宅小区，实行封闭式管理。但单纯依靠在边界处建造的围墙屏障对小区进行封闭管理并不能完全杜绝非法侵入者通过翻越屏障进入小区。因此小区围墙、栅栏等封闭屏障处应安装周边防越报警系统。同时，在周边围墙处设置现场报警器可对非法入侵者起威慑作用。

在布防状态下，一旦有非法入侵者企图跨越防护区，即发生警情。中控室的主机上会反映出报警点（报警防区），这样利用周界防范报警系统即实现了对整个小区的封闭式管理。

联动系统：联动系统就是与其他安全防范系统（如闭路电视监控系统）的联动。

安防系统，如图3-38~图3-40所示。

图3-38　安防系统1

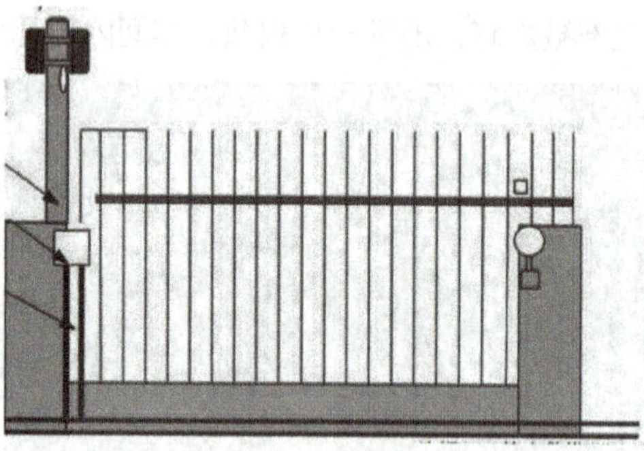

图3-39　安防系统2

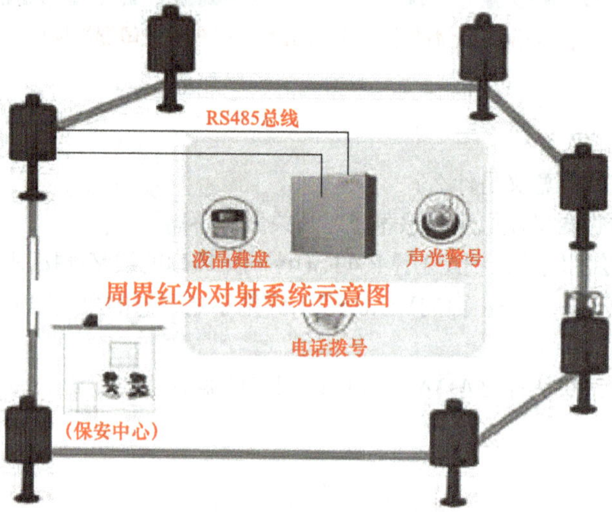

图3-40　安防系统3

系统功能特点：

1）对非法翻越周界行为进行探测并予以警示。

2）构成封闭式管理模式，保证对出入口的出入人员进行有效管理。

3）对周界全部设防，无盲区和死角。

4）探测器在不良天气环境下抗干扰能力强。

5）划分防区适于报警时准确定位。

6）通过闭路监控系统辅助防范，提高对周边的防范效果。

7）与中心声光警号联动，提供报警时的提示功能。

8）报警中心能对报警状态、报警时间进行记录。

学习目标

1）学习红外对射传感器的原理。

2）理解与人防比较技防的优势有哪些。

3）了解周界防范系统。

现在对某咖啡店（见图3-41）夜间01:00～06:00进行技防（安全防护），以防止有人闯入窃取钱物，同时也起到对外界的警示作用。在店面的四面墙体上安装红外对射设备，当有人经过或闯入的时候，调用摄像头拍照记录处理，并将相关数据上传到系统数据库中，以便后期查看和检阅等。

图3-41　咖啡店卡通图

知识储备

安防监控系统的安装与维护，操作流程说明见表3-17。

表3-17　操作流程说明

操作流程	操作说明
1	设备说明
2	正确阅读、理解系统安装接线图
3	根据接线图和接线端口说明正确安装设备
4	使用“安防监控系统”进行数据采集和验证
5	如有数据采集不正常，请查验，直至系统运行正常
6	填写实验报告

1. 系统设备认知

系统设备说明见表3-18。

表3-18　系统设备说明

设备名称	图片	备注
红外对射传感器		开关量传感器，用于监测是否有人闯入 子模块接线端子从左向右依次是电源–、电源+ 主模块接线端子从左向右依次是电源–、电源+、COM信号线输出

2. 系统安装

按照接线拓扑图进行设备的安装，如图3-42所示。

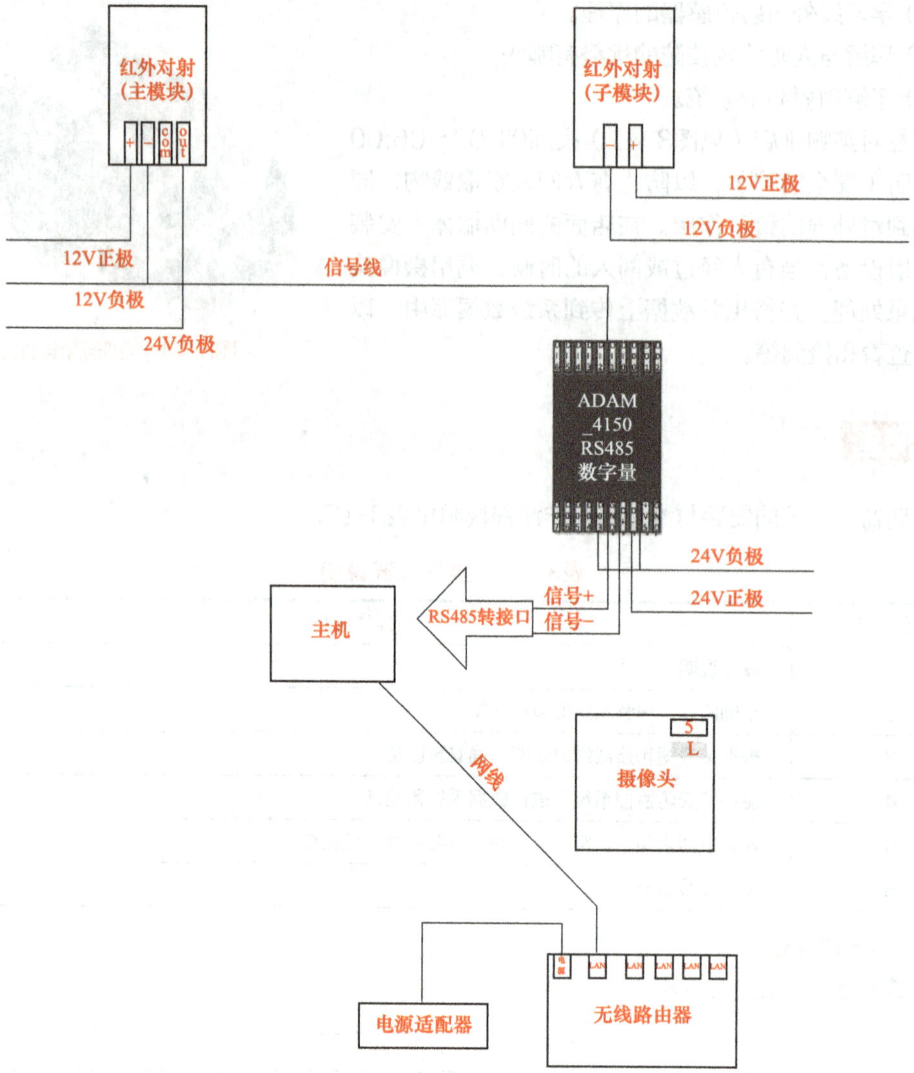

图3-42　系统拓扑接线图

3. 根据接线图和接线端口说明正确安装设备

部分设备接口说明，见表3-19。

表3-19　设备接口说明

设备（端口）名称	接口
ADAM 4150 DI4	红外对射信号线（黄色）

4. 使用“安防监控系统”进行数据采集和验证

系统界面设计（未采集状态），如图3-43所示。

系统界面设计（采集运行状态），如图3-44所示。

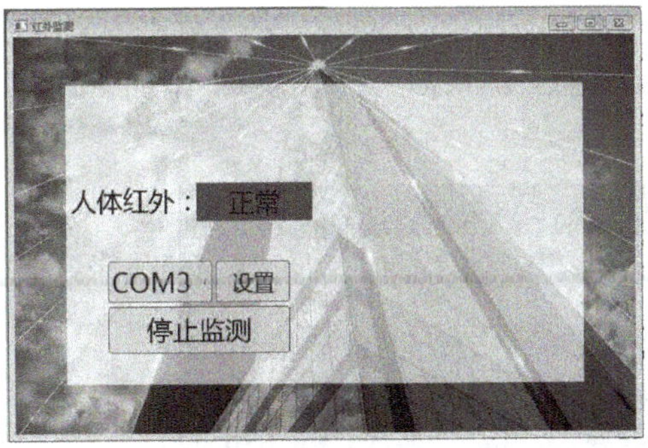

图3-43 系统界面设计（未采集状态）

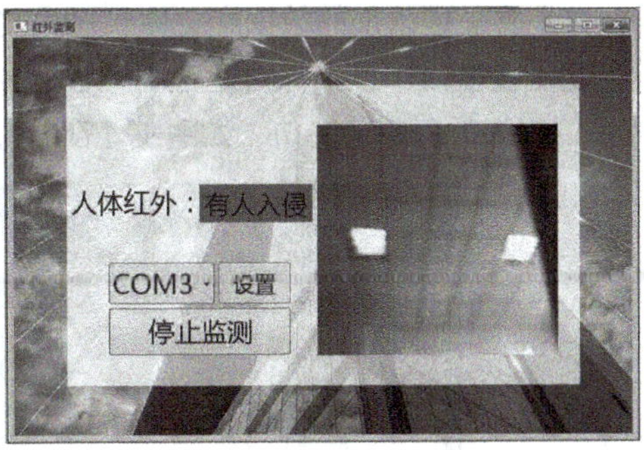

图3-44 系统界面设计（采集运行状态）

说明： 数据库及表的说明，如图3-45所示。数据库名为IntrusionDetection，表名为InfraredMonitoring。图3-45右侧部分为红外对射传感器感应到有人入侵的记录及相应时间。

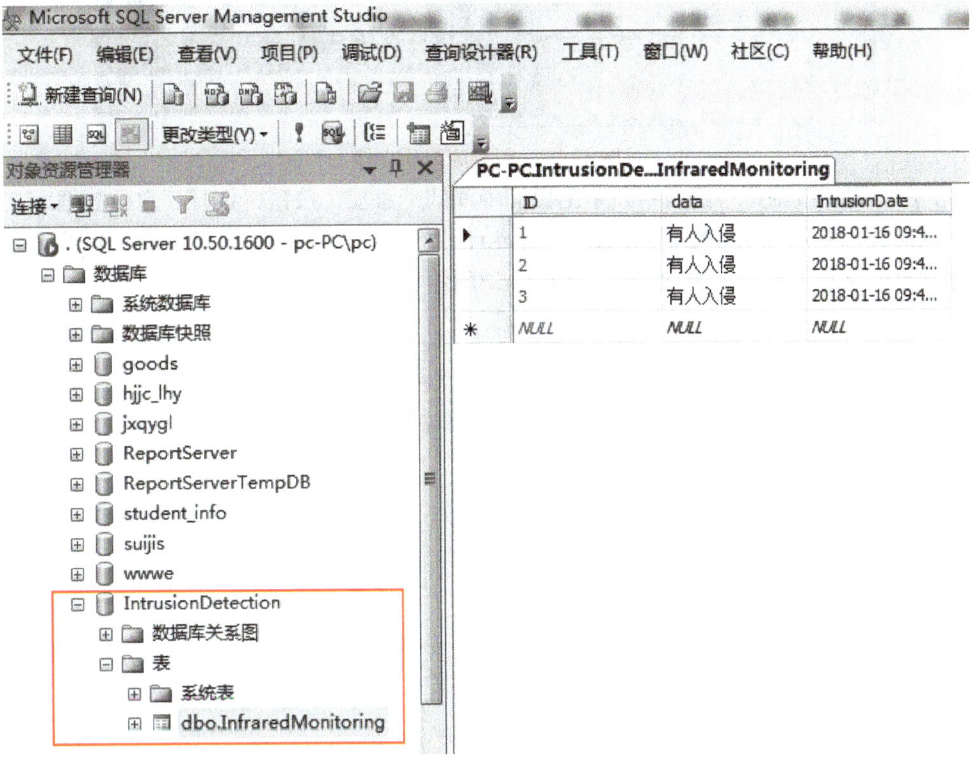

图3-45 数据库文件

数据库备份文件，可用于在SQL Server 2008中直接还原，如图3-46所示。

图3-46 数据库备份文件

备注：

附加已有数据库的方法：

1）将需要附加的数据库文件和日志文件复制到某个合适的已经创建好的文件夹中。

2）在窗口中，鼠标右键单击“数据库”对象，在打开的快捷菜单中选择“附加”命令，打开“附加数据库”窗口，如图3-47所示。

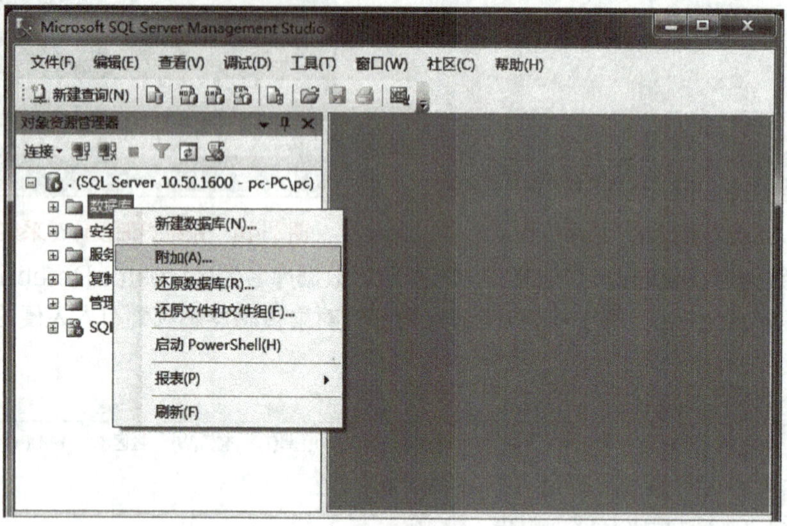

图3-47 数据库附件文件

3）在“附加数据库”窗口中，单击页面中间的“添加”按钮，打开“定位数据库文件”窗口，在此窗口中定位刚才复制到SQL Server的DATA文件夹中的数据库文件目录，选择要附加的数据库文件（扩展名为.mdf，如图3-48所示）。

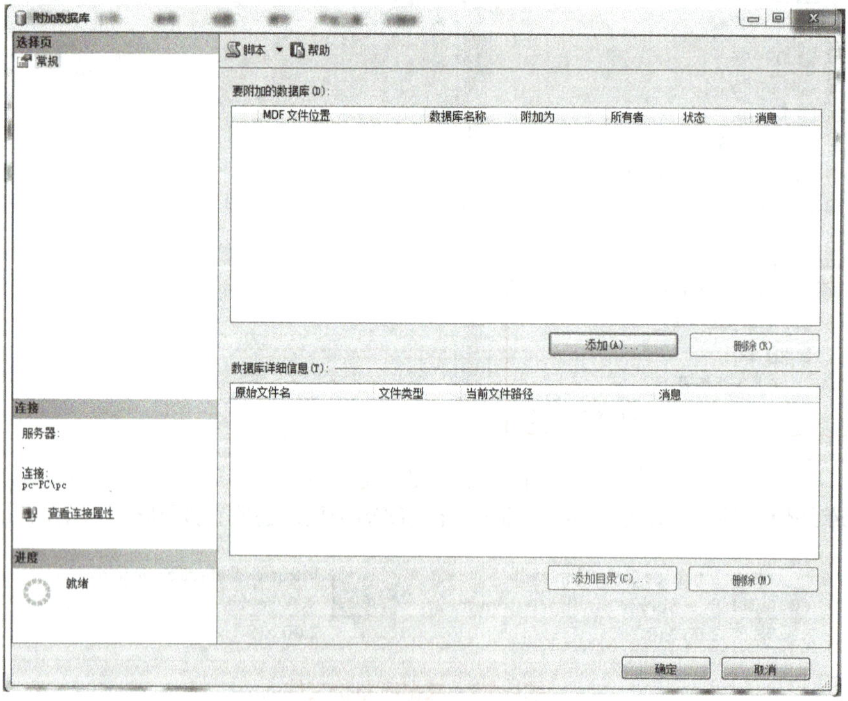

图3-48 添加数据库文件

单击“确定”按钮就完成了附加数据库文件的设置工作。这时，在“附加数据库”窗口中列出了需要附加数据库的信息，如图3-49所示。如果需要修改附加后的数据库名称，则修改“要附加的数据库”的文本框中的数据库名称。这里均采用默认值，单击“确定”按钮，完成数据库的附加。

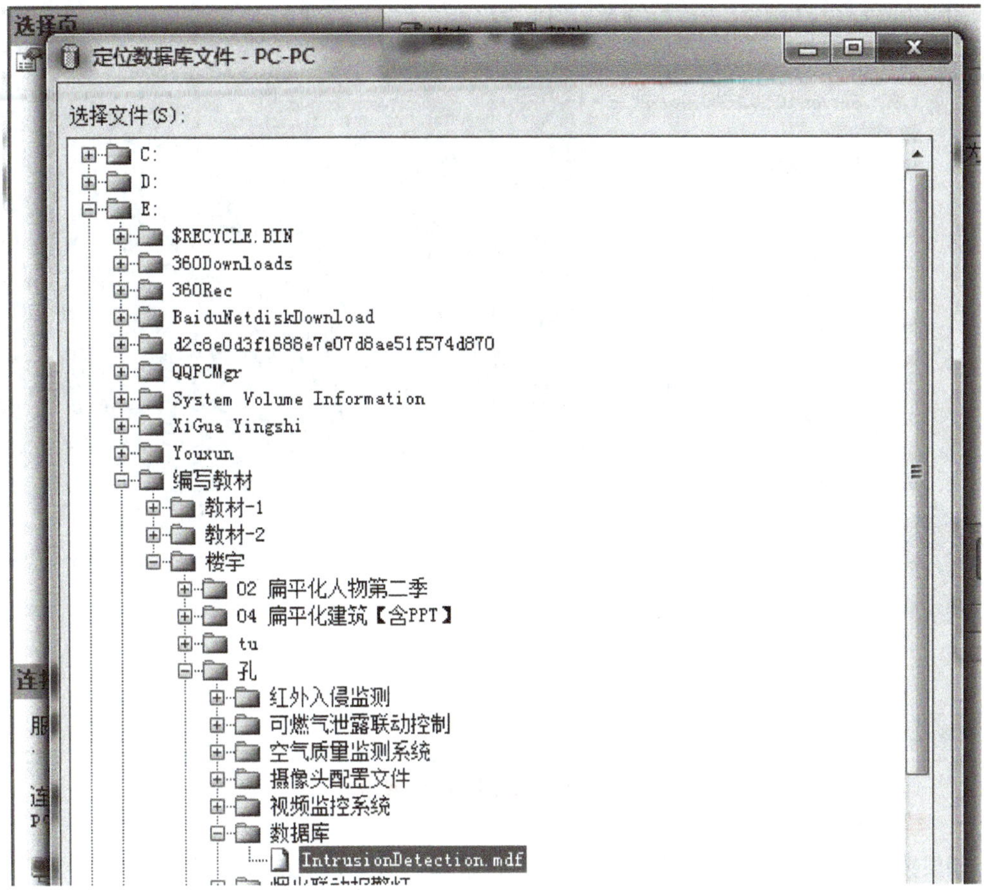

图3-49　查找要还原的数据库文件

完成以上操作，在SSMS的对象资源管理器中就可以看到刚才附加的数据库IntrusionDetection，如图3 50所示。

从以上操作可以看出，如果要将某个数据库迁移到同一台计算机的不同SQL Server实例中或其他计算机的SQL Server数据库中，附加数据库的方法是很有用的。

程序使用备注：

1）下拉列表中的com口号是指连接计算机上所获取的所有串口号，默认情况下为com1。

2）单击“设置”按钮可“打开串口”。

3）单击“开启检测”按钮可“红外对射传感器数据采集”、联动拍照、将数据写入数据库。

4）系统安装验证：单击 ▶启动 按钮执行程序，观测数据、联动、数据写入是否正常，如果不正常则说明设备安装有异常，检查安装后再进行测试。

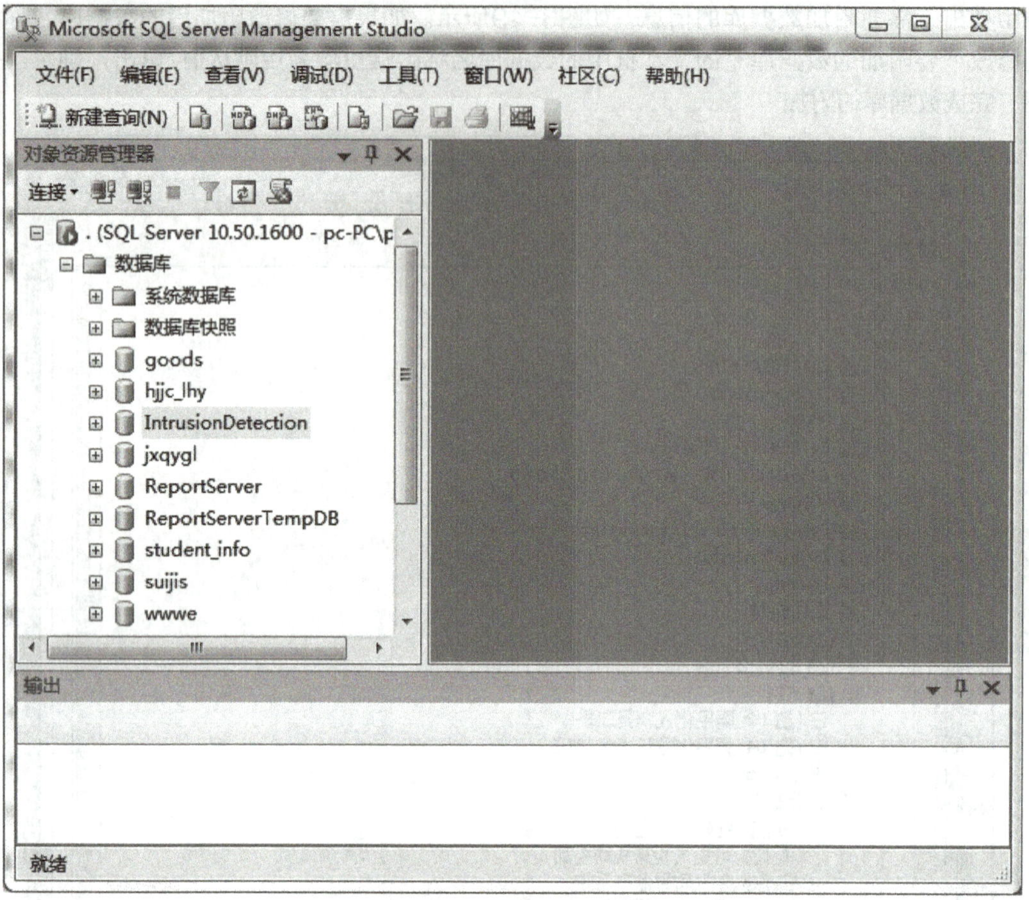

图3-50 数据库附件成功

5. 异常排查

如果数据采集、联动、数据写入不正常，请查验，直至系统正常运行。

6. 填写实验报告

心得体会

典型案例

莫莫，2018级电子商务专业学生。在训练中能够在老师的指导之外自己琢磨新技术，是训练队中思想更新速度最快的选手，2019年参加全国职业院校学生技能作品交流赛获一等奖。

红外对射报警器的工作原理是什么？

红外发射机驱动红外发光二极管发射出一束经过调制的红外光。在离红外发射机一定距离处，与之对准放置一个红外接收机。它通过光敏晶体管接收发射端发射的红外辐射能量，并经过光电转换将其转变为电信号。此电信号经过适当处理再送往报警控制器电路。

分别置于收、发端的光学系统一般采用光学透镜。它起到将红外光聚集成较细的平行光束的作用，以使红外光的能量能集中传送。红外发光管置于发端光学透镜的焦点上，光敏晶体管置于收端光学透镜的焦点上。

当有物体遮挡红外光束时，红外接收器机无法收到红外辐射能量，主机无法收到信号所以开始报警。

生活案例

案例一：生活中见到的对射传感器

报警器也叫主动红外入侵探测器（Active Infrared Intrusion Detectors），其基本的构造包括发射端、接收端、光束强度指示灯、光学透镜等，如图3-51所示。侦测原理是利用红外发光二极管发射红外线，经过光学透镜做聚焦处理，使光线传至很远的距离，最后光线由接收端的光敏晶体管接收。当有物体挡住发射端发射的红外线时，由于接收端无法接收到红外线，所以会发出警报。红外线是一种不可见光，而且会扩散，投射出去之后，在起始路径阶段会形成圆锥体光束，随着发射距离的增加，其理想强度与发射距离呈平方衰减。当物体越过其探测区域时，遮断红外射束而引发警报。传统型主动红外入侵探测器由于只有两光束、三光束、四光束类型，常用于室外围墙报警，并且可以联动摄像头进行拍照。

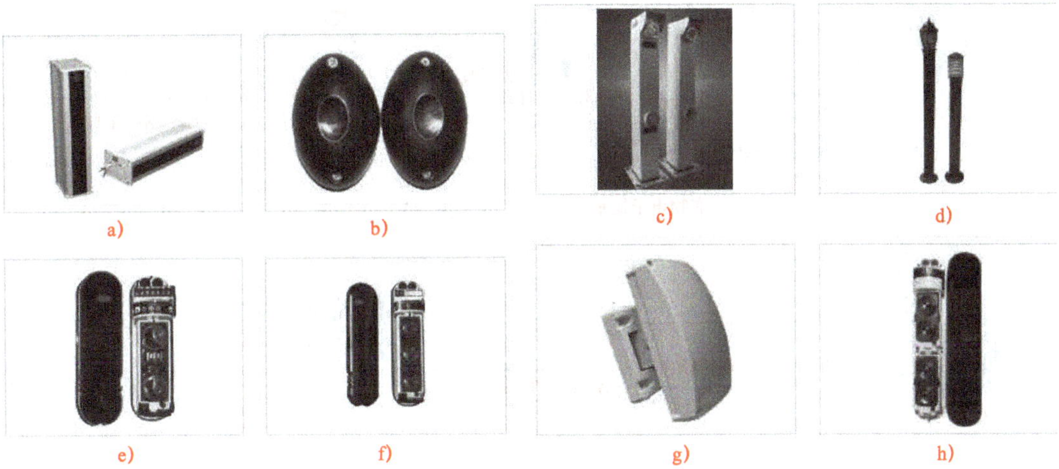

图3-51　对射传感器

a）单光束对射　b）微型对射　c）激光红外对射　d）落地式红外对射　e）2光束数字式对射　f）3光束数字式对射　g）微波对射　h）4光束数字式对射

对于利用光束遮断方式的探测器，当有人横跨过监控防护区时，遮断不可见的红外线光束而引发警报。常用于室外围墙报警，它总是成对使用：一个用于发射，一个用于接收。发射机发出一束或多束人眼无法看到的红外光，形成警戒线，有物体通过，光线被遮挡，接收机信号发生变化，放大处理后报警。红外对射探头要选择合适的响应时间：太短容易引起不必要的干扰，例如，小鸟飞过，小动物穿过等；太长会发生漏报。通常以10m/s的速度来确定最短遮光时间。若人的身体宽度为20cm，则最短遮断时间为20ms。遮断时间大于20ms报警，小于20ms不报警。红外对射探测器广泛应用在城市安防、小区、工厂、公司、学校、家庭、别墅、仓库、资源、石油、化工、燃气输配等。

案例二：周界防盗报警系统电子围栏

电子围栏是周界防盗报警系统，如图3-52所示，系统主要由电子围栏主机、前端配件、后端控制系统三大部分组成。通常，电子围栏主机在室外，沿着原有围墙（如砖墙、水泥墙或铁栅栏）安装，脉冲电子围栏主机也通常在室外，通过信号传输设备将报警信号传至后端控制中心，显示防区工作状态，并远程对外部脉冲主机进行布撤防控制等操作。如今大多数电子围栏用于农业围栏或其他形式的动物管理，还经常用于加强（如军事设施、监狱和其他安全敏感地点等）敏感地区的安全。

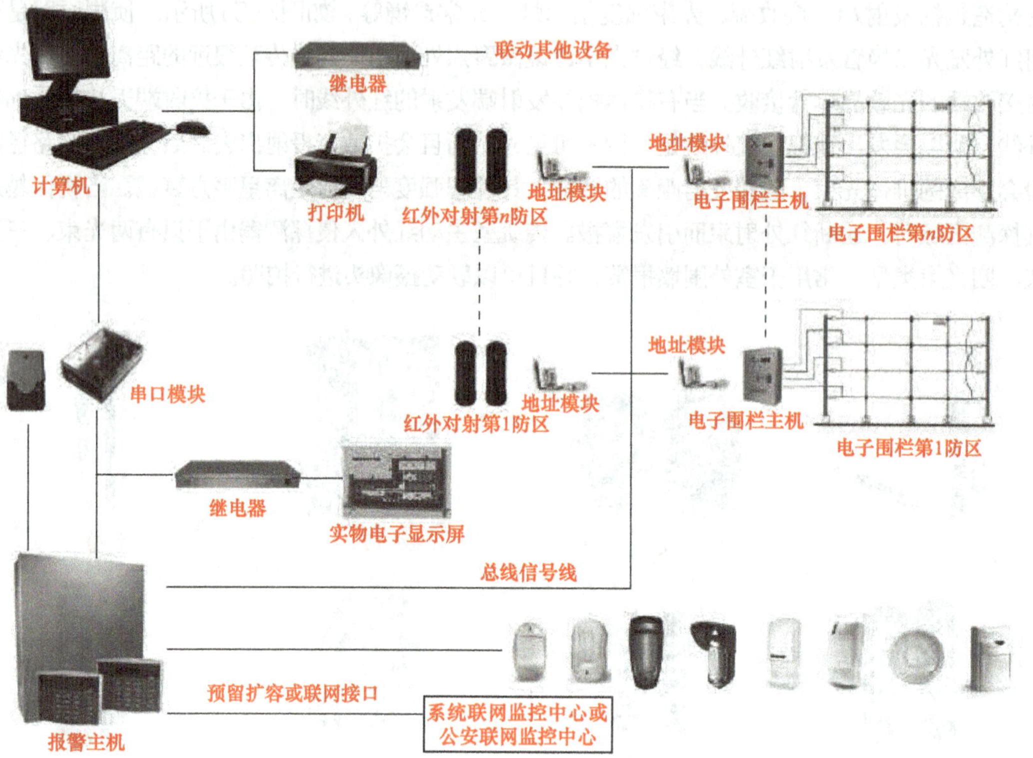

图3-52　电子围栏示意图

系统设置模块主要实现系统的通信设置、主从模式设置、延时设置和报警声音功能设置。

防区操作主要实现防区设置和辖区设置功能。辖区范围更广，相当于容器，一般情况下一个辖区包含多个防区。注意，要在设计模式下才能对防区或辖区进行新增、修改和删除操作，运行模式下无法设置。删除一个辖区后，它所包含的防区也自动被删除，如图3-53和图3-54所示。

历史记录可实现报警记录的查询、删除和导出等功能。支持组合查询、批量删除（上下框选）、导出Excel数据。

用户管理主要实现系统用户信息的设置、权限分配、密码修改以及切换用户功能。

用户设置主要实现用户的新增、编辑、删除等功能。

权限分配主要实现给用户设置权限的功能。可以对用户单独设置模块权限。勾选相应的功能，即这个用户可以有权限进行相应功能的操作。若没有勾选则此用户登录系统后相应功能按钮会变灰即处于锁定不可用状态，没有权限操作。权限分配完要保存，删除按钮会删除对当前用户分配的所有权限。

图3-53　电子围栏系统1

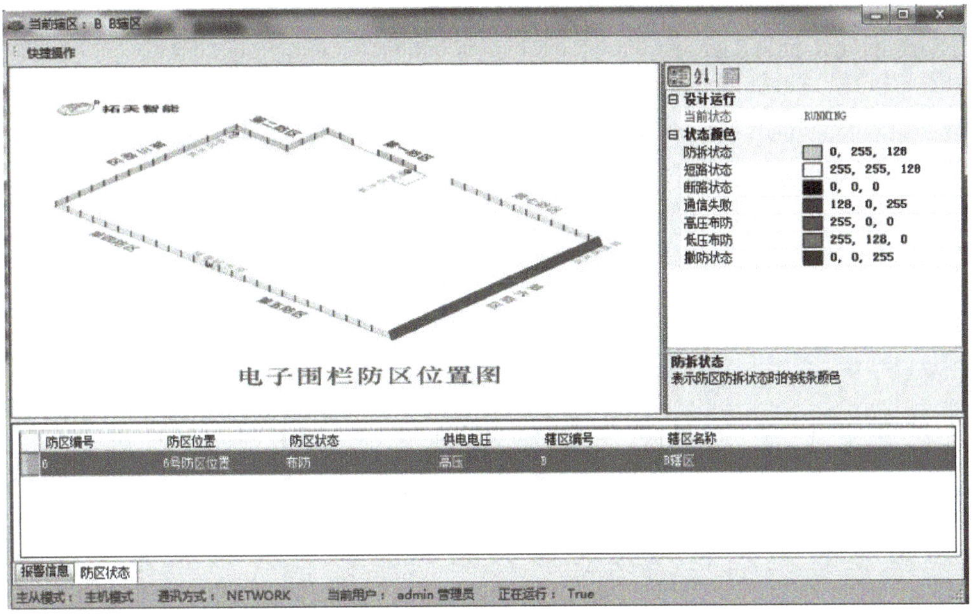

图3-54　电子围栏系统2

思考拓展

1）红外对射传感器的原理是什么？

2）红外对射传感器还可以与哪些其他设备联动进行安防？

3）电子围栏系统是什么？

Part 4

第4篇

技术前沿篇

4.1 走进现代门禁机——以海湾门禁机为例

情景故事

小安在假期时随父母去远在银川的姑姑家。下了火车后，他们乘出租车到小区门口，发现小区门口没有保安站立，大门也敞开着，抬头一看，上面有一个摄像头正对着自己。没多久，一位保安从旁边的大门出来，询问小明从哪里来，寻找哪位业主。几经对话小安才知道，在银川，有的小区已经实现了人脸识别门禁—— 新一代的门禁系统。刚才小安看到的这台摄像头便是人脸识别门禁系统的采集端。小区的业主、进进出出的水电工、保洁员、绿化工、维修工等人的头像均记录在报警记录里，一旦小区里出现可疑人物，保安就可以通过人脸识别门禁系统内的陌生人头像予以锁定。由于小安和他的家人的头像并没有记录在报警记录中，因此，当门前的摄像头采集到他们的头像时，头像便出现在小区监控室大厅中陌生人头像的屏幕上并启动报警系统，小区保安便出来进行身份核对。人脸识别门禁系统，如图4-1所示。

图4-1　人脸识别门禁系统

这一系统大大减少了保安的工作量，使得管理更加人性化。那么，这种新颖的门禁系统较传统门禁有哪些优势呢？它对人们的日常生活产生哪些影响呢？让我们一起来学习和探究。

学习目标

1）了解门禁系统及其作用。

2）了解人脸、指纹和无线门禁的概念。

3）掌握这3种门禁系统的具体应用，进一步了解智能安防对人们现实生活的影响。

知识储备

关键词：传统门禁系统；人脸识别门禁系统；指纹门禁系统；无线门禁系统

1. 传统门禁系统

门禁系统顾名思义就是对出入口通道进行管制的系统。它是在传统的门锁基础上发展而来的。传统的机械门锁，如图4-2所示。它仅是单纯的机械装置，无论结构设计多么合理、材料多么坚固，人们总能通过各种手段把它打开。在出入人员很多的通道（如办公大楼、酒店客房）钥匙的管理很麻烦，钥匙丢失或人员更换都要把锁和钥匙一起更换。为了解决这些问题，就出现了电子磁卡锁，如图4-3所示。电子密码锁，如图4-4所示。这两种锁的出现从一定程度上提高了人们对出入口通道的管理程度，使通道管理进入了电子时代。但随着这两种电子锁的不断应用，它们本身的缺陷就逐渐暴露，磁卡锁的问题是信息容易复制，卡片与读卡机具之间磨损大，故障率高，安全系数低。密码锁的问题是密码容易泄露，又无从查起，安全系数很低。同时大多数磁卡锁及密码锁采用读卡部分（密码输入）与控制部分合在一起安装在门外，很容易被人在室外打开锁。这个时期的门禁系统还停留在早期不成熟阶段，因此通常被称为电子锁，应用也不广泛。

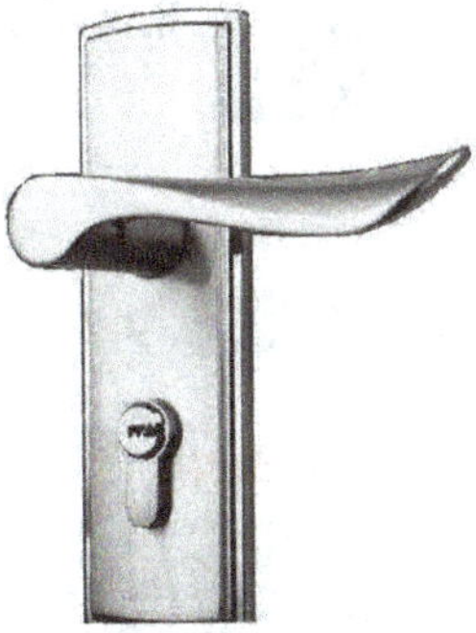

图4-2　机械门锁

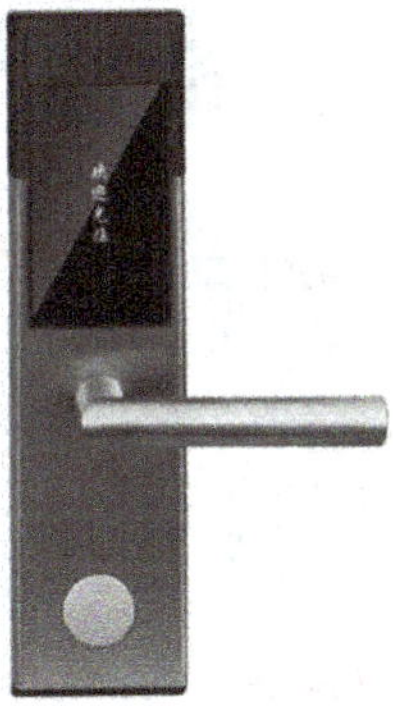

图4-3　电子磁卡锁

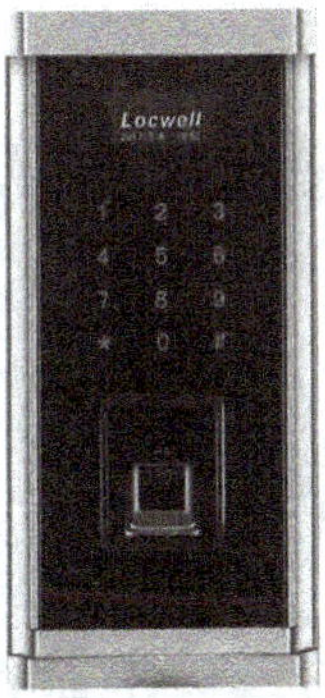

图4-4　电子密码锁

随着感应卡技术、生物识别技术的发展，门禁系统得到了飞跃式的发展，进入了成熟期，出现了感应卡式门禁系统、指纹门禁系统、虹膜门禁系统、面部识别门禁系统（见图4-5）、指静脉识别门禁系统（见图4-6）、乱序键盘门禁系统等，它们在安全性、方便性、易管理性等方面都各有特长，应用领域也越来越广。

图4-5　面部识别门禁系统

图4-6　指静脉识别门禁系统

2. 人脸识别门禁系统

（1）人脸识别门禁系统的相关概念

人脸识别门禁系统是一款完全脱机的人脸识别门禁考勤产品，它定位于中高端门禁考勤市场，以取代目前市场上的刷卡、指纹门禁考勤机。人脸识别相较于其他门禁产品可以直接通过刷脸的方式获取主人脸部信息进行开门。在现代越来越多的家庭首选人脸识别门禁。如图4-7所示即为人脸识别门禁系统终端。

（2）人脸门禁系统的工作原理

人脸识技术中被广泛采用的区域特征分析算法融合了计算机图像处理技术与生物统计学原理，利用计算机图像处理技术从视频中提取人像特征点，利用生物统计学的原理进行分析建立数学模型，即人脸特征模板。利用已建成的人脸特征模板与被测者的面像进行特征分析，给出一个相似值。通过这个值即可确定是否为同一人。如图4-8所示即为人脸门禁系统的工作原理。

图4-7　人脸识别门禁系统终端

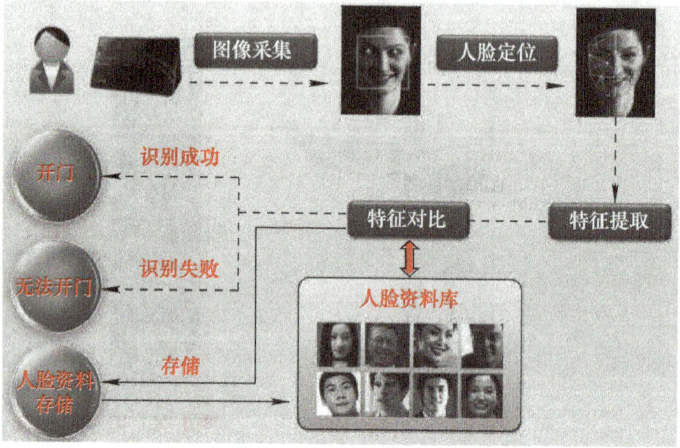

图4-8　人脸门禁系统的工作原理

（3）应用例子——智慧工地之人脸识别

人脸识别终端采用全新模具外观设计，是一款完全脱机的人脸识别门禁考勤产品，它定位于中高端门禁考勤市场，以取代目前市场上的刷卡、指纹门禁考勤机。一个完整的智慧工地门禁系统主要由以下几个功能模块组成：

1）人脸识别门禁闸机。

每个工点根据实际需求部署双向人脸识别闸机，闸机通道宽度为550mm。

2）实施工艺。

每个通道敷1条网线和1条电源线（BV　4mm^2），就近从门卫室或监控中心取电，网线通过光纤收发器接入光纤网络，闸机与闸机用1条网线和1条通信线连接。

3）人脸照片采集标准。

① 人脸正面免冠照，露出眉毛和眼睛。

② 照片白底、无逆光、无修图、无过度美颜处理。

③ 照片保存为JPG格式，大小约150～200KB。

④ 照片清晰度≥300DPI。

⑤ 照片分辨率为640像素×480像素或以上，建议采用800像素×600像素分辨率。

4）车辆通道道闸。

为规范施工区域的车辆进出，将在车辆出入口布置车辆识别闸机。车牌识别系统主要由车行道闸、车牌抓拍单元、车牌识别单元、管理服务器组成，该系统主要对进出施工现场的车辆进行管理，对已录入系统的合法车辆通过系统认证后闸机将自动抬起，否则闸机将不动作。

5）实施工艺。

① 每个车辆出入口安装1对栅栏道闸。

② 每个车辆出入口安装两台车牌识别摄像机（含补光灯）。

③ 视频监控。

6）点位布置原则。

① 员工通道布置1台2.8mm半球摄像机。

② 车辆出入口布置1台4mm固定枪式摄像机。

③ 施工场区沿围墙≤50m布置智能高速球机。

④ 其他区域布置6mm固定枪式摄像机，例如，钢筋加工区等。

7）安装工艺。

① 固定式枪式摄像机采用立杆安装，安装于钢筋加工区两侧围墙边。

② 在摄像机附近安装室外防水箱，用于放置摄像机电源适配器、光纤收发器、交换机和主干光纤（每个监控点预留2～4芯光纤）。

③ 从室外防水箱分别敷设1条电源线和1条网线，各自摄像机主要监控范围为钢筋加工区等作业区域。

3. 指纹门禁系统

（1）指纹门禁系统的概念

指纹门禁系统以手指取代传统的钥匙，使用时只需将手指平放在指纹采集仪的采集窗口上即可完成开锁任务，操作十分简便，避免了其他门禁系统（传统机械锁、密码锁、识别卡等）可能被伪造、盗用、遗忘、破坏等问题。

（2）指纹门禁系统的组成

指纹门禁系统的硬件主要由微处理器、指纹识别模块、液晶显示模块、键盘、实时时钟/日历芯片、电控锁和电源等组成。微处理器作为系统的上位机控制整个系统。指纹识别模块主要完成指纹特征的采集、比对、存储、删除等功能。液晶显示模块用于显示开门记录、实时时钟和操作提示等信息，和键盘一起组成人机界面。

软件主要由指纹处理模块、液晶显示模块、实时时钟模块和键盘扫描模块等组成。指纹处理模块主要负责微处理器与指纹识别模块之间命令和返回代码的信息处理；液晶显示模块根据液晶显示模块的时序运行驱动程序，以实现显示汉字、字符的目的；实时时钟模块根据时钟芯片的时序运行通信程序，实现对时钟芯片的读写操作；键盘扫描模块根据键盘的设计原理编写键盘程序来识别有无按键动作和按下键的键号。

4. 无线门禁

目前的智能门禁系统大多数是基于有线通信的方式来实现的。众所周知，有线通信具有安全、稳定性好、易于实现等优点；但同时有线通信方式具有初装费用高、施工时间长、无法移动、变更余地小、维护费用高、覆盖面积小、扩展困难等缺陷。随着通信技术的发展，无线通信网络进入了一个新的天地。功能强、容易安装、组网灵活、即插即用的网络连接、可移动性强等优点，使得无线网络提供了不受限制的应用场景。因此无线射频门禁系统不但能提高安全性和可靠性，而且相对传统的契合性机械装置，其磨损消耗少，使用时间长，能有效减少门禁设备的更换。

心得体会

典型案例

小江同学，是2012级楼宇专业的学生，在校期间，多次获得奖学金，平时刻苦好学，喜欢钻研究新事物，对各种操作皆有兴趣，并代表学校参加全国职业院校技能大赛，取得了令人满意的成绩，被同学们称为“全能王”。

江同学：在学习了本节内容后，我留意了自己家和亲戚家小区的门禁系统，觉得在小区通道口安装门禁系统有诸多好处，见表4-1。

表4-1 小区通道口安装门禁系统的优点

序号	优点
1	可以有效防止非小区人员随意进出小区（如推销员），为小区营造良好的环境
2	可以在早晚人流大的时候快速准确地识别每一个小区居民的身份，让其通过大门进入小区，以免造成小区大门拥堵
3	可以提高小区的管理水平，提高小区形象
4	只要随身带一张卡就可以进出小区、单元、地下车库，无须带许多钥匙，安全性比钥匙更高
5	在地下非机动车库装门禁可以禁止非小区人员进入车库，可以避免小区车库车位被他人停靠，有效防止车辆丢失
6	小区安装的是ID感应式读卡门禁系统不仅可以满足现代人的科技管理的愿望，还避免了接触式磁卡、IC卡门禁系统数据易丢失、卡片使用寿命短以及生物识别式门禁系统价位高的缺点
7	门禁系统较稳定，可以长期工作不易损坏。可以有效避免系统损坏对小区的进出造成的不便
8	门禁系统容易维修，在维修过程中不需要使用专业的维修工具
9	门禁系统先进，不会在数年内就被淘汰，可以满足用户的需求

生活案例

1. 无线门禁应用案例——新长远无线Wi-Fi门禁系统

【品　　牌】智道

【产品名称】无线Wi-Fi门禁系统

【型　　号】DCS-Wi-Fi

【系统特点】

无线门禁控制器内置Wi-Fi通信模块，与管理主机之间无线传输，无须布线，缩短了工期。采用工业级设计，传输稳定、可靠性强、安全性高。

【系统介绍】

无线门禁系统是以无线Wi-Fi方式将各个无线门禁控制器、无线路由器与管理计算机连接起来，组成一个无线门禁网络，并实时控制和传输信息给管理计算机。市场上常规的门禁系统都是采用RS485或RJ-45有线方式与管理计算机进行通信。但随着门禁应用的拓展以及安装场所和施工条件的限制，有些场所不能采用有线方式组网，这样就必须考虑采用无线方式来实现门禁系统的联网。内置Wi-Fi无线接入模块的无线门禁控制器已经成功应用于无线门禁系统。

Wi-Fi完全摆脱了网线，支持多个设备同时连接，支持高速率传输。因此，无线Wi-Fi门禁控制器为用户提供了安全可靠的数据传输，同时为门禁系统节约了布线的成本和人工成本。

无线Wi-Fi门禁系统适用于中小企业、工厂、办公楼/室、学校/幼儿园等现场Wi-Fi能覆盖的范围进行管理使用，不影响现场环境，大大缩短系统建设周期，无损外观美观，是传统门禁系统的升级换代产品。

【无线控制器技术参数】

通信方式：无线Wi-Fi

通信距离：控制器与计算机之间的通信距离根据现场Wi-Fi覆盖情况而定

管理门数：1

可接读卡器数量：2

读卡器输入格式：韦根26（兼容所有韦根格式的EM、M1、HID、密码等读卡器，指纹、人脸等生物识别）

可存储注册卡权限数：6万个（备注）

可存储记录数：6万个

工作电压：DC 12V±10%

工作电流：≤150mA

工作温度：-40℃~70℃

可接电锁及门磁：2个

出门按钮：2个

在停电状态保护数据：高速闪存设计，永不丢失

输出：两组电锁控制输出、两组报警输出

输入：两组Wiegand（韦根）读头输入、两组开门按钮控制、两组门磁输入、一组报警输入

供电方式：内置门禁电源，门禁控制器、电锁可由门禁电源直接供电

配套软件：简体中文

配套软件可支持的数据库：SQL

尺寸：150mm×130mm×25mm（长×宽×高）

通信方式：无线GPRS

控制器与计算机之间的通信距离：根据GPRS覆盖情况而定

【优势特点】

1）无须布线：

门禁与无线网络路由器连接，整体系统均可实现无布线，也可通过有线接入局域网。

2）实时联网：

采用业界领先的无线传感网技术使门禁系统处于实时联网工作模式，管理中心软件即时显示各门点的刷卡信息、人员照片、开关门状态信息。

3）高效快捷：

无线Wi-Fi网络通信工作状态下，高效快捷。

4）安装便捷：

只需安装电锁、读卡器，不涉及通信线路的布线施工，施工简便，建设周期短。

5）使用保障：

即使无线通信受干扰，对门禁系统、对用户的进出使用并不影响。

6）维护方便：

因为没有隐藏的设备及布线工程，所以系统的维护及修理特别简单，只需简单更换、检查部件即可立即恢复系统工作。

2. 天地峰景小区的智慧门禁系统

近年来，随着人脸识别技术在国内的兴起，越来越多的应用浮出水面。从2015年3月“刷脸”支付到一秒测“颜龄”的娱乐应用爆红朋友圈，再到智慧小区“刷脸”开门，人脸识别技术再获关注，如图4-9所示即为智慧门禁系统应用简图。

图4-9 智慧门禁系统应用简图

天地峰景小区是天地集团旗下的住宅小区，有近3000名常住住户。该小区在每栋楼地面的单元门和地下室出入口都安装了人脸识别门禁系统。

在现场，小区工作人员为体验团演示了“刷脸”进门的整个过程，她先是站到了人脸识别门禁机的下方，头稍微抬起，人脸随即出现在门禁机屏幕上，大门自动打开，同时语音播报“您好，请进！“，如图4-10所示。

图4-10 刷脸门禁

思考拓展

1）现代门禁系统有哪些？未来的门禁系统将会朝着哪个方向发展？

2）结合实际，列举现代门禁系统在哪些方面还得到了广泛应用？

4.2 走进智能摄像机——以360智能摄像机为例

情景故事

家住重庆市永川区的韦女士家中被窃，然而窃贼仅得手10元就被抓获。事情是这样：永川区公安局中山路派出所接到报警后立即赶到现场，将犯罪嫌疑人袁某带回派出所，袁某对其入室盗窃的事实供认不讳。袁某称，他看到韦女士家的阳台防范较弱，很容易爬进室内，便实施盗窃。然而当他进入室内却发现屋内并没有贵重物品，只找到10元钱。在他翻找贵重物品的同时，触发了韦女士家中安装的监控和报警器。报警器响起，袁某立刻逃离现场，听到警报声音的小区保安和居民出来查看情况，发现袁某的盗窃行为便合力将袁某抓住并报警。

学习目标

1）了解智能摄像机及主要的品牌。

2）了解智能摄像机在智能家居领域中的具体应用。

知识储备

1. Vimtag P1智能摄像机：500万高清镜头

国内智能摄像机品牌在提高产品分辨率的道路上各出奇招，但是真正投入资金的企业并不多，毕竟要实现最终高清流畅的画面，所需要的成本相对于市面上常见的智能摄像机的成本高。Vimtag P1智能摄像机便是商家为了提高分辨率而下了“重本”的智能摄像机产品，相对于市面上常见的智能摄像机，价格偏高。但是，Vimtag P1智能摄像机高出的这部分价格可以说是值得的，因为正是这些硬件性能的提高，才最终实现了给用户呈现高清流畅的监控视频。

那么，为了做到高清流畅的视频画面，Vimtag P1都做了哪些努力呢？

首先，在镜头的选用上，Vimtag P1选用了全玻璃的光学镜片，相对于塑料镜片和化合物镜片，全玻璃的光学镜片的光学性能更好，透光性也更好。而且为了尽可能地拍摄到更多细节，选用的还是由6片全玻璃光学镜片组成的镜片组，这样不仅能够大幅度增加画面高光区与暗光区的细节，还支持8倍高清放大，对某些细节进行放大处理。Vimtag P1智能摄像机，如图4-11所示。

其次，为了能够更好地、更完整地将通过镜头投射进来的画面呈现在用户面前，Vimtag P1采用了1/2.7in的真彩图像传感器，相对于市面上智能摄像机普遍采用的1/4in图像传感器，可以感受和转化更多画面细节。

最后，在对画面流畅性和数据传输等功能至关重要的主控芯片的选择上，Vimtag P1选用的是代培双核处理器，可支持高达60fps帧率的画面传输，这意味着数据传输更快，也意味着在提供给用户高清画面的同时还能为用户提供流畅的画面。

图4-11 Vimtag P1智能摄像机

2. 360度智能摄像机——环视看家不留盲区

（1）360度守护家的安全与温暖

真正好用的云台摄像机，守护家的安全与温暖。360智能摄像机云台版搭载360度全景云台，具有智能巡航、智能追踪等全新功能，时刻保障家庭安全，做家中称职的管家。

（2）360°云台全景看家中的每个角落

它具有垂直及水平双云台，可远程操控调整视角，360°全景水平视角，家里的每个角落都清晰可见；360°垂直视角，地板天花板尽收眼底；打开手机，时刻看到家中的每一处细节。

（3）智能巡航，称职的智能管家

内置自动巡航模式，记录家里的每个角落，为家庭安全保驾护航；同时支持用户自定义巡航点，循环覆盖预先设定的关键区域。

（4）智能移动追踪技术，摄像机给你行注目礼

搭载人工智能视觉算法，开启“追踪观看”捕捉到移动物体后自动跟踪移动轨迹，并推送5s报警视频到手机APP，不必担心发生危险。

（5）1080P超清画质，清晰记录细节变化

采用1080P高清图像传感器，可输出1920像素×1080像素超高分辨率图像，画质颜色清晰、丰富、噪点低，可清晰记录监控区域内细节的变化。兼顾不同的网络状况，超清/高清/流畅三种模式任用户挑选，每帧画面都如亲眼所见般真实、清晰流畅。

（6）高清红外夜视，再黑也能拍清楚

内置10颗点阵式红外夜视灯，夜视拍摄达7～10m，再黑也能拍清楚；内置IR-CUT功能，根据周围光线变化程度自动切换或调节夜视模式，24h给用户安心的守护。

（7）双向语音通话，随时随地给用户贴心陪伴

支持双向语音、单向视频通话功能，不论在哪都能给家人贴心的陪伴。它还可以“听懂”指令，只需唤醒摄像机，发送留言，即可传递给亲人每一句爱的话语。

（8）360人工智能用科技保障你的财产安全

基于360智能研究院人工智能技术，利用图像深度学习技术，精确识别人形异动、哭声检测、异响/异动监控。实时监测摄像机画面中的人物，出现异动即向手机推送安防报警消息，即刻保障用户的财产安全。

（9）自动遮蔽模式，时刻保护用户的隐私安全

结合“定时开关机”调整用户的在家时间，进入自动遮蔽模式，时刻保护用户的隐私安全。

具体操作步骤：打开360摄像机APP，连接云台版摄像机，在“设置-摄像机开关”中选择“关闭”摄像机，摄像机会进入物理隐私模式。

（10）手机+PC多端查看，时刻掌握监控情况

告别传统落后的监控设备，只需一台智能手机便可随时随地查看现场情况；如果发生异动，手机会实时推送报警消息。还提供了便捷好用的PC网页版管理界面供用户使用。

（11）两种使用方式，灵活选择更方便

支持水平放置于桌面或吊顶安装，两种使用方式方便安装取放。

（12）两种存储方式，视频画面随心回放

可以通过本地存储卡或云端录像将摄像机前发生的一切记录下来，关心的任何画面都不会错过。云端录像与存储卡录像比较，见表4-2。

表4-2　云端录像与存储卡录像比较

云端录像，不会被偷走的录像	存储卡录像，不错过任何一帧画面
开通云录像服务后，摄像机一旦检测到画面变化，将自动开始进行云录像，无须额外的存储设备，再也不用担心存储卡损坏造成录像丢失。可以随时随地打开手机，查看最近7天或30天的云录像视频	摄像机插入存储卡后可自动录像。内存满后，新视频自动覆盖老视频，流畅模式下16GB存储卡即可保存10天的视频内容

图4-12所示即为360智能摄像机。

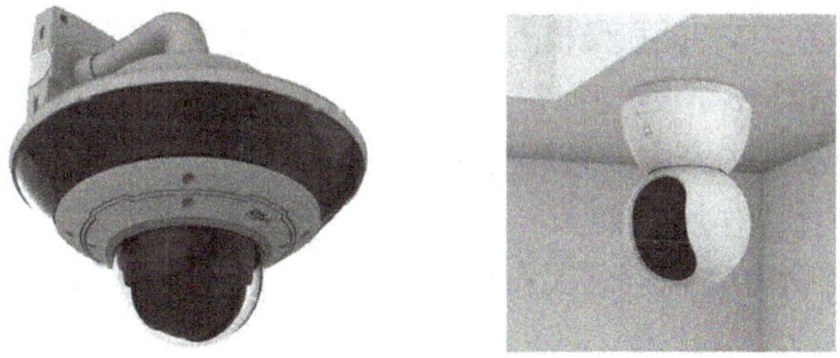

图4-12　360智能摄像机

心得体会

典型案例

李同学，2012级学生。在训练中能够在老师的指导之外自己琢磨新技术，在网上寻找一些新技术，积极到图书馆翻阅相关书籍进行学习，是训练队中学习速度最快的选手之一，队友们戏称他为“学习能手”。

2013年6月李同学与另外两名同学组队代表我市参加全国职业院校技能大赛物联网

应用技术赛项，获得二等奖的好成绩。

李同学：本周末，我随父母去国美家电市场买冰箱。在他们认真看各种品牌的冰箱、听服务员讲解各自优缺点的时候，我也随处走走，无意间逛到了智能家居区，其中有一款摄像机映入眼帘，它的摄像头360° 在旋转，而一名服务员手里正拿着一个手机给观众看，摄像机所拍摄的画面都在手机上得以呈现，画面清晰无盲点，当摄像机拍摄到一些异常的画面时，手机将发出异常的声响。

这就是最近训练中老师常提到的智能摄像机，与传统摄像机相比，它有很多优点，请查阅相关资料，填入表4-3。

表4-3 传统摄像机与智能摄像机比较

技术特点	传统摄像机	智能摄像机
搜索范围		
智能移动追踪		
红外夜视		
双向语音通话		

生活案例

家庭安防不能只靠忠犬

事发当天，两名嫌疑人趁被害人家中无人，便撬锁进入被害人家中实施盗窃。从被害人家中的监控可以看到，在盗窃过程中，两名窃贼分工合作。一名窃贼在客厅不时向外张望，防止有人回来，另一名窃贼进入卧室实施盗窃。有趣的是，望风的嫌疑人竟在客厅和被害人家中的宠物狗玩了起来。两名嫌疑人在盗窃后迅速离开，失主家中的智能摄像机已准确记录下他们的样貌。警方通过智能摄像机提供的线索迅速锁定犯罪嫌疑人身份并将二人抓获。经警方审讯后，两名窃贼对盗窃罪行供认不讳，两人曾是狱友，出狱后便结伙盗窃，以为这样更难被警方抓捕。然而他们并没有想到被害人家中竟装有智能摄像机，自己的盗窃行为会被全程记录。

很多市民会在家中养狗，但宠物狗并不都具备看家防盗的能力，若居民希望家中安全，可以学习这位被害人的做法，为家中安装智能摄像机。

智能摄像机到底有什么作用呢？

有些窃贼在入室盗窃时会观察居民家中的情况，一旦发现摄像机便将其损坏并带走内存卡，企图毁坏证据。

智能摄像机云台版具有云录像功能，摄像机一旦检测到画面异动，将自动进行云录像，无须外置存储设备。居民可随时打开手机查看近30天的云录像视频，回放家中情况。一旦发现家中被窃，居民可提供嫌犯信息辅助警方尽快捉拿，不让窃贼逍遥法外，同时将财产损失降到最低。

智能摄像机除了可以对正在发生的事件实时记录外，还可以对监控视频进行分析，提取其中的信息（如车牌、人脸、动作），从而进行视频推送预警、实现预防。可以起到“防患于未然，犯罪于未遂”的作用，将犯罪扼杀在摇篮中。智能摄像机还可以通过视频推送的方式将画面发送到用户手机上，在犯罪发生时可通过外接的报警装置进行报警。

智能摄像机内置芯片性能较好，可以对移动目标进行人脸识别、自动跟踪、行为分析等，像素可以达到130万、200万甚至更高，可根据客户要求定制不同观测角度、不同观测距离的摄像头，而且多数具备夜视功能，在夜晚也能完成监视工作，无论刮风下雨还是阳光曝晒，都能完成监控。

它无需现场布线，不受地域条件限制，在网络覆盖范围内均能进行图像传输，适用对家庭、办公场所、商场等多场所的移动目标进行监控。另外，它还能和家用红外光栅、智能红外探测幕布等安防系统相连接，且使用寿命和监控存储时间都较传统监控长，从而可以全方位、高效率地保护家庭。

思考拓展

列举生活中智能摄像机还有哪些具体应用。

4.3 走进智能盒子——以嘟嘟智能盒子为例

情景故事

多年前诺基亚公司统治手机界的时候，没有人想到现在智能手机会成为一种生活方式。那么多年后，人们的生活会变成什么样？

不妨想象一下：在家时，能用手机或者声音操控全部家具；外出时，能随时获取家里的情况，出现异常自动报警；儿童走失后，会报警提示并定位追踪，全方位解决安全隐患；随时监测空气质量，能提出空气改善建议，天然气泄漏了，能第一时间发现……

想象起来很遥远，实际上，人们与智能生活也许只差一个智能盒子的距离。

学习目标

1）了解智能盒子及目前智能盒子的品牌。

2）利用智能盒子组建一个简单的智能家居环境。

知识储备

关键字：嘟嘟智能盒子；智能家居

1. 嘟嘟智能盒子

嘟嘟智能盒子是嘟嘟E家旗下的一款智能家居产品，在智慧家庭与智慧社区项目中扮演着大脑的角色。这款产品面市至今一直是市场上功能最完善的智能家居产品之一。它从便捷、健康、安全三个维度解决了用户的家居生活需求。

便捷方面，嘟嘟智能盒子可以实现对全家家电的智能控制，还可以通过“情景模式”进行

第1篇
第2篇
第3篇
第4篇
第5篇

一键多控；健康方面，它可以监测室内空气质量，并联动空气净化器等设备改善环境；安全方面，它可以探测人体活动，防止外人入侵，同时能消除火灾、天然气泄漏的隐患。它的特点主要体现在：三大核心能力、九大主要技术、六大功能优势。

（1）三大核心能力：嘟嘟智能盒子的三大核心能力和具体体现，见表4-4

表4-4　嘟嘟智能盒子的三大核心能力和具体体现

三大核心能力	具体体现
“智”在便捷	无死角万能遥控，高效集成家居控制，实现一部手机控制所有设备，提供单项与智能一键情景组合模式，让用户的生活更加便捷，如图4-13所示 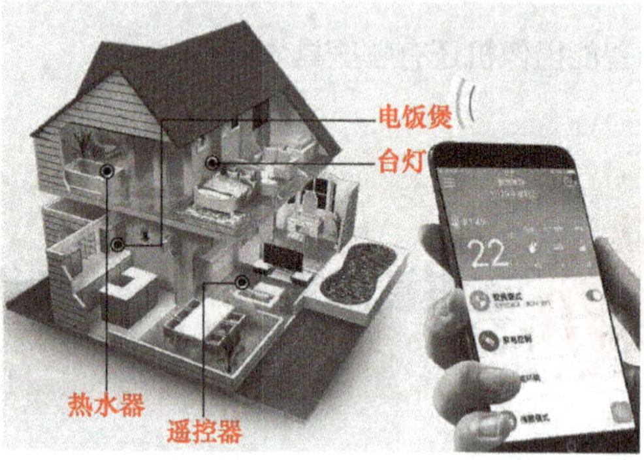 图4-13　手机实现万能遥控
“智”在安全	红外安防报警：实时侦测室内人体活动，有异常闯入，第一时间推送报警，同时发出本地警告，守护家人和家庭财产安全；烟雾超标报警：数字探测器检测有害物质，遇烟雾超标自动报警提醒，真正防患于未“燃”，如图4-14所示 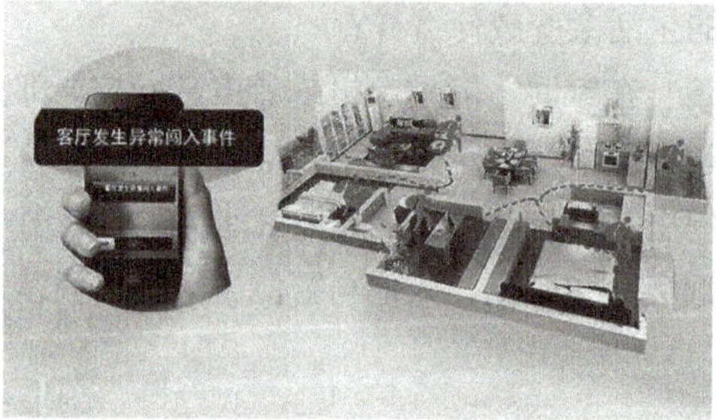 图4-14　客厅人员异常闯入
“智”在健康	实时监测家庭空气质量，统计PM2.5、甲醛、烟雾、温度、湿度等环境指标，空气质量较差时可联动空调、新风系统、门窗系统改善家庭环境，如图4-15所示 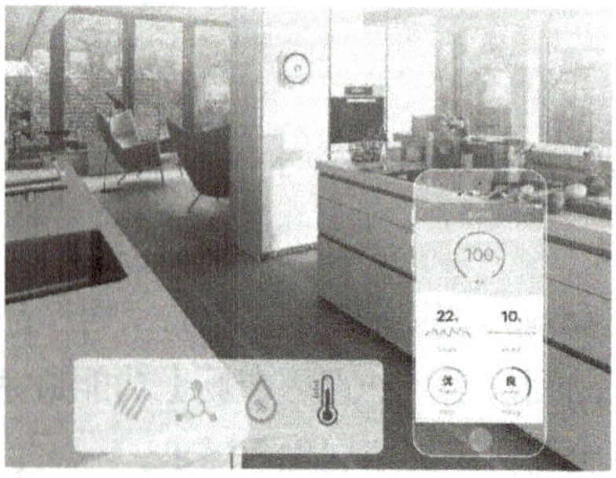 图4-15　监测室内空气质量

（2）九大主要技术：如图4-16所示为嘟嘟智能盒子的九大主要技术

图4-16　九大主要技术

（3）六大功能优势：嘟嘟智能盒子的六大功能和具体体现，见表4-5

表4-5　六大功能和具体体现

六大功能优势	具体体现
功能最超级盒子	集红外遥控、集成控制、环境监测三大功能于一体的超级盒子，用一个产品满足多种需求，轻松为用户打造便捷智能生活，如图4-17所示 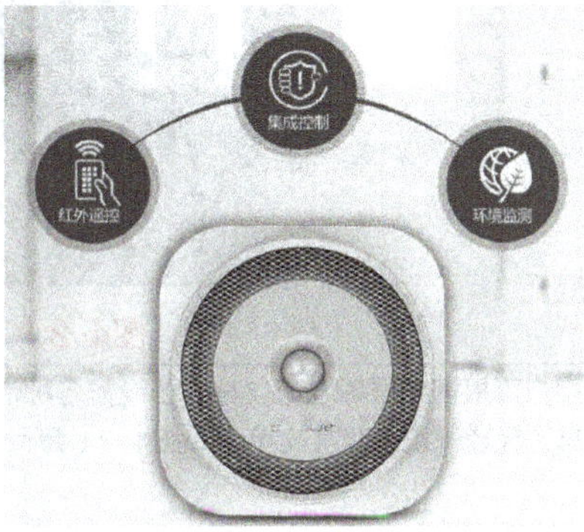 图4-17　功能最超级盒子
高灵敏激光和数字探测器	针对家庭健康隐形杀手——VOC、甲醛、PM2.5等有害物质进行高灵敏度数字探测，当家庭有害物质浓度超标时，自动推送报警信息，并可联动智能家居改善家庭环境，如图4-18所示 注：当居室中的VOC达到一定浓度时，短时间内人们会感到头痛、恶心、呕吐、乏力等，严重时会出现抽搐、昏迷，并会伤害到人的肝脏、肾脏、大脑和神经系统，造成记忆力减退等严重后果 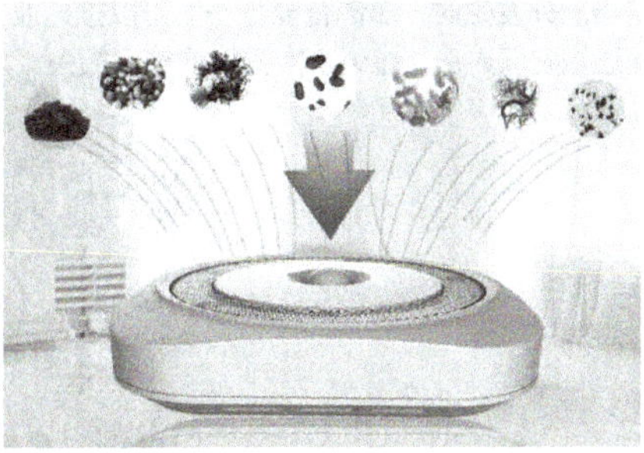 图4-18　高灵敏激光和数字探测器

（续）

<table>
<tr><th>六大功能优势</th><th>具体体现</th></tr>
<tr><td>超大容量智能网关</td><td>集成家居控制，可支持最高128路智能硬件接入，全面满足智慧家庭的日常需求，如图4-19所示

图4-19　超大容量智能网关</td></tr>
<tr><td>无侧漏报警系统</td><td>支持APP推送通知、短信推送、电话推送三种手机报警方式，用户根据自身需要自由选择报警方式和报警灵敏度，不收取任何费用
当有人闯入或者烟雾超标时，自动开启本地语音报警，喝退歹人，同时提醒家人，如图4-20所示

图4-20　无侧漏报警系统</td></tr>
<tr><td>自定义情景模式</td><td>用户可根据家居环境和自身需要设置各种情景模式，统一安排家居运作，出门、回家、看电影、休息，轻轻一按，非常简单，如图4-21所示

图4-21　自定义情景模式</td></tr>
<tr><td>智慧社区通信功能</td><td>当意外发生时，嘟都智能盒子既可以推送业主报警，也可以联动智慧社区物业管理系统，第一时间通知安保人员，避免事实损失或扩大损失，如图4-22所示

图4-22　智慧社区通信功能</td></tr>
</table>

（4）设备灯光提示：设备正常启动后，具体灯光定义见表4-6

表4-6　设备灯光定义

编号	指示灯状态	信号指示	按住时延
1	红色呼吸	烟雾报警/非法闯入/一键布防/配置失败	无
2	蓝色呼吸	环境警告	3s
3	绿色呼吸	配置成功	无

2.【应用案例】——利用嘟嘟智能盒子组建智能家居

利用嘟嘟智能盒子组建智能家居，其应用步骤和图示，见表4-7。

表4-7　组建智能家居的步骤和图示

步骤	图示
1．将嘟嘟智能盒子安装上墙	
2．扫描包装盒上的二维码下载APP，通过APP扫描嘟嘟智能盒子机身上的二维码将产品绑定，随后进行功能测试，如图4-23所示	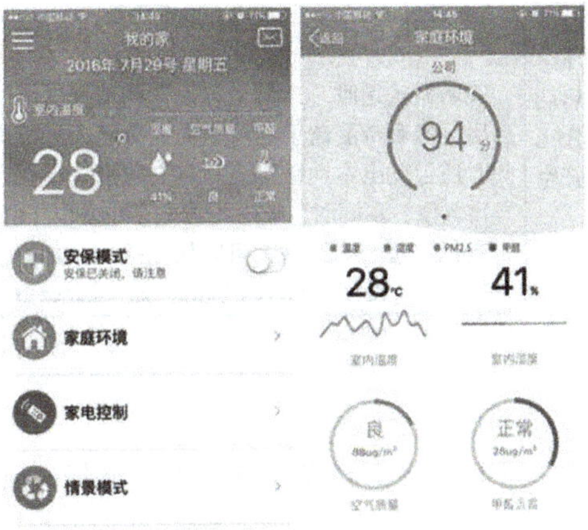 图4-23　登录界面 绑定的流程很快，大约1～2min。绑定后，主页面顶部立即出现了空气质量数据，滑动可以看到温度、PM2.5、VOC、AQI等不同内容。单击“家庭环境”，可以看到更多内容，例如，穿衣建议、环境变化趋势。此外，APP还会对当前的室内环境进行评分
3．添加其他设备 选择“远程控制”即可添加设备。可以看到，支持添加的设备类别很多，如图4-24所示	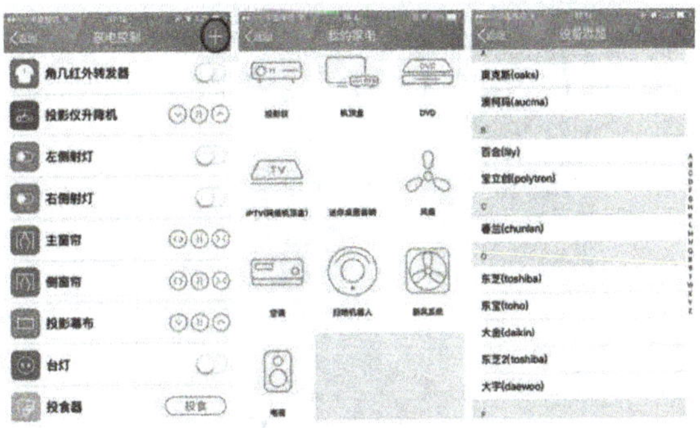 图4-24　品牌选择

（续）

步骤	图示
4. 在主页单击“情景模式”可以添加或编辑情景模式，通过情景模式可以实现对多种设备的同时控制。如图4-25所示，设置了一个“回家模式”，效果是空调开启并自动调节到24℃、关闭窗户和窗帘、自动开灯，设置好后，不需要走到设备前去调试，只需一键就能实现所有的要求。这个“情景模式”是可以自动触发的，例如，可以设置“温度高于30℃后自动开空调”“开门后自动启动回家模式”“PM2.5高于500时自动打开空气净化器”……	 图4-25　情景模式选择 安防模式是唯一一种无须设置的情景模式，单击主页面正中的安防图标开启该模式。开启后，嘟嘟智能盒子会对室内人体活动进行监测，一旦发现有人，会第一时间推送报警，同时还会发出本地警告。开启安防模式后，轻轻挥了挥手，警报声就响起了：“警报，有异常入侵”。同时，嘟嘟智能盒子也发出了红光 警报响起大约3s后，可以从APP上收到报警通知，反应速度很快。打开APP，可以对提醒方式进行设置，有APP提醒、短信提醒和电话提醒3种提醒方式，同时可以查看报警记录

心得体会

典型案例

张同学，2014级学生。在训练之外，能够去看一些关于安防方面的书籍，利用周末时间去数码广场逛逛，留意一些新的产品，抓住每一次在宁波会展中心举办的智博会，并将新产品用照片进行记录，书写参观体会。长年的积累使他的知识面很广，对新产品、新技术的了解程度也相当深。同学们称他为“智能安防的百科全书”。

张同学：嘟嘟智能盒子，如图4-26所示。

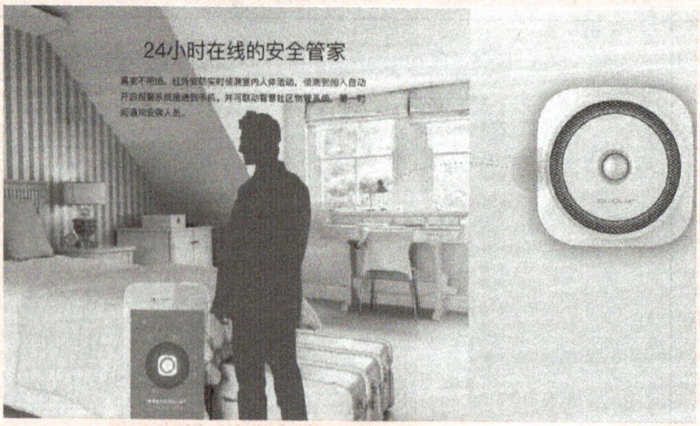

图4-26　嘟嘟智能盒子

典型案例

这个智能盒子可以很方便地添加各种设备，将多种智能化的设备联成一体，真正地实现了家居的智能化。那么，它和人们日常所用的家庭路由器相比有哪些区别呢？

请联系现实生活，查找相关资料，填写表4-8。

表4-8　智能盒子与路由器对比

	嘟嘟智能盒子	家用路由器
联网对象		
实现功能		

生活案例

安居宝智能家居融合互联网+，构建全新智慧社区

安居宝是智能家居行业的优秀品牌，尤其是在楼宇对讲系统和智能家居安防系统方面，其产品不仅独特，而且深受市场好评。不仅如此，随着安居宝智能家居的不断发展，其产品也逐渐完善到各个领域。安居宝智能家居融合互联网思维和自身优势，构建出全新的智慧社区。图4-27所示为智博会中安居宝的展出现场。

图4-27　安居宝在智博会中展出

思考拓展

请利用智能盒子构建一个简单的智能家居环境。

4.4 走进海康威视“萤石”案例

情景故事

随着智能家居行业的不断发展，越来越多的智能家居产品和系统开始大规模普及，很多消费者对于智能家居也是从概念走向了体验和安装，智能家居应用案例比比皆是，而且价格也越来越低廉。在众多智能家居产品和系统中，有几个智能家居系统和单品多次使用组合在一起就形成了智能家居经典案例，本节将以萤石系列产品为例，探讨智能家居的组建方案。

学习目标

1）了解各种智能设备的主要特点。
2）学会组建个性化的智能家居。

知识储备

关键词：互联网云台摄像机；可燃气体探测器；智能联网指纹锁；探测器网关；无线水浸传感器；无线声光报警器

1. 产品选购及主要特点

组建智能家居的相关产品的介绍，见表4-9。

表4-9　产品描述和相关图片

产品	描述	相关图片
C6TC互联网云台摄像机	1．探测报警联动 配合萤石A1C探测器套装，感应报警后可自动转到预设点拍摄，如图4-28所示	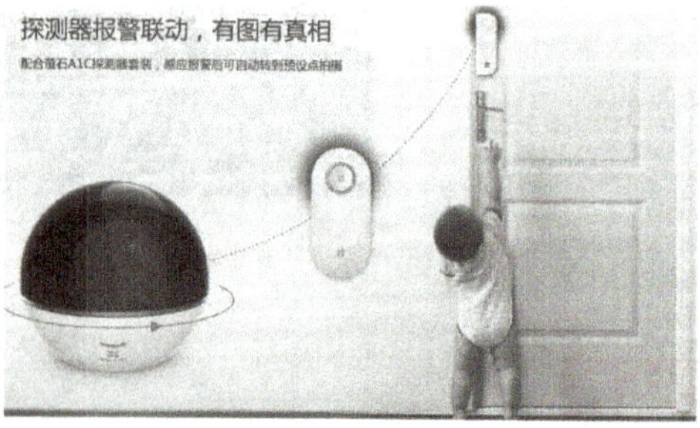 图4-28　感应联动

（续）

产品	描述	相关图片
C6TC互联网云台摄像机	2．智能活动侦测，守护用户的时时刻刻 两种防护模式，随意切换 开启智能活动侦测后，当侦测区域内发生物体移动时，实时推送报警消息，并及时抓取图像，如图4-29所示 3．1080P全高清分辨率，清晰在眼前 1/3 Panasonic CMOS传感器，200万像素，成像真实清晰，画质细腻，支持4倍数字变焦，放大仍能看清，如图4-30所示 4．双马达设计，水平方向全景监控 支持水平340° 旋转，垂直向上80°、向下10° 转动，如图4-31所示 5．智能追踪，时刻跟拍，全程记录异常动态 C6TC检测到移动物体后，能够在水平、垂直两个方向上自动捕获其运动轨迹，追踪拍摄，并实时推送报警和录像（录像需配合存储设备），如图4-32所示	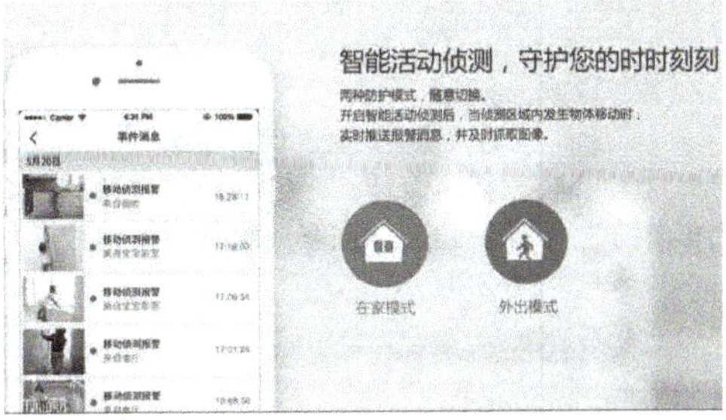 图4-29　侦测模式 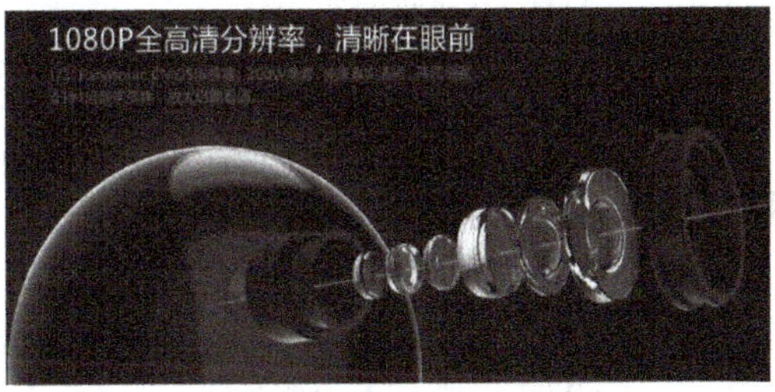 图4-30　1080P高清分辨率  图4-31　监控角度 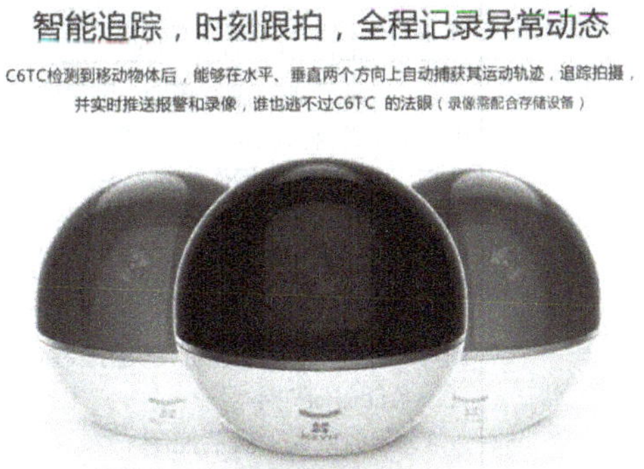 图4-32　检测轨迹

（续）

产品	描述	相关图片
C6TC互联网云台摄像机	6. 镜头遮蔽，保护隐私 精巧设计，一键开启镜头遮蔽，有效保护隐私。在家，给你更多自由，如图4-33所示	 图4-33　镜头保护
A1C探测器网关	外观如图4-34所示，Wi-Fi配置方便使用 收到报警信息，还能看到现场视频图片 1. 门磁感知、探测器网关联动 2. 摄像头实时拍摄 3. 手机可收到现场画面	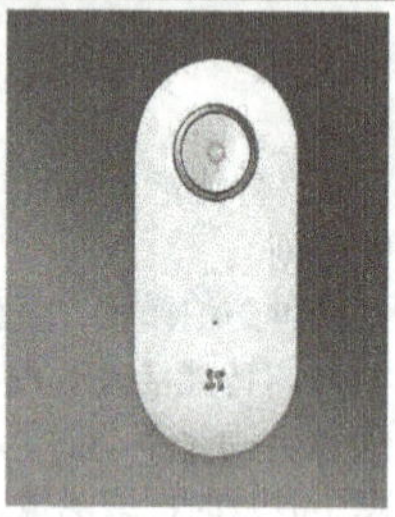 图4-34　A1C探测器网关
T10无线水浸传感器	外观如图4-35所示，可随意放置、远距离RF通信、高可靠性IP67防水防尘等级、接触式水患检测	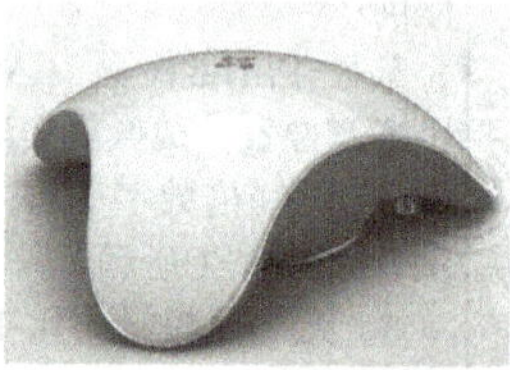 图4-35　T10无线水浸传感器
T9无线声光报警器	外观如图4-36所示，有人入侵立刻声光报警，震慑入侵者	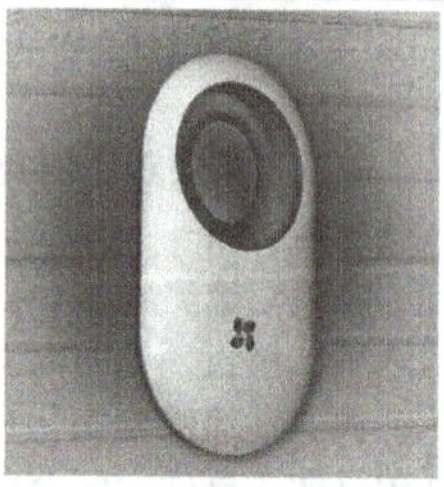 图4-36　T9无线声光报警器
T30智能插座	外观如图4-37所示，主要功能： 1. 远程开关，随时随地一键可控，各类电器的电源开关状态一目了然，雷雨天也不怕忘关电源，一键操作，安心无忧 2. 定时开关——打造智能生活 3. 循环开关，节能/健康，一手掌控 如空气加湿器开10min，关10min，循环开启，避免长期加湿造成呼吸道不适，节能健康两不误 4. 延时开关，灵活控制 电热毯完成1h加热后断电，安享温暖被窝，防止干燥上火，远离漏电担忧	 图4-37　T30智能插座

2. 【应用案例】——组建室内外摄像的智能家居

利用Wi-Fi技术将网络摄像机连接到X5C硬盘录像机上，在这个硬盘录像机后面共有HDMI和VGA两个接口，可以选择其中任意一个接口连到显示器中。利用网线一端连接到录像机后面的RJ-45接口中，另一端连接到路由器的网络接口，并将路由器连接到广域网。

这样摄像机、显示器、手机和远程PC客户端就组成了一个网络，利用手机就可以随时随地观察家里的实时情况，从而形成了一个智能化的家居安防系统，如图4-38所示。

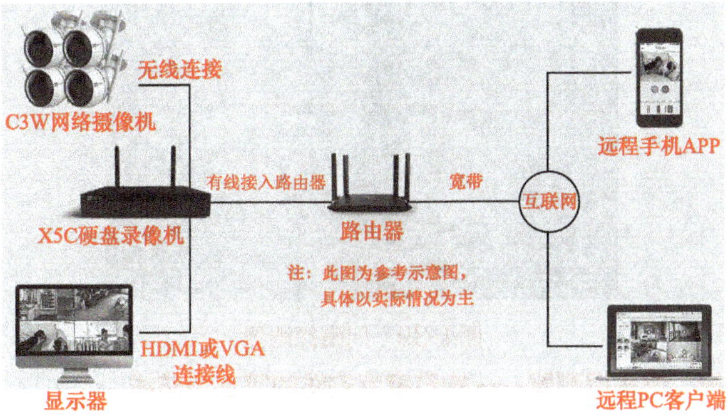

图4-38　智能化的家居安防系统

心得体会

典型案例

小李同学，2014级楼宇专业学生，在校期间多次荣获奖学金，积极参加校各类技能培训和比赛，成绩显著，平时动手能力强，对智能设备尤其感兴趣，经常参加市里举办的智博会，被同学们称为“科技小达人”。

小李：随着生活水平的不断提高，人们不断对居住环境提出更高的要求，越来越注重家庭生活中每个成员的舒适、安全与便利。智能家居的万物互联最终也将落实到“家”这个最温暖的字眼上。

智能安防系统是智能家居系统的一部分，它与智能家居相结合，区别于传统的安防产品，更人性化、智能化，构筑了家庭立体化的智能安防体系，保障了家庭生命财产的安全。

1. 智能门锁——构筑家庭安防的第一道防线

智能门锁设有钥匙、指纹、密码及远程开锁，给用户提供方便的同时也体现出安全防范的意识。例如，被人劫持开锁，就可以用指纹设置劫持开锁，在开锁的瞬间手机就会收到报警的声音，提示家人被劫持了。

还可设置儿童回家时的指纹及密码，主人的手机上就会收到提示，表示孩子已经放学并安全到家了。

2. 门磁、人体探测器——构筑家庭安防的第二道防线

主人外出家中无人时可以设置“布防”，只要有人推开门，门磁被触发，主机就会向主人手机推送报警信息，还会联动电话拨号报警器拨打预设的几组报警电话，同时还可以联动灯光打开、警号发出刺耳的警笛音等。

人体探测器是探测人体活动的传感器，只要有人体运动，在布防的情况下，主机就会向主

人手机推送报警信息，还会联动电话拨号报警器拨打预设的几组报警电话，同时还可以联动灯光打开、警号发出刺耳的警笛音等。当然，本产品只能探测到人体的运动，不能探测宠物的运动。图4-39所示即为门磁探测器。

图4-39　门磁探测器

3. 烟雾报警器、燃气探测器——构筑家庭安防的第三道防线

众所周知：防火防盗是家庭安全防卫的基本保障。但是电线短路、燃气泄漏、烟头、甚至小孩玩耍都可能引起家庭火灾。一旦火灾发生就会给家庭带来极大的灾难。但是有了烟雾报警器（见图4-40）和燃气探测器（见图4-41）完全可以防患于未然了。

烟雾报警器一般会装在厨房和卧室的屋顶上，当家中有烟雾发生火灾时，烟雾报警器会联动智能开关将智能插座控制的灯光和电器关闭，防止二次灾害发生，同时手机客户端会收到报警信息，提示烟雾报警器发出报警信息，同时还可以联动电话拨号报警器拨打预设的几组报警电话。

图4-40　烟雾报警器

图4-41　燃气探测器

生活案例

安徽智能家居别墅用户：海尔是我家的安防小管家

下班回家，轻触智能门锁进入家中，灯光徐徐点亮、窗帘缓缓关合、舒缓的音乐响起……这一幕，每天都会在安徽马先生的家中上演。据了解，马先生为自家的别墅装设了一整套海尔智慧家庭全屋智能系统，自此开启了居家、外出、安防等各场景的全新智慧生活方式。

所谓内行看门道，作为地产行业资深从业者，马先生对于房子和内装颇有研究。这套毗邻渭河的“楼王”别墅就是他的自持产业；因为常常外出，家中的安防保障是他极为关心的问题，而基于自身对智能家居行业的了解，他选择了海尔智慧家庭定制化解决方案。

据了解，这套方案涵盖了安防系统、音乐系统、电动窗帘、灯光和温度控制在内的丰富的场景定制服务，符合马先生对于兼顾家庭安防、智能照明、自动控制的使用需求。当他外出时，可通过手机APP实时查看家中情况，当家中遭受暴力袭击时，实时联动的智能门锁、监控系统能主动报警并提醒业主。“这就是我的安防小管家，以后可以放心出门了”马先生说道。

他还表示自己是一个喜欢晨跑的人，但带着钥匙总是不方便，现在有了智能门锁，手指就是钥匙。每天回家时，窗帘、灯光、音乐都会根据预设启动，出门也能一键关闭家中的电器；有人拜访时，马先生可以通过海尔门口机、室内门口机查看来客和远程开门；海尔家庭影院系统能一键观影并提供影院般的视效和氛围，这一切都让他颇为满意。

思考拓展

请根据所学内容查找相关资料，为自己或亲友设计一个智能安防组建方案，将方案整理成文档并就其组建的合理性进行简要说明。

Part 5

第5篇

岗位能力篇

5.1 进阶成为智能安防大师——入行标准

情景故事

通过前面的学习，小安对智能安防技术产生了浓厚的兴趣，并暗暗下决心要学好智能安防专业。他希望将来自己能成为智能安防领域的大师，让智能安防技术给人们的生活带来更多便利。但是，由于他对智能安防领域的职业岗位了解不是很多，对自己毕业后的就业有一些困惑：毕业后，社会上有哪些对口的企业公司、职业岗位可以选择；这些岗位具体的工作过程、工作内容是什么；要做好这个职业、胜任这个岗位，需要具备哪些方面的能力；未来的发展空间、晋升渠道是怎么样的……下面，将逐一解答困扰小安的这些问题。

学习目标

1）了解智能安防行业的代表企业、对口的社会职业岗位群。

2）明确各个岗位的工作内容及对从业者的基本要求。

3）明确智能安防管理师各个职业等级的要求。

5.1.1 智能安防企业有哪些——代表企业

知识储备

关键词：智能安防行业

早在十多年前，借着平安城市的发展东风，中国的安防产业有了长足的发展。伴随着我国越来越多的城市启动智慧城市的建设，相关部门在2016年提出2020年实现公共安全视频监控的全域覆盖和全网共享，标志着安防产业的春天再一次到来。随着智慧城市的快速发展，智慧交通、智慧医疗、智慧楼宇等多个行业对于智能安防的需求逐渐增加，同时伴随着物联网的发展，智能安防行业也正在接受来自大数据、云计算、物联网、5G网络以及AI等新技术的洗礼。随着智能化成为行业大趋势，智能安防也逐渐成为安防企业转型升级的方向，在安防行业中的占比越来越大。2018年中国安防行业市场规模在6600亿元左右。其中，智能安防行业市场规模近300亿元。在2020年，智能安防已创造了一个千亿的市场，这也是安防领域不可小觑的市场。

据数据统计，在中国安防行业中，各类企业达到了22 000家。其中，安防产品生产制造企业约4900家，约占全国安防企业总数的23%。虽然中国安防行业目前拥有为数众多的企业，但中小型企业比例较大，缺乏大型生产企业和解决方案提供商。近年来，随着人工智能的发展，越来越多的厂商加入了智能安防竞争行列。

心得体会

典型案例

杨同学，楼宇智能化安装与运行专业学生，在校期间成绩优异、技能突出，毕业后成功应聘到杭州巨峰科技有限公司。目前，他在公司业务熟练，熟知智能安防行业人力市场、企业公司状况。

杨同学：下面给大家简单说一说智能安防行业的人才市场现状。

目前安防行业人才需求大致有三类：

一是以海康、大华、宇视、东方网力等行业大厂商为主，这类行业巨头在安防行业具有非常丰富的行业经验，具有发展安防行业人工智能的天然优势。和所有进军人工智能的企业一样，他们对于人工智能人才的需求也比较大。这类企业在人才的吸纳上各有优势与做法。大华对人工智能算法的研究也早已布局，在2010～2011年开始人脸检测和识别技术研究，从时间维度上来看，远早于行业里绝大部分研究人脸识别技术的公司，期间通过多个渠道聚集了人工智能方面的技术人才。

二是以格灵深瞳、商汤科技、旷视科技、依图、云从等为代表的创业公司。这类公司的特点是聚集着一批人工智能领域的人才，同时也受到资本市场的青睐，他们凭借着技术人脉优势和资本青睐进行创业进入人工智能市场，并成为安防领域人工智能的新锐军。

三是以在小范围上切入或有意向发展人工智能的大部分企业为代表，这类公司在一些领域里各有专长，但也相对缺乏足够吸引人才的薪资、环境等实力。整体来看，人工智能技术的火热给人的感觉就是一夜之间爆发，对于很多企业来说，人才缺口都比较大。目前国内储备比较好的公司是百度公司、腾讯公司和阿里公司，安防行业的企业普遍人才储备少，人才供需矛盾显著，算法工程师、研究员和科学家的身价持续走高。人才结构方面，中坚力量和基础人才间的数量比例远未达到优。

生活案例

日媒：中美AI人才争夺战“火花四溅”

日媒称，美国和中国围绕人工智能（AI）等高科技产业人才的争夺变得愈发激烈，但拥有前沿知识和技术的人才在世界范围内也只有几百万人。

日本《朝日新闻》2019年11月30日刊文称，在美国政府眼中，在5G领域领先世界的华为公司是中国技术优势的象征，而该公司正积极招募技术人才。

文章称，华为公司与美国耶鲁大学、英国剑桥大学、日本东京工业大学等知名学府合作建立了研究室，并慷慨地提供技术和资金援助，吸引优秀学生进入华为公司工作。

在华为公司2019年录用的俄罗斯毕业生中，有人拿到了1500万卢布（约合165万元人民币）的年薪。华为公司在日本分公司给毕业生开出的起薪也比其他大企业高。据华为公司介绍，2020年春天毕业的理工科学生第一年月薪约为40万日元，硕士毕业生约为43万日元，研究类职位将达到45万日元。

思考拓展

调查本地区智能安防行业的代表企业、人才需求状况。

5.1.2 就业岗位知多少——以楼宇智能化安装与运行专业为例

知识储备

关键词：市场现状；就业岗位

1. 市场现状

智能安防行业涉及很多专业、职业岗位。下面就以其中的关键专业—— 楼宇智能化安装与运行专业为例，了解相关的劳动力市场现状、就业岗位及基本要求。

楼宇智能化安装与运行专业主要是培养适应社会主义市场经济需要，德、智、体、美、劳全面发展，面向楼宇智能化安装与运行专业第一线，具备现代经营管理理念、掌握现代经营管理方法和技能、具有房地产管理能力、物业设备管理能力、人际关系沟通与协调能力及物业综合管理能力的高素质技术技能型人才。学生就业主要面向中外物业管理公司、房地产开发公司、星级宾馆、高级写字楼、各单位物业管理部门、建筑施工安装单位、工程总承包企业、工料测量和房地产估价事务所以及招标公司等，可在楼宇智能化系统公司、装潢公司、建筑设备安装公司、大型宾馆、写字楼、商场、医院、高档商住楼、房产和物业公司、智能设备制造和销售单位以及政府职能部门从事技术与管理工作，如图5-1所示。

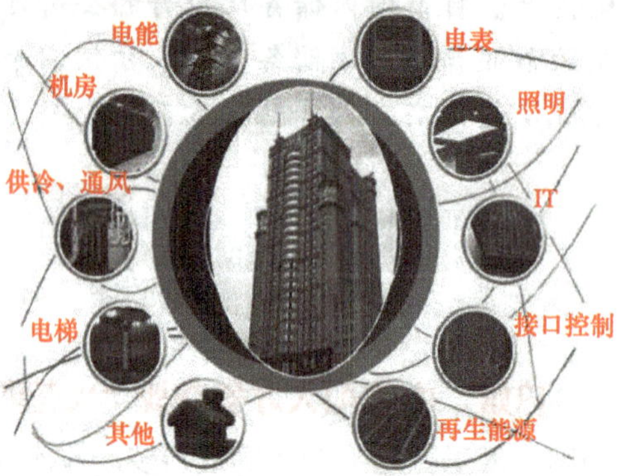

图5-1 智能楼宇图

2. 楼宇智能化安装与运行专业人才的需求现状

1）我国的建筑智能化程度正在逐渐提高，这将直接拉动对楼宇智能化安装与运行专业人才的需求。

2）我国的物业建筑面积呈不断增长之势，楼宇智能化安装与运行行业正得到前所未有的发展，需要大量的楼宇智能化安装与运行人才。

3. 楼宇智能化安装与运行人员现状的分析

楼宇智能化安装与运行人员专业水平参差不齐的现状与企业的期望要求不相适应。随着高档物业市场的不断涌现，只有高素质管理人才才能提供适应智能化、网络化等高质量的楼宇智能化安装与运行的要求。

宁波市共有40家专业楼宇智能化安装与运行公司，全市各县区商品房住宅小区中，85%以上开展了楼宇智能化安装与运行服务，但基本上是“谁开发，谁管理”。95%以上的楼宇智能化安装与运行机构仍只能依附于房地产开发公司，无法成为自主经营、自负盈亏的企业，有的甚至就是房地产开发公司的一个下属部门，不具备法人资格，管理水平低，影响了楼宇智能化安装与运行行业的健康发展。与此形成鲜明对比的是业主对楼宇智能化安装与运行的服务要求越来越高，期望值越来越大，要求服务的项目越来越多，这样的楼宇智能化安装与运行的现状与业主的期望要求不相适应。这就意味着单纯由一些社会剩余劳动力或闲散人员拼凑在一起组成的物业公司已经不能满足市场要求，而是需要由一些经过专门学习和培训、具备专业楼宇智能化安装与运行知识和相关实践经验的专业人士组成的楼宇智能化安装与运行公司才能适应社会的发展。从国内楼宇智能化安装与运行的现状来看，总体上楼宇智能化安装与运行专业化水平较低，规模相对较小，且发展不平衡，从而使楼宇智能化安装与运行人才市场需求的潜力巨大。

4. 就业岗位

目前，社会上楼宇智能化安装与运行专业对口的主要有六大就业岗位：楼宇智能化安装施工员、楼宇智能化系统运行与管理员、楼宇智能化系统设计助理、楼宇智能化系统销售员、楼宇智能产品技术培训员、楼宇智能化系统工程质检员。六个岗位的岗位性质、工作过程、主要工作任务、需要的专业能力，见表5-1。

表5-1 楼宇智能化安装与运行专业对应就业岗位一览

就业岗位	岗位性质	工作过程	主要工作任务	需要的专业能力
楼宇智能化安装施工员	核心岗位	根据楼宇智能化系统设计方案、技术图样、合同等合理安排工期，按照工艺、工序要求完成楼宇智能化系统的安装调试工作，并能确定和排除楼宇智能化系统的故障	安排工期工序统筹规划；根据技术交底，实施楼宇智能化系统的安装和调试，对运行中的系统故障确认故障点，并设法排除故障，对客户进行使用培训	建筑设备安装图样的识读能力；楼宇智能化设备安装的标准运用能力；电路的安装调试能力；安全生产的能力；测试技术与仪器仪表使用能力；弱电系统综合布线实施能力；计算机、办公软件应用能力
楼宇智能化系统运行与管理员	核心岗位	接受工作任务，进行配电系统、消防系统、安全防范系统等楼宇智能化系统的值机作业，对设备进行建档、制定维护计划、日常保养、异常处理，接受客户投诉进行故障排除处理	设备建档；制定设施设备的维保计划；按照计划进行日常保养；按照操作标准和客户需求，对楼宇智能化系统进行应用功能编制；进行日常值机，巡查、记录、处理异常情况	编制值机排班表的能力；楼宇智能化系统值机的能力；电路的安装调试能力；安全生产的能力；消防安全实施能力；建筑设备安装图样的识读能力 计算机、办公软件应用能力；测试技术与仪器仪表使用能力；物业服务能力
楼宇智能化系统设计助理	核心岗位	获取客户需求，结合客户环境、建筑图样，协助工程师设计楼宇智能化系统技术方案，做出预算；协助工程师和销售人员做好投标文件	对客户进行需求调研，借助图样和实地查看等途径，协助工程师做好楼宇智能化系统的技术方案，根据技术方案做出项目预算	图样识读能力；楼宇智能化系统设计能力；预算编制能力；CAD软件使用能力；办公软件应用能力

（续）

就业岗位	岗位性质	工作过程	主要工作任务	需要的专业能力
楼宇智能化系统销售员	相关岗位	挖掘客户需求，根据客户需要编制解决方案，向客户推销楼宇智能化系统	与潜在客户进行交流沟通，挖掘客户潜在的楼宇智能化系统的需求，向客户进行解决方案的营销	楼宇智能化系统方案设计能力；项目工程预算的编制能力；市场营销能力
楼宇智能产品技术培训员	相关专业	对客户楼宇智能化系统的使用进行培训，组织教学	组织对客户进行楼宇智能化系统的运行值机、保养、维护、故障异常处理的培训	楼宇智能化系统值机运行、保养、维护、故障异常处理等能力；组织教学能力；办公软件使用能力
楼宇智能化系统工程质检员	相关专业	走访楼宇智能化系统安装工地、应用场所，对工程质量进行监督和检查	检查施工、工艺、工序、质量是否符合国家标准或行业标准，对设施设备的质量进行检查测试	熟练掌握运用标准的能力；监督检查的能力；测试技术与仪器仪表使用能力

心得体会

典型案例

刘同学，2010级楼宇智能化安装与运行专业学生。在校期间代表学校获得全国职业院校技能大赛智能楼宇（安防布线）赛项一等奖。毕业后，被宁波一家智能建筑科技公司录用。由于刘同学业务能力强，综合素养高，很快就被提拔为公司业务组组长，受到了领导的重用。

刘同学：通过毕业后在职场上打拼的几年，我总结出了许多经验。下面与学弟学妹们分享一下。

用人单位招聘时，是只看技能的强弱吗？不是的，用人单位在招聘时，不仅看应聘者的专业技能是强还是弱，而且看其他方面的素质是否达到了职业岗位的要求。需要全方位地了解求职者，考察其综合职业素养，包括职业道德、职业安全、职业形象、专业能力、体能审美等诸多方面的观念意识、知识、技术及其相应的作风和行为习惯。要想成为一名优秀的智能安防从业人员，必须具备职业要求的综合品质，养成符合职业要求的作风和行为习惯。

所以大家在平时的学习中，不仅要提升自己上述六大岗位要求的专业技能，还要注重其他非专业能力的提升，例如，社会能力、方法能力等。请大家借助网络查阅有关资料，完成表5-2。

表5-2　楼宇智能化安装与运行专业学生必备职业能力一览

能力类型	具体内容
专业能力	
社会能力	
方法能力	

生活案例

2019年初，人力资源和社会保障部对外发布通告《关于拟发布新职业的公示通告》。经过人力资源和社会保障部组织专家严格按照新职业评审标准对征集的新职业有关材料进行评审论证，初步确定人工智能工程技术人员、物联网工程技术人员、大数据工程技术人员、云计算工程技术人员、建筑信息模型技术员、电子竞技运营师、电子竞技员、无人机驾驶员、数字化管理师、农业经理人、工业机器人系统操作员、工业机器人系统运维员、物联网安装调试员、城市轨道交通线路工以及城市轨道交通列车检修工共15个拟发布新职业。

那为什么最大受益者是安防行业？

人工智能、大数据、物联网是未来新职业的主要涉及范围，但按照现在的趋势看，人工智能、大数据以及物联网在安防领域的大规模应用已成为业界毋庸置疑的现实，不管是智慧城市、智慧校园还是平安中国、雪亮工程，人工智能、大数据以及物联网的“第一战”已在安防行业打响。

在阿里达摩院的开年十大预测中，智慧城市被业界广泛看好，而智慧城市的建设又与人工智能、大数据、物联网、云计算、5G、边缘计算等多种新兴技术密不可分。如此看来，安防行业成为最大的受益者也并无太多不妥。

此外，在A&S Research的开年调查——（2018）安防人薪资福利调查报告中显示，进入智能安防产业阶段，安防行业所涉及的职业也越来越丰富和完善。

从上、中、下全产业链来看，安防业已包括视频监控、防盗报警、楼宇对讲、门禁系统、智慧停车场、智能家居、算法、芯片、软件平台、系统集成商\工程商、数据融合服务、信息安全和云业务共13个大领域，这些大领域所涉及的职业类别更是数不胜数。

需要提及的是，A&S Research在对安防从业人员的未来规划进行调查后发现，仅有三成安防从业人员选择继续深耕安防，七成从业人员倾向于做出新的规划，其中四成以上从业人员选择AI相关行业作为未来职业规划的新方向。

思考拓展

联系智能安防领域的职场人士，了解更多行业岗位相关信息。

5.1.3 职业资格标准4个等级——以智能楼宇管理师为例

知识储备

关键词：职业资格等级

楼宇智能化安装与运行专业对应的六大就业岗位，即所对应的横向职业群前面已经有所介绍。下面，将要学习的是职业资格等级，就是每个职业岗位按照工作内容和要求的不同形成了由低到高的职业等级。接下来，以在楼宇智能化安装与运行专业中最为关键的智能楼宇管理师职业资格标准为例，认识智能楼宇管理师这个职业的等级划分。

智能楼宇管理师职业共设4个等级，分别为：智能楼宇管理员（四级）、助理智能楼宇管理师（三级）、智能楼宇管理师（技师）、智能楼宇管理师（高级技师）。

每个职业等级都有不同的职业要求和工作职责。作为智能楼宇行业的专业从业人员，也要必备一些基本的职业道德和基础知识，见表5-3。智能楼宇管理师所要掌握的专业模块如图5-2所示。

表5-3 必备基本职业道德和基础知识

必备知识	主要内容
职业守则	认真严谨，忠于职守；勤奋好学，追求上进；钻研业务，用于创新；爱岗敬业，遵纪守法
智能楼宇基础知识	智能楼宇概述；智能楼宇功能简介
智能楼宇电气基础知识	楼宇电气控制；供配电基础知识
安全用电基础知识	接地、防雷知识；计算机操作系统常识
计算机应用基础知识	计算机网络系统的基本组成；安全用电知识
相关法律、法规知识	《中华人民共和国建筑法》的相关知识、《建设工程质量管理条例》《建筑工程施工质量验收统一标准》（GB 50300—2013）

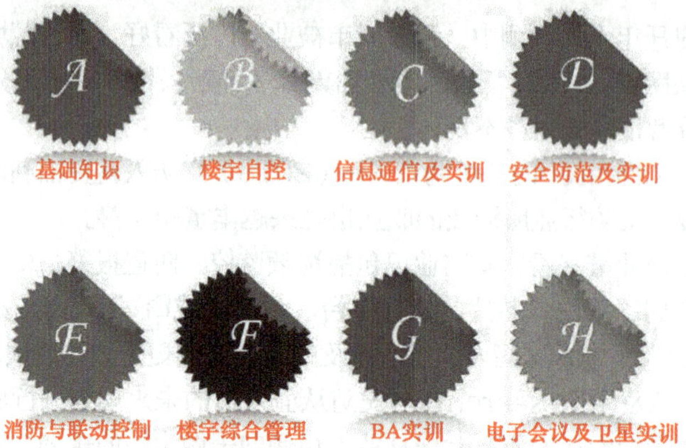

图5-2 智能楼宇管理师所要掌握的专业模块

处在不同职业等级的从业者，工作模块的侧重点也是不同的。

心得体会

典型案例

王同学，楼宇智能化安装与运行专业学生。在校期间，学习目标明确，积极学习专业理论，苦练专业技能，考取了智能楼宇管理师、计算机等多个职业资格证书。毕业后，成功进入理想的公司工作。

王同学：对于还在校学习的楼宇智能化安装与运行专业的学弟学妹们，我建议要为将来的就业尽早、尽多准备一些筹码。例如，考取专业相关的职业资格证书。职业资格证书能证明持证者具有从事某一职业所必备的学识、计划和能力，对未来就业有特别重要的意义。如果能在毕业前多拿几个证书，不但能增加就业机会，而且能扩大择业面。

生活案例

2019年2月，国务院印发《国家职业教育改革实施方案》（简称“职教20条”），对深化职业教育改革作出重要部署。

思考拓展

1）了解考取智能楼宇管理师相关等级证书的申报条件。

2）联系相关老师，查阅资料文件，了解更多与楼宇智能化安装与运行专业相关的职业资格证书。

5.2 梳理“大师”的成才道路——学习策略

情景故事

世界技能大赛由世界技能组织每两年举办一届，被誉为“世界技能奥林匹克”，代表了职业技能发展的世界先进水平，是世界技能组织成员展示和交流职业技能的重要平台。2019年8月，第45届世界技能大赛在俄罗斯喀山举行。中国代表团派出63名选手，参加了运输与物流、结构与建筑技术、制造与工程技术、信息与通信技术、创意艺术与时尚、社会与个人服务六大类全部56个项目的比赛。本届赛事我国选手获得16枚金牌、14枚银牌、5枚铜牌及17个优胜奖的成绩，令人瞩目。

对比上届大赛项目来看，本届大赛不仅项目数量呈现增多的趋势，而且项目领域扩展至服务业和互联网，新增网络安全、云计算、化学实验室技术和酒店接待4个项目。纵观科技的发展趋势，未来世界范围内将在智能制造、物联网、无人机、电子游戏等领域催生出更多新兴职业，随之也将诞生更多掌握新技能的人才。

这63名代表中国出征本届比赛的选手绝大多数为“95后”，平均年龄仅21岁。在此之前，他们是扔进人群就找不到的“无名之辈”，多是技工院校的老师、学生、企业的在职员工。如今能站在世界级竞赛的领奖台上，这期间路途漫漫，长达2年、4年或更久。每一份荣誉的背后都承载着无尽的汗水和努力；每一位大师，都是从“菜鸟”开始，一步步经过系统的专业学习和训练成长起来的。工匠精神示意，如图5-3所示。

图5-3 “工匠精神”打造中国品牌

学习目标

1）了解楼宇智能化安装与运行专业的学习方法和技巧。

2）了解楼宇智能化安装与运行专业的人才培养模式类型。

3）学会运用方法技巧提高专业学习能力。

5.2.1 “大师”的独门心法之一——有效学习方法和技巧

知识储备

关键词：行动学习法

行动学习法：产生于20世纪30年代的欧洲，直到1971年瑞文斯教授在其《发展高效管理者》一书中才正式提出了行动学习理论与方法。瑞文斯认为“没有行动就没有学习，而没有学习就没有行动”，并提出了行动学习的等式：L=P+Q，其中“L”指的是学习；“P”指的是程序化知识的指导（Programed Knowledge）；“Q”指的是询问，对不明事物的新的洞察力（Questioning Insight）。瑞文斯认为只有把“指导”与“询问”结合起来，才是完整的、更有效的学习。

行动学习过程中准确、灵活运用一些辅助工具，对于提高行动学习效率是至关重要的。下面介绍几种经常使用的工具，主要包括头脑风暴法、思维导图、六顶思考帽。

头脑风暴法（Brain Storming）又称智力激励法、BS法。通过小型会议的组织形式，让所有参加者在自由愉快、畅所欲言的气氛中自由交换想法或点子，并以此激发与会者的创意及灵感，使各种设想在相互碰撞中激起脑海的创造性“风暴”。

思维导图是根据人脑活动的自然结构，以直观形象的图示建立起各个概念之间的联系，利用图示的方法来表达人们头脑中的概念、思想、理论等，把人脑中的隐性知识显性化、可视化，便于人们思考、交流和表达，以提高学习和工作效率的工具。

六顶帽子法，如图5-4所示。分别用六顶不同的帽子代表六种不同的思维状态。其中，白色思考帽代表中性和客观，即让当事者描述客观事实和数据，尽力将主观推测、感情或判断排除在外；红色思考帽代表情绪、直觉和感情，即让当事人表达对一件事、一个问题感性、情绪的看法；黑色思考帽代表冷静和严肃，即让当事人专注地分析某个观点或决策可能的风险或负面成分所在；黄色思考帽代表阳光和价值，即让当事人以乐观、充满希望的视角，积极思考事物可能带来的美好或正面的结果；绿色思考帽代表丰富、肥沃和生机，即让当事人以不同于以往的、创新的视角思考问题；而蓝色思考帽能够让当事人关注整体思考过程，让其他思考帽能够充分发挥作用。

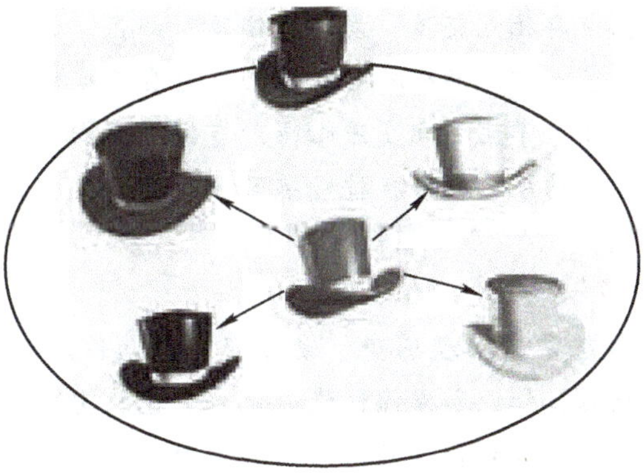

图5-4　六顶帽子法

心得体会

典型案例

宋同学，楼宇智能化安装与运行专业学生。在基础差、起步晚的情况下，通过自身的努力，在训练队中脱颖而出，成为比赛一队主力，并代表学校获得2013年宁波市职业学校技能大赛物联网应用技术赛项一等奖、2016年全国职业院校技能大赛物联网应用技术赛项二等奖。

1. 认知技巧

学习某项实际职业技能前，要先学习了解技能操作的全过程以及相关知识，了解技能的操作要求、操作方法、主要工艺、安全操作注意事项以及在操作过程中如何进行自检和故障分析与处理等。职业技能相关知识的认知学习是实际操作的基础，在教师示范操作、言语描述分析下，要集中注意力仔细观察，认真倾听，既要了解职业技能操作的各部分子技能，同时运用已学过的知识来理解操作过程中的因果关系以及子技能之间的相互联系，又要知道为什么要这样操作。

2. 操练技巧

在初步掌握相关职业技能知识的基础上，通过反复操练，把静态的技能知识转化为动态的动作操作。先从模仿教师的示范动作开始，最初头脑中的职业技能知识是零散的，操作技能的练习可能比较笨拙、忙乱，容易出错，掌握的也只是局部动作。随着练习次数的增加以及对职业技能动作的揣摩、领悟，头脑中零散的职业技能知识逐渐系统化，局部的动作技能慢慢熟练，通过反复操作练习，各个动作交替过渡，在各个工序的职业操作技能形成的基础上，局部动作慢慢衔接、连贯，逐步消除动作间的干扰，职业技能的操作速度不断加快，协调性、灵活性、稳定性也渐渐形成。

3. 纠错技巧

在反复操作训练后形成的职业技能操作是否准确、熟练，很大程度上取决于练习时的动作质量。所以，在技能练习时的动作一定要规范，对于错误操作一定要及时纠正，否则形成定势后就很难再改正。判断自己的操作技能动作是否正确，需要做好以下三点：一是职业技能基本标准的学习，要熟悉专业职业技能的具体步骤。二是在具

第1篇
第2篇
第3篇
第4篇
第5篇

体实践操作练习过程中要相互交流，发现差错及时纠正。如果自己练习单一的动作或技能，重复的次数太多，学习动机就会降低，甚至会产生厌烦心理，所以采用小组合作的方式交替进行操作，学生之间交流心得，有错及时纠正，强化训练。三是要及时向教师反馈操作步骤与结果，教师在技能练习时也要全程监控与巡回观察，做到发现问题及时解决。

4. 反思内化技巧

要对职业技能训练中的心理感受、动作变化、动作流程及效果等及时反思，才能使外部获得的职业技能知识和操作技能内化为自己的实际能力。在熟练动作之后，不断反思自己的技能操作行为和过程，例如，运用了哪些知识、操作动作，得到了怎样的效果，有哪些方面需要改进等。要学会将练习中掌握的职业技能操作方法、步骤引申到其他情境中，促进学习的迁移。对职业技能习得的反思具有以下四个特征：一是实践性，指职业技能的提高是在其具体的实践操作中实现的，反思的是实践动作与效果；二是针对性，指对自我技能操作行为、观念、心理体验的解剖分析；三是反省性，指对职业活动中的技能操作动作和情境，进行多视角、多层次的思考，对自己不规范的动作进行重新判断与选择，在这个过程中，有对与错、优与劣的价值判断，有习惯动作与规范标准动作的行为选择，这些都是在内心深处展开的；四是过程性，指对某项具体的职业活动的技能反思是一个过程，要经过意识期、思索期和修正期三个阶段。学生在专业操作，如图5-5所示。

图5-5　学生在专业操作

生活案例

世赛冠军徐澳门：在一米宽度上挖掘一千米深度

仿佛彩虹前的风雨，当主持人宣布徐澳门获得车身修理项目冠军时，俄罗斯喀山竞技场上空下起了瓢泼大雨。迎着大雨，徐澳门身披国旗跃上领奖台，振臂高呼：“我实现了4年多来的梦想！”激动、兴奋写在脸上，那些哭的日子，徐澳门终于可以笑着说出来。

思考拓展

利用网络，搜集了解其他一到两种不同的学习方法策略。

5.2.2 “大师”的独门心法之二——系统的专业人才培养模式

知识储备

关键词：人才培养模式

1. “双证制”人才培养模式

“双证书”制度是指毕业生不仅有学历证书，还有至少一种职业资格证书。楼宇智能化安装与运行专业的职业证书体系包括基础类证书、专业专项证书、专业综合类证书三大类。专业综合类证书对应智能楼宇管理师，其内容涵盖整个专业的课程，是必考项目。专项证书（如维修电工等级工、综合布线技术培训认证、安防技术培训认证、楼宇自动控制技术培训认证、网络管理员等）由学生根据设计、施工、管理等岗位的就业需要报考。基础类证书依据学校有关要求而设。各项证书与相应课程相互支撑，部分课程以证代考。

将设计（咨询）、施工（安装）、物业管理三类就业岗位分别对应于智能楼宇管理师国家职业标准一级和二级的部分内容、二级和三级的部分内容、三级的部分内容和四级。在毕业时技能水平应达到智能楼宇管理师三级水平。

2. “订单式”人才培养模式

订单培养是指学校与用人单位在充分协商的基础上，依照用人单位的标准和岗位要求，与用人单位共同确立培养目标，与用人单位签订“订单”，即“人才培养与用人协议”，制定并实施教学计划，实现人才定向培养的教育模式，核心就是供需双方签订用人及人才培养协议，形成一种法定或近于法定的委托培养关系。在订单培养关系中，明确双方职责，学生在校时，学校保证用人单位按需培养人才，学以致用；学生毕业时，经学校和用人单位考核合格后，用人单位保证录用。

1）由学校、用人单位、学生三方构成，缺少任何一方都不可能适应订单式人才培养，由三方签订专项人才订单，明确学校、企业双方的责任与义务。

2）人才培养的规格、目标一般都是由学校和企业双方共同商定。学校按照企业的要求对学生进行专项培养，企业对于培养合格的人才必须录用；企业也必须参与到学校制定的人才培养方案和计划中，只有企业参与才不会让培养方向偏离，保证培养目标能够结合市场的实际情况和社会的需求。

3）学校和企业双方充分利用现有的一切有利条件，整合学校和企业的一切资源，双方做到互补，并且能够扬长避短，培养出适合企业需要的技能型人才。在学生培养过程中，企业将先进的管理方式及管理理念运用到人才培养模式中，有利于提高学生对社会环境的适应能力。学校也可以充分利用企业的资源，提高办学水平，积累职教经验。

4）培养的重点是培养学生的实际操作能力。最常见的两种方式是模拟实训和顶岗实习。模拟实训是要求学校提供接近企业的实际岗位的教学实践基地，实践基地的配置要得到企业的认可，让学生在最接近企业的岗位上实践；顶岗实习则是企业提供相关的岗位，让学生可以在此岗位上实践操练。

5）企业享有最终发言权。订单式人才培养是为了打造企业所需的人才。企业会全程参与到学校对学生的考核中，人才的考核评估由学校和企业双方共同组成，从中选择适合企业的合格人才，对于考核合格的学生，企业会按照协议安排工作岗位。

3. “赛教学一体化”人才培养模式

以校企合作新机制为平台，邀请合作企业的代表和专家，根据建筑行业的国家职业标准，结合相关职业岗位技能需求和全国职业院校技能大赛的比赛项目，合理设置比赛项目：单项比赛项目、复杂比赛项目和综合比赛项目等三级项目，确保专业学生每学期至少有一门课程开展技能竞赛，使学生在校期间“学期有小赛，年年有大赛”，形成“课堂小组赛→班级竞赛→全校技能竞赛→市级技能比赛→省级技能大赛→国家级技能大赛”的格局。

将企业最新准则、规范、标准，按“职业知识”“职业能力”和“职业道德”科学合理地设置成若干项目，然后以项目为导向，组织多层次竞赛，以比促学，以赛促训，赛训合一，以丰富学生所学的知识，实现对学生基本技能、专业技能、综合技能等三段能力递进的训练，提高学生的综合素质，达到专业人才培养目标和规格要求。邀请企业专家和教师一起根据行业技术标准和岗位任职要求共同开发专业课程，共同制订课程标准、构建课程内容，并将这些内容和要求再分析和分解后形成若干个子项目，并将子项目的考核标准、考核规则、考核等级等一一细化。经此层层递进，使学生把课堂上所学的知识能在实际项目中得以应用和巩固。比赛计划和比赛项目确定之后就是如何对学生进行培训，包括体能训练和项目训练。成立由指导教师和不同级别的获奖选手联合组成的“项目训练组”。“项目训练组”根据比赛项目和标准负责指导学生项目学习，让学生的技能从“会”到“熟”，再到“稳”。在训练之余，项目训练组给学生布置大量的课后作业，让学生或写读书笔记或在搜索相关资料，让学生有事可做，每一次比赛完成后，学生欣然看着自己积累的笔记，进一步提高了他们的学习热情。

4. “项目模块式”人才培养模式

在课程设置时，首先依据不同学生的共性发展和专业特征要求设置“平台”课，不论是对于继续深造的学生，还是以择业为主的学生，给予他们可持续学习的基础是十分必要的。其次，根据学生的个性发展要求和社会需要设置“模块”课和任意选修课，从而形成以“平台+模块”的课程结构体系，突出了学习者的个性。最后，以双重培养目标为目的，学生可以按自己的需要和目标进行不同层次、不同形式的灵活多样的学习。

理论课程与实践课程并重，形成两个相对独立的体系。职业教育培养的人才必须具备与教育相适应的基本理论知识，掌握相应的新知识、新技术和新工艺，以较强的实践动手能力和分析、解决生产实际问题的能力区别于普通教育，较宽的知识面和相对较深的基础理论知识。此外，“项目模块式”人才培养模式不仅是理论教学体系和实践教学体系并重而且相互独立，还可以尝试两个教学体系在时间安排上适当置换，改革用实践来佐证理论的传统教学方式。

在课程设置过程中，遵循“前期趋同，后期分化”的原则，职业教育是直接为地方或行业经济发展服务的。从这个意义上说职业教育也是就业教育，要考虑学生的可持续发展，“前期趋同”为学生的就业和继续学习及深造打下一定基础，“后期分化”为学生根据自己的需要和目标自主选择学习方式创造条件。基础课程与专业理论课程、实践训练课程及素质教育课程在一定结合点上是相互渗透的。

心得体会

典型案例

王老师，楼宇智能化安装与运行专业教师，浙江省专业技术能手。连续多年带领学校建筑智能化系统安装与调试竞赛队参与国家级、省市级各类比赛，曾两次获得全国一等奖的好成绩，培养出了多个优秀竞赛团队及个人。

王老师所带的建筑智能化系统安装与调试竞赛队，在省市级、国家级比赛中屡获佳绩。2011年和2013年都荣获全国职业院校技能大赛建筑智能化系统安装与调试项目一等奖。下面，王老师和大家分享竞赛队在平时的备战训练中是如何采取行动学习、团队协作，不断实践、反思和总结，提升训练效率和水平的。

1. 启动比赛项目，组建竞赛团队

以建筑智能化系统安装与调试赛项为行动学习的内容范围，明确项目任务的要求、评价标准等。此次项目行动学习的周期为6个月，由指导教师全程跟踪指导。

项目的主要任务为对讲门禁及室内安防系统安装、接线、调试与运行；室内安防与周界防范系统安装、接线、调试与运行；视频监控系统安装、接线、调试与运行；巡更系统安装、调试与运行；建筑环境监控系统接线、调试与运行；照明监控系统调试与运行（以2018年全国职业院校技能大赛中职组“建筑智能化系统安装与调试”（赛题样卷）任务书内容为例）。

组建竞赛小组，即成立行动学习的团队。团队队员的选择采取学生自愿报名、班主任推荐和带队老师选拔三种方式，成立了两个行动学习团队。每个团队4～8人，指导老师在行动学习过程中，一方面要向队员传授解决问题所需的基本知识和经验，另一方面考虑如何巧妙地激发学生学习和思考的积极性。

2. 强化专业学习，沟通解决方案

开展项目任务的专题培训和辅导，让队员了解项目中各个任务的内容及工作流程，掌握最新的专业技术理念、思维方法等，为后期的训练奠定基础。

在完成各系列专题培训之后，每个行动学习团队按照任务呈现、任务分析和任务设计完成相应的基础工作。随后进入讨论环节，根据各自的见解，不断讨论、反思和碰撞，从不同角度结合自己的经验提出不同见解，并形成完成项目任务的最优方案。

3. 制订行动计划，尝试实施解决方案

学习团队所形成的问题解决方案，经带队指导老师同意，在团队内进行小范围的实施，以检验其效果，并反思方案的正确性及有效性。在尝试应用的过程中不能解散，而是要继续跟踪尝试应用中发现的问题并提出改进措施。指导教师要与行动学习小组保持紧密联系，并做好方案实施的工作日志。

4. 方案实施效果的评估反馈

问题解决或任务完成以后，学习小组和带队教师要对学习过程和训练效果进行评估。由他人从外部对每个学习小组的学习过程和训练效果进行客观评价，主要评估方式包括座谈、作品展示（完成时间、操作流程、技术工艺）、口头辩论等。这个工作主要是让学生学会认识他人、评价他人，也使学生用对比的方式认识自己与他人的差距，以便为下一个技能训练项目的行动学习循环做好铺垫。通过效果评估，对于任务完成好的小组给予适当奖励，以便促进形成积极向上的学习风气。

生活案例

“中本贯通”人才培养新渠道

在上海，将有更多的应届初中毕业生学习7年后，成绩合格即获得本科学位和国家职业资格证书。上海地方高校以“大学+职校”结对模式拓宽从中职到本科的“中本贯通”渠道，打通人才成长立交桥。

在发展职业教育、加强应用型本科院校建设的背景下，这种贯通教育的新机制由母体学校一体化运行，比起原来“中职—高职—专升本”的“3+3+2”学制，不仅学制缩短1年，而且从头至尾走工程教育路径。例如，在7年整体教学方案中，中职阶段就围绕学科竞赛、创新项目、创新小制作、专利申请授权4个方面开展以创新能力培养为目标的第二课堂活动。

当然，中职到本科也有“考试关”。根据试点安排，上海“中本贯通”学校的学生在完成3年中职阶段学习后，参加转段考试，合格后方可升入本科院校就读。转段考试由文化课考试和技能水平测试组成，两者成绩各占50%。文化课考试由全市统一组织、命题和评卷，技能水平测试考试则由本科院校单独实施。

思考拓展

访谈一位智能安防领域的技术能手，了解其学习成长经历。

附录　实验报告

实验项目名称：____________________

学生姓名：________________________

专业：____________________________

学号：____________________________

指导老师：________________________

实验地点：________________________

实验日期：______年______月______日

一、实验目的和要求
二、实验器材
三、实验内容和步骤
四、注意事项
五、实验结果
六、心得体会
其他说明
成绩评定

参考文献

[1] 朱阳. 智能楼宇大师一点通 [M]. 上海：华东师范大学出版社，2019.

[2] 雷玉堂. 现代安防视频监控系统设备维护与维修 [M]. 北京：电子工业出版社，2018.

[3] 张卫民，等. 走进物联网 [M]. 北京：机械工业出版社，2017.

[4] 徐庆继. 智能楼宇安防技术 [M]. 北京：北京邮电大学出版社，2018.

[5] 罗汉江，等. 智能家居概论 [M]. 北京：机械工业出版社，2017.

[6] 张小明. 楼宇智能化系统与技能实训 [M]. 3版. 北京：中国建筑工业出版社，2018.

[7] 苏东伟，等. 物联网编程与应用 [M]. 北京：机械工业出版社，2019.

[8] 刘军，等. 物联网技术 [M]. 3版. 北京：机械工业出版社，2019.

[9] 王冠群，徐国栋. 智能监控技术（修订版）[M]. 北京：清华大学出版社，2017.

[10] 朱福喜. 人工智能 [M]. 北京：清华大学出版社，2017.